现代科学文化的兴起

THE RISE OF
THE SCIENTIFIC CULTURE

袁江洋 苏 湛
高 洁 佟艺辰 著

科学出版社

北京

内 容 简 介

科学文化，发生、发展于人类文明的汇聚、整合与创新进程之中，是人类智慧的共同结晶，不仅为现代文明赋形，更为未来文明奠基。本书从长时段全球科学思想史的视角，描绘希腊科学思想的产生，以及它在跨文明旅程中逐渐升华为现代科学和科学文化的历程。

希腊文明有着指向自然探索和道德发展的双重价值追求，由此孕育出理性的自然哲学，继而传入罗马文明、阿拉伯文明和基督教西方社会并激起文化创新浪潮。伊斯兰文明创造新文化的努力因内忧外患而未能取得完满成功，而基督教西方社会则在借鉴伊斯兰文明和罗马文明经验和教训的基础上开始发生文化转型。自 13 世纪起，经院哲学替代罗马教父神学，自然哲学研究重新开启，再经 300 年发展，新自然哲学伴随着新文化、新宗教降临，皇家学会的实验哲学集中展现了注重实验探索的现代科学研究纲领，科学制度化进程由此开启，科学文化迅速成长，成为现代文明的根本标志。

本书可供科学史、科学哲学、科学社会学、科学文化等领域的专业人士参考，也可供对科学文化感兴趣的学者、教师阅读，亦可作为培养大学生科学人文素养的拓展读物。

图书在版编目（CIP）数据

现代科学文化的兴起 / 袁江洋等著. —北京：科学出版社，2023.7
ISBN 978-7-03-075184-3

Ⅰ. ①现… Ⅱ. ①袁… Ⅲ. ①科学史-世界 Ⅳ. ①G3

中国国家版本馆 CIP 数据核字（2023）第 044443 号

责任编辑：邹 聪 赵 洁 / 责任校对：张小霞
责任印制：徐晓晨 / 封面设计：有道文化

科学出版社 出版
北京东黄城根北街 16 号
邮政编码：100717
http://www.sciencep.com

北京建宏印刷有限公司 印刷
科学出版社发行 各地新华书店经销

*

2023 年 7 月第 一 版 开本：720×1000 B5
2024 年 1 月第二次印刷 印张：17 1/4
字数：300 000
定价：98.00 元

序

俯瞰三千年来的人类历史，最惊奇的事情莫过于科学和科学文化的发生、发展。譬如，爱因斯坦1922年访问日本途中在上海停留时曾经这样写道："人类高级智慧之花得以盛开的条件似乎非常苛刻。赤贫导致粗陋，富裕导致空虚；严寒的天气使人沉郁，而热带的气候让人放纵。因此，科学之花不会在某个地方和某个民族始终盛开，出现意大利文艺复兴这样的情形，就有如世界历史海洋中出现孤岛一样。"①

20世纪初期以降，尤其是两次世界大战发生以后，科学革命学说逐渐替代此前三百年中历代科学家所主张、所认同的科学连续发展的历史解说，不但将相对论和量子力学的建立定义为科学革命，还通过历史反演，将16—17世纪近代科学的兴起也解释为科学革命。为此，柯瓦雷、库恩等科学史家和科学哲学家切断了历史的连续性，不但将9—12世纪的阿拉伯科学发展进程置之度外，还对历代科学家所认同的经验科学概念提出异议，引入极端唯理智主义的视角另解科学发展的历史：譬如，伽利略确立落体定律是通过思想实验而非实验，科学革命时期科学发展的思想主线是柏拉图主义而非亚里士多德路线。

本书在长时段全球科学思想史的视角下审视科学的发生发展进程，并且给出了有别于科学革命说、有别于西方中心论的答案：科学的发生发展乃是基于人类思想成就和物质成就的汇聚、整合与创新，如乔治·萨顿所述："科学的进步不能归因于单个民族的单独努力，而只能归因于所有民族的共同努力。"②本书以人类思想史上的三次汇聚、整合与创新为主线，描述希腊科学思想在汇聚中东、印度、波斯及爱琴海文明思想成就的基础上经由整合与创新而发生的恢弘画卷，以及希腊科学思想在罗马社会、阿拉伯社会以及基督教西方社会的跨文明旅程中冲破文化壁垒、不断上升的历史进程。本书指出，亚里士多德知识范型的在不同文明中构建、传播、接纳与创新进程是2500多年以来科学发

① 方在庆，一望百年｜纠正与纠偏：爱因斯坦上海行史考，https://www.thepaper.cn/newsDetail_forward_20711828[2022-11-14].
② Sarton，G.，"The New Humanism"，*Isis*，1924，6（1）：9-42.

展的主线，柏拉图式的理念论/数学实在论世界图景及知识构架是围绕这一主线旋转并与之不断发生互动的副线。在相关的论证中，本书引入了诸多具有深度和厚度的科学思想史个案研究，并将它们与长时段史学的历时分析融合在一起；本书注重对经验探索的研究，强调实验之间的关联性和整体性，以此重申经验探索在科学发展中的基础地位。

上一次为袁江洋《科学史的向度》写序是近 20 年前的 2005 年。作为他的导师，我知道他长于理论思维，喜欢思考难度大、理论性强的"学科元问题"，现在，我不但看到了深邃的、富于新颖性的理论思考，还看到了精彩的个案研究，更重要的是，在该著作中，我看到了一个富有创造活力的、无形学院式的研究团队。

当代科学史研究面临着后现代思潮的强烈冲击，对所谓"真科学"的短时段历史刻画，盛行于世的"没有科学的"或"反科学"的科学史，几乎淹没了长时段科学史研究，甚至淹没了我们所珍视的真理概念和科学合理性概念，以致现今已达 90 岁高龄的我也不得不在此再次呼唤学人们回归科学精神和理性主义精神，以使短时段的研究勿与长时段的历史考察相冲突，在科学与人文之间架起真正的桥梁！

孙小礼

2023 年 6 月 1 日

于北京市海淀区万寿路 15 号院

目　录

导　言

从人类思想的汇聚与整合看现代科学文化之兴起

第一节 审视科学文化兴起的两重视角：
科学革命与文化转型

在长时段的历史视角中审视现代意义上科学文化的发生、发展历程，我们就不能不首先将目光投向发生于16、17世纪欧洲的科学革命（科学史界通常以 The Scientific Revolution 来标记这场革命）。

科学史家关于科学革命的研究可谓浩如烟海，以至于我们不能不承认，科学革命概念曾在过去半个世纪里主导了科学史研究。在柯瓦雷（Alexandre Koyré，1892—1964）所倡导的科学思想史研究中，科学革命通常被理解为一场伟大的天文学和物理学革命进程，它始于哥白尼（Nicolaus Copernicus，1473—1543），经由开普勒（Johannes Kepler，1571—1630）、伽利略（Galileo Galilei，1564—1642），至牛顿（Isaac Newton，1642—1727）到达顶峰。柯瓦雷本人以"空间的几何化"描述科学革命所引起的世界观变革，并且无视注重归纳法的传统见解，以"思想实验"描述科学革命的智力特征以及由之引导的方法论变革。

科学史家兼哲学家库恩（Thomas Kuhn，1922—1996）构造了小写形式的、哲学化了的、激进的"科学革命"（scientific revolutions）概念，以此泛指科学史上一切满足"范式转换"的重大科学变革，并以常规科学—科学革命交替出现描述科学发展的历史进程。但是，总的说来，关于现代早期欧洲科学革命的历史话语并没有对库恩所述的激进形式的科学革命模式——类似于心理学格式塔转换的范式革命——提供有效支撑。自柯瓦雷起，科学史家以及关注科学革命研究的历史学家均将16、17世纪欧洲科学革命理解为一个横跨250年甚至更长时段的历史进程，尽管各个研究者可能选择未尽一致的历史事件来标记这一进程。

如果我们截取1500年和1800年两个时间节点，就自然哲学的结构、方法、标准以及分支学科加以比较，那么，我们就会发现在300年的时间里，自然哲学，或者说，科学，的确发生了许许多多重要的甚至可以说是翻天覆地的变化。譬如，迄1800年，经验主义哲学和归纳法已获得了充分的发展，与此相应的是，经验科学的基本构架连同其许多具体学科全面形成和崛起；科学与神学之分离已初现苗头；在欧洲大陆以及英国，现代意义上的大型科学组织已发展到接近霍尔（Marie Boas Hall，1919—2009）所说的 all scientists now（现在全都是科学家了）的水准。[①]同时，在大学里，数学、物理学已获得独立学科地位。正是在此意义上，我们仍然可以将"16、17 世纪欧洲的科学革命"作为一个描述一个伟大时间段的专有名词来加以使用。

新科学的诞生无疑是一个长时段的历史过程，而且由这种新科学所标记的新文化——科学文化——的诞生也无疑是一个长时段的历史进程。很难为这种新文化的产生锁定一个明晰的时间节点，也没有必要非要为之找一个全欧洲意义上的、完全确定的时间发生点。在此，我们可以以下述方式描述现代意义上的科学文化的产生：16、17 世纪，当欧洲的自然哲学家开始组建他们自己的学会——如意大利的山猫学会、英国的皇家学会、法国的巴黎皇家科学院——时，当他们开始将理性探究与经验研究结合在一起形成新的科学方法并以之探索自然之时，当他们开始提出他们自己的社会改良蓝图之时，科学文化便与现代早期科学（或者说，自然哲学）一起登上了历史的舞台。当时的自然哲学家们对自然探索的内容、组织形式、研究方法、思维方式、评价准则、意义、用途乃至他们的道德立场和社会理想所给出的解说和定义，连同他们的自然哲学实践，就构成了当时的科学文化。这种科学文化在为现代早期科学的确立提供文化上的说明与辩护的同时，也为之创造适宜的社会—文化氛围。[②]

科学革命时期，几乎每一位重要的自然哲学家兼思想家[伽利略、赫尔蒙特（J. B. von Helmont，1580—1644）、笛卡儿（R. Descartes，1596—1650）、玻意耳（R. Boyle，1627—1691）、胡克（R. Hooke，1635—1703）、牛顿等]均在尝试摧毁旧自然哲学并构建新自然哲学，所以由此而致的新自然哲学有多种版本，其中最具影响力的版本是培根（Francis Bacon，1561—1626）—玻意耳—牛顿版本，即英国皇家学会的实验哲学或自然哲学。在价值论上，这种新自然哲学以追求自然知识为直接目的，但它对社会和对人类文化也同样怀有承诺，它传承了培根式的理念——道德哲学，须以自然哲学为基础、智慧宫须引导整个王国走向至善，如英国皇家学会宪章所述："发展自然知识，以此颂扬上帝并造福于人类之安逸。"[③]在方法论上，至牛顿为止，它不仅发展出了相对完备的、高度数学化了的归纳法，因高度重视实验对于理论构建及证明的价值与作用，它被其倡导者们称为"实验哲学"，而且它融合了自亚里士多德以来的注重理性推理和演绎的"证明的知识观"，将实验探索与理性构建完美结合

---

①　Hall, M. B., *All Scientists Now*: *The Royal Society in the Nineteenth Century*（Revised ed.），Cambridge：Cambridge University Press. 2002.

②　袁江洋：《科学文化研究刍议》，《中国科技史杂志》2007 年第 4 期，第 480-490 页。

③　Birch，T.，The History of the Royal Society of London for Improving of Natural Knowledge from its First Rise，in Which the Most Considerable of those Papers Communicated to the Society，Which Have Hitherto not been Published，are Inserted as a Supplement to the Philosophical Transactions Vol.Ⅱ，A. Millar in the Strand，1756.

在一起。牛顿著名的《自然哲学的数学原理》以及《光学》充分体现了成熟形式的实验哲学的价值追求、探索原则、方法和标准。

科学文化，就其初生形态而言，是孕育于其母体文化即基督教西方文化中的一种子文化，是自然哲学家们的群体文化，它所主张的新自然哲学无不是对经院时期自然哲学的继承、扬弃与革新。

将科学革命的发生、现代科学和科学文化的兴起置于基督教西方社会转型的大尺度文明发展进程中考察时，我们又可以看到，科学革命运动本身即是欧洲文化发生现代转型的一个方面，在某种意义上，它可被看作是这场文化转型最重要的一个方面。英国历史学家巴特菲尔德（H. Butterfield，1900—1979）曾以下述方式描述现代社会的产生以及科学革命在其中所起的作用：科学革命运动，会同先前发生的文艺复兴和宗教改革，共同促发了基督教西方的现代化转型，它标志着"现代世界以及现代精神的真正起源"，其重要意义压倒"基督教诞生以来的一切"，使得文艺复兴和宗教改革与之相比相形见绌，而且，科学革命还有着"斩断旧传统、铸造新传统"的力量，在其传播进程中将引发文明嬗变。①

巴特菲尔德的上述见解或有偏颇之嫌。科学文化的诞生，伴随着宗教文化和人文文化的再结构化，同时也伴随着欧洲文化的整体转型。文艺复兴、宗教改革、科学革命、三级议会制度确立、光荣革命、启蒙运动、工业革命等一系列历史事件或过程，共同推进了欧洲社会率先步入现代化转型的历史进程。

仅仅从科学内史角度解析科学革命与科学文化的发生是不充分的，我们还有必要从更多的视角来思考，从文化发生学的角度、从文化演进和转型的角度乃至从不同文明或文化汇聚与整合的角度，看待这场人类历史上最深刻的文化转型。

短时段上发生的剧烈政治变革和战争，可用革命模式来理解，但是在其他社会文化领域发生的长时段事件或变化，却更适合以渐进式的连续的改革改良模式来描述。16、17 世纪的欧洲科学革命并不是一场短时段意义上的剧烈变化，其鲜明的长时段性质要求我们冲淡以"革命"为特征的戏剧化理解模式，更多地从综合论或连续论的视角理解这场科学变化。同样地，对于科学文化的发生发展历程，亦须从长时段的历史视角来加以审视。

须知，长时段史学并不是因为它涉及的研究时段很长而得名，而是因为它将人类思想的深层结构引为至关重要的研究对象，并且它预设人类思想的深层

---

① 赫伯特·巴特菲尔德：《现代科学的起源》，张卜天译，上海：上海交通大学出版社，2017 年。

结构是稳定的、连续发展的，它还进一步认为中时段或短时间意义上的变迁乃是植根于长时段意义上的人类思想进化这一基础之上的①。因此，长时段史学的根本使命，借用文德尔班（Wilhelm Windelband，1848—1915）的术语来说，在于把握"那些永恒不变且充满活力的思想结构"②。

第二节　基督教西方社会发生科学革命和现代化转型的思想‐文化基础

现代科学、科学文化与现代文化共生共变，如果我们确认这一描述符合历史事实，那么，我们就不得不追问以下一些问题：首先，欧洲文艺复兴以来的新人文、新宗教和新科学之间具有怎样的相互关联，这些在长时段历史视角下可近似视为共时关联的关联是否为因果关联？其次，如果不是因果关联，那么，欧洲文化转型的根本动因、科学革命得以发生的思想—文化基础是什么？

先看第一个问题。奥地利科学家、哲学家兼社会学家齐尔塞尔（Edgar Zilsel，1891—1944）曾提供一个可以参考的答案。他在论述科学文明的产生基础和机制时曾指出：①科学文明须建基于高度发展的人文文明之上；②就欧洲社会文化步入科学文明的机制而言，资本主义的兴起促成了古希腊以降就一直存在的相互分立的工匠传统与学者传统之间的密切互动，现代早期科学的产生即是其后果。此即通常所谓之"齐尔塞尔论题"。这是一个未经充分论证的论题，但的确存在着不少支持齐尔塞尔论题的历史事例。对于子题②，一个著名的例证是：伽利略在帕多瓦的跳蚤市场上发现了玩具性质的望远镜，他将之买回研究，制作出了高倍数的天文望远镜，发现了太阳黑子和木星的四颗卫星，他还以之观察彗星，这些发现促使他支持日心说。

但是，我们没有必要将齐尔塞尔论题视为历史的一般规律，也并不能将齐尔塞尔论题的两个子题理解为科学文明发生的充分必要条件。齐尔塞尔论题所分析的案例是基督教西方文明，而且他所采纳的主视角是社会学视角，他还预设了所谓工匠传统与学者传统的长时段分立。

如果我们将视线转向希腊文明史，在阿基米德那里，我们就可以看到工匠传统与学者传统的融合，看到希腊哲学始于爱奥尼亚学派的包容着道德哲学思考的"自然论"，即通常所谓苏格拉底"人啊，认识你自身"的哲学转向。或

---

① 费尔南·布罗代尔：《地中海与菲利普二世时代的地中海世界》第一卷，唐家龙、曾培耿、吴模信译. 北京：商务印书馆，2017 年，第 8-10 页。
② 文德尔班：《哲学史教程》上卷，罗达仁译，北京：商务印书馆，2009 年，第 28 页。

许，这种转向更应该用智者派的转向——发生于希腊早期自然哲学的勃兴之后——来形容。当然，好辩者仍然可以坚持说，在泰勒斯（Thales，约公元前624—前546）之前希腊有《荷马史诗》、有赫西俄德（Hesiod，公元前8世纪）的《神谱》（*Theogony*），对此，我们可以以荷马之前还有几何陶作答。

对于子题①，齐尔塞尔本人也曾指出，高度发展的人文文明不一定能够孕育出科学文明，如古中国文明、古印度文明无不拥有发达的人文文明，但是现代科学和科学文化并不发生于这些文明中。在此，我们所强调的是，人文文明的发展与科学文明的发展之间并不构成必然的因果关联。这是因为，科学有其独特的智力特征，它要求有精确的概念思维，而在一切形式的人类古文明中，只有古希腊文明达到和提供了这种精确的概念思维；齐尔塞尔所重视的人文文明的发展，并不构成产生这种精确的概念思维的充分必要条件。

牛津科学史家克隆比（Alistair Crombie，1915—1996）在其三卷本《欧洲传统中科学思维的样式》一书中认定，欧洲科学思维直接起源于古希腊文明，古希腊科学与欧洲现代科学在时间上的不连续性可由科学文本在思想上的连续性所覆盖；他还认定，只有古希腊人有对于自然、科学和人类理性这三方面的独特承诺，他们相信自然是统一的整体，相信人类自然知识—科学—人类理性是一个统一的整体，相信人可凭其理性认识自然并以此施福于人类社会；因此，在他看来，天文历法，在古巴比伦、古埃及或其他古文明中，不能说是科学，而只能说是某种实用知识，只有在古希腊，天文学才成为科学（自然哲学）的一个分支；继而，他详细论述了希腊—欧洲科学史上先后出现的六大类科学思维样式（styles）：假定-推理、实验论证、假说-演绎、系统分类、概率-统计以及历史论说。在他看来，所有这些重要的样式均导源于欧洲（包括希腊在内），它们共同标志着欧洲人独特的智力特征。

克隆比的论证虽然带有浓厚的西方中心论色彩，但是，只要读者承认精确的概念思维是哲学和科学——无论是古代的还是现代的——的基本智力特征，就不得不承认他的论证还是相当有力的。

欧洲文艺复兴至科学革命时期产生的新人文、新宗教和新科学在它们产生之初是主调一致的、相互适应的甚至是相互促进的，但是，很难说文艺复兴、宗教改革和科学革命这些先后交错出现的进程彼此之间构成因果关联。重要的是要了解，它们共同导源于一个文化母体——基督教西方文化——的整体历史演进进程之中。

文化复兴与宗教改革，正如科学革命一样，也是文化创造活动，而不只是对古罗马文化、古希腊文化和早期基督教教义的简单复归。这种文化创造的主角已不是希腊人，而是日耳曼诸民族以及一部分因日耳曼征服而融入了日耳曼社会的罗马-拉丁人。这种历史舞台上的主要角色转换曾为西方哲学史和思想史的诠释者们（如黑格尔等）有意识地加以遮蔽，他们判定"希腊之外无哲学"，宣称"我们都是希腊人"，并用"古希腊-罗马文明"合称这两种各有自身特色的文明。

然而，我们却必须看到，当古希腊人在地中海东端、爱琴海海域以及爱奥尼亚（小亚细亚）发展出以希腊哲学、科学和民主为标记的灿烂文化时，日耳曼人还生活在希腊人所说的"日耳曼尼亚"的森林中。当罗马人征服整个地中海沿岸、构建出强大的罗马帝国时，他们才开始作为未开化的蛮夷、以难民的身份乞求帝国恩惠，乞求依附、效忠并服务于帝国。由此，他们开始进入帝国边陲并逐渐进入核心地带，这意味着，他们由此进入了古希腊文化崛起以来人类文明的核心互动地域——地中海沿岸。

3世纪时，汉帝国崩溃，西罗马帝国也不断走向衰败，但日耳曼部落却携带着他们的原始军事民主制度，通过不断蚕食罗马帝国疆域而兴起；这些部落王国先后皈依罗马天主教（汤因比意义上的高级宗教），因此而摆脱了自己的原始宗教的束缚，并且他们也接受了罗马天主教的教父神学和神学文化。他们曾与罗马人战斗、与伊斯兰世界战斗（十字军战争）、与君士坦丁堡战斗，由此他们得到了与伊斯兰文明和基督教东方社会发生充分文化互动的机遇，他们的君王为发展和巩固王权而与天主教神权合作（如756年丕平献土），更与之相抗争（如1077年德皇亨利四世因与教皇争夺主教叙任权而承受卡诺莎之辱）。当漫长的中世纪（5—15世纪）走过大半进程，欧洲王权（特别是法国和英国王权）逐渐崛起，日耳曼诸民族终于开始突破罗马天主教一统天下的局面，迎来了民族意识和民族文化大觉醒的契机。正是基督教西方社会的神权—王权分立的二元权力结构以及层层分封的封建制度，为自由意志、民主精神和理性精神在新的高度上发生再觉醒和大踏步进步，提供了必要的社会—文化空间。

当但丁①（Dante Alighieri，1265—1321）发出那10个世纪的沉默之后的歌声——《神曲》，当文艺复兴的曙光初降，文艺复兴的倡导者们开始在意大利

① 但丁自己宣称他的家系源自古老的罗马贵族家族，但薄伽丘（Giovanni Boccaccio，1313—1375）考证说，事实并非如此，但丁祖上系入侵罗马的日耳曼部落贵族。意大利文艺复兴运动领袖彼特拉克（Francesco Petrarca，1304—1374）精通拉丁语，但希腊语却只相当于但丁的拉丁语水平，他只承认但丁是一位使用俗语的优秀诗人。文艺复兴的下一代思想领袖薄伽丘却能熟练使用希腊语。在但丁那里，"民主"一词不过是暴民政治的代名词或近义语；在薄伽丘那里，情形已发生变化，城邦文化和公民社会的理念得到确立。但丁还在基于罗马帝国的故梦畅想新的大型帝制文明，而薄伽丘则成为城邦的守护者，并在此意义上将但丁尊为"佛罗伦萨的第一公民"。这些变化大体上呈现了文艺复兴开启后日耳曼社会思想家由寻找宗教经典而通向寻找西塞罗并最终通向寻找希腊的思想转变历程。

南部和西班牙，在新月地带，在君士坦丁堡，在雅典，在亚历山大里亚，寻找基督教原始经典、使徒及早期教会文本（拉丁、希腊乃至希伯来语文本），在找到宗教典籍的同时，他们也找到了西塞罗，找到了古罗马，找到了伊斯兰世界的大翻译成果和典籍，找到了古希腊典籍。一句话，他们重新发现了古罗马、古希腊文化，他们像阿拉伯人一样开始了他们自己的"大翻译"，也在他们原本拥有的基督教经院哲学的基础上开启了他们的文化大整合——开启文艺复兴、宗教改革和科学革命。

　　长时段思想史的分析或许能够帮助我们迅速剔掉一些次要的、非因果性的伴生因素，直达文化背后的主要思想传统，并在此层面上回答我们关心的历史问题，洞悉历史的基本走向。在此，我们可以用一个三层次的同心圆结构来描述基督教西方文化主传统：在此结构的核心是基督教神学，它提供价值论原理和各类社会实践的价值取向或价值分布；第二层是思维模式和方法论原则，它们为人们开展价值取向上的各种实践提供路径和方法；外层即是由各类社会实践而形成的各不相同的知识板块。

　　价值论、思维模式和知识体系这三个层面之间无疑存在着密切的联系。价值论原理凝聚人心、规范社会行动，它引导着人们的社会实践并受社会实践的反向作用。思维模式和方法论有助于价值论原理的实现，同时也引导着社会行动者的实践路径和方法；它们本身即是一种可研究、可发展并具有横断意义的学问，就基督教西方文化而言，尤其是就其中的理性主义思维模式的基础而言，可以说它们是希腊哲学所提供的形而上学构架、方法论原则和知识论标准（如证明的知识观）的直系传承——传承的渠道很多，首先，罗马帝国后期新柏拉图主义流行于世；其次，亚里士多德主义在遭受 1210—1231 年教廷连续发布禁阅令、遭受 1277 年教廷发布"大谴责"后反而浴火重生，正式为基督教神学引为基本的思维构架；再次是考古发现。此外，更重要的是，希腊思想还通过历史互动而由基督教东方以及伊斯兰文化传入基督教西方。

　　无疑，在关注文化主传统内部发展的同时，也须关注跨文化互动以及由此而致的重要影响。基督教西方文化是一种高度开放的文化，它与周边的基督教东方文化和伊斯兰文化始终保持着密切互动，这些互动也在价值论、思维模式和知识体系这三个层面上同步展开。正是由于多方面的历史互动，基督教西方文化最终站上了欧亚大陆文化互动的顶峰，拥有了最充分的实施文化整合的文化资源和智力基础，并且创造出了新文化。

　　让我们聚焦于现代科学和科学文化的发生学思考。从思想史角度来看，基督教西方文化史是一部信仰与理性不断发生互动、互渗的历史。科学（自然哲学）的发展在很大程度上取决于基督教文化在多大程度上为之提供发展空间、提供价值论方面的认同。托马斯·阿奎那（Thomas Aquinas，1225—1274），这位出生于一个与神圣罗马帝国和罗马教廷均有着密切关联的家族的神学家兼哲学家，在整合早期教父神学、本土版和伊斯兰版的亚里士多德主义以及希腊自然神学思想的基础上，在神学与自然哲学之间的中间领域开拓出了自然神学的研究领域，使得基督教西方文化主传统中出现或重现了一条由神学经自然神学而指向自然哲学的思想发展主线或知识图式。在此"神学↔自然神学↔自然哲学"相互作用的知识图式中，所谓信仰与理性的关系，说得具体些，神学与自然哲学的关系，它们是相互冲突抑或是处于和谐状态，取决于自然神学的沟通、中介和辩护。

自然神学的思维模式最初导源于希腊，柏拉图（公元前427—前347）的《蒂迈欧篇》（Timaeus）描述了造物者创造诸神（日月星辰）以及由诸神制造万物的过程，造物者按照数学理念、以具有正多面体结构的火、土等原始材料制造万物，万物因分享造物者至善的创世理念，受造者心怀善念，死后可重归神圣、不朽。希腊哲学家将理性划分为两个层面，其一是逻各斯，它处理自然认知问题，给出的是科学认识；其二是努斯，它是指灵魂、纯粹精神，处理形而上学和道德问题，得到的是智慧洞见。这种逻各斯与努斯之分在罗马教父神学奥古斯丁那里表现为 scientia 与 sapientia[①]之分，奥古斯丁接过柏拉图的数学实在论，将之与基督教教义糅合在一起，描述上帝创世。日耳曼社会兴起后，经过 800 年左右的不断学习，终于开始步入文化灿烂时代。阿奎那吸收亚里士多德的认识论主张，构建其神学体系，他区分知识与信仰，区分天使理性与人类理性，并将人类理性引入神学框架，发展出人可凭其理性论证上帝存在及其作用的自然神学思想体系。[②]

哲学史家给基督教自然神学的通常定义是，人可单凭其理性（by unaided reason）认识上帝的存在及作用，这样的事业是自然神学事业，又称自然宗教。但是，一个不容忽视的历史事实是，自阿奎那以后，自然哲学的发展由于得到来自自然神学的辩护而在基督教西方文化中获得正当地位和大踏步前进的契机；而且，此后的历史也告诉我们，每当自然神学领域的研究兴盛，则必然伴随着自然哲学研究的兴盛，而当自然神学领域枯萎，神学就与自然哲学迎头相撞，发生冲突。无疑，哲学史家没有对历史上更多以自然哲学家（科学家）身

[①] scientia，拉丁语，意为知识（knowledge）、科学（science）、技能（skill）等；sapientia，拉丁语，意为智慧（wisdom）。

[②] Smith，J. E.，"Prospects for Natural Theology"，*The Monist*，1992，75（3）：406-420.

份而非神学家或哲学家面目出现的思想者，如伽利略、玻意耳和牛顿等的自然神学和神学研究给予应有的、更充分的关注。

本书将自然神学理解为一个介于神学与自然哲学之间的学术领域，并且认为，在此领域，有两种基本思路，其一强调人凭理性认识上帝存在及其作用，如许多经院哲学家所做的那样；其二强调理智膜拜，上帝存在及其作用无须证明，上帝必然存在，但人的理智来自上帝，故人以其理智颂扬上帝是其本分，如玻意耳、牛顿所做的那样。早期经院哲学家费心费力论证上帝存在及其作用，发明了理智设计论，但理智设计论的论证模式最终仍然依赖于造物者存在的预设。

中世纪后期，双重真理论——神学真理与哲学真理同属于神——从伊斯兰文化中传入基督教西方文化：《圣经》之真理与自然真理皆发诸上帝，故必然是一致的、不矛盾的。在此背景下，在文艺复兴和宗教改革所引起的关于人性以及人类社会如何发展的反思与展望中，培根将从古希腊时代就存在着的自然哲学与道德哲学的关系问题重新引入哲学思考，强调道德问题的解决须建基于自然哲学问题的解决之上，但区别于主张通过攀登理性的金字塔而走向至善的古希腊哲学家（如柏拉图），培根顺应宗教改革的时代潮流，主张以知识的海洋图景替代原有的金字塔图景，主张每一位自然哲学家都可以驾驶知识之舟勇敢地驶入这片海洋，主张以自己的《新工具》(*Novum Organum*)替代亚里士多德的《工具论》(*Organon*)，通过获取和整理经验知识而获取人的权力，并由此走向自由之境。培根的科学蓝图直接关联着他的社会蓝图，他相信，人虽然在失去作为第一自然的"乐园"后，不得不生活在这个并不完美的现实的第二自然里，但是人却能够通过发展自然知识而将这个世界改造成类似于伊甸园的第三自然。世人每每以"知识即力量"概括培根的思想，但事实上培根的"知识即力量"更适当的译法是"知识即权力"，而且培根还接着说过："对哲学略知一二使人倾向于无神论，而透彻的哲学则使人倾向于宗教。"[①]

然而，当科学取得进步，科学研究的结论必然与《圣经》《创世纪》发生字面冲突。意识到这种冲突的自然哲学家或神学家采取了多种做法来加以应对，要么他们如帕斯卡（Blaise Pascal，1623—1662）那样放弃科学，要么像伽利略那样要求区分自然哲学与神学，要么如玻意耳、牛顿那样主张上帝意志是世界之源，强调人只能以理智来膜拜上帝。

17世纪英国皇家学会的实验哲学家群体主要走第三条道路。玻意耳，这

---

① Bacon，F.，*The Works of Francis Bacon*，*Lord Chancellor of England*：*With a Life of the Author by Basil Montagu*，*Esquir*e. Vol. 1.，New York：R. Worthington，1884，p. 24.

位英国皇家学会实验哲学的辩护人，将神学真理与自然哲学真理合在一起探讨自然神学问题，并在此基础上探讨新科学的经验论特征、方法与标准，并为新科学辩护。[①]牛顿则沿着这条道路继续前进，他以《自然哲学的数学原理》展现了融经验归纳和公理化演绎于一体的、更加精致的科学方法，同时他迈入宇宙论思考，并如同玻意耳一样对机械论哲学持保留态度，将设计论思路置于理智膜拜论之下思考宇宙的形成以及上帝作为主宰者的至上地位与作用。他还在《光学》（*Opticks*）附录中殷切地期望：如果自然哲学在它的一切部门中因这种方法而最后臻于完善，那么道德哲学的领域也将随之扩大。[②]

从根本上讲，英国皇家学会的实验哲学恰恰是在唯意志论上帝概念及世界图景之下建立起的独特的概念框架。实验，作为解析留存于自然过程背后的上帝意志的唯一手段，被赋予基础地位，唯有通过实验或观察，自然哲学家才能真正了解上帝在这个世界里到底做了什么；因此，新自然哲学被正式冠以"实验哲学"之名；正是在这种实验哲学的研究纲领的牵引下，大批新科学成就——玻意耳定律、胡克定律以及更加辉煌的牛顿运动定律——得以涌现，英国皇家学会也随着新科学的成长而成长，至此，培根《新大西岛》（*The New Atlantis*）中的乌托邦社会——一个由智慧宫牵引的王国——得到初步实现，至于通过这个现实的智慧宫引领英国文化和社会向前发展，则作为实验哲学家们的社会理想而开启了启蒙时代。

英国皇家学会的实验哲学为经验科学的全面崛起提供了模板和研究纲领，现代意义上的科学文化也随同新自然哲学的发生而发生。这种文化从一开始就不只是英国皇家学会内部的封闭型文化，英国皇家学会的倡导者和实践者们，就像培根曾寄希望于通过智慧宫的探索和实践来引导整个新大西岛王国发展、构建一个美好的第三自然一样，寄希望于通过发展自然知识来更好地颂扬上帝和造福于人类之安逸。他们不但致力于探索自然知识，致力于应用自然知识于社会生产和实践——他们征集各类发明、设立解决实际问题的奖项（经度问题），还致力于提升社会理智、实践他们的社会文化发展蓝图，他们主张新教内部各教派彼此之间相互宽容，主张以理性的方式解决宗教争议、探讨社会冲突。

社会进步的最终表现是文化进步，而文化进步不但是指文化卓越人才取得文化突破，还指这种新的文化突破最终被普及至处于文化底层的普通民众。至

---

① 袁江洋：《探索自然与颂扬上帝：波义耳的自然哲学与自然神学思想》，《自然辩证法通讯》，1991 年第 6 期，第 34-42 页。

② 牛顿：《牛顿光学》，周岳明、舒幼生、邢峰等译，北京：北京大学出版社，2007 年，第 259 页。

孔德（Auguste Comte，1798—1857）这样的思想家开始将人类文明发展分为神学、形而上学和实证这三个阶段之时，科学文化已从 17 世纪的新生文化形态发展成为一种对整个西方文化起主导作用的文化。

16、17 世纪的科学革命对于日耳曼社会乃至整个世界文化之最初的意义，在其重塑文化的能力，而并非显现在生产力的提升和改造方面——18 世纪 60年代工业革命首先于英国发生，才充分彰显科学所可能激发的强大物质力量。在一般的历史书中，启蒙运动的起点标记是牛顿《自然哲学的数学原理》的出版（1687 年）与光荣革命的发生（1688 年）。虽然自文艺复兴和宗教改革时代起，基督教西方社会就开始挑战传统的价值体系及相关的等级制度，但牛顿力学击碎水晶天球，才是对寄附于其上的旧有的价值体系及等级制度的最后一击。

现代科学及科学文化对西方文化具有整体意义上的重塑作用。尽管这不是这本探讨科学文化之兴起的著作的中心议题，但我们仍不妨在此指出，古典经济学、实证社会学（如孔德的社会物理学），都是以科学革命时期发展起来的融经验主义和理性主义于一体的科学方法论建立起来的；历史学，如兰克实证史学，亦由历史的科学化通道而发生学科化并进入现代学术的殿堂。事实上，在更广泛的意义上，现代科学所开启的学术范式对传统西方社会的人文系统产生了整体意义的重塑及重构作用，纵然强调自由意志的后现代思想家屡屡试图解构这种科学化的人文学术图景，但他们并不自知的是，立意于解构的整个后现代话语并不具备真正独立的话语意义，而须以现代话语为前提。

第三节　汇聚与整合：希腊思想的形成以及
希腊思想与一神教思想的相遇

关于现代科学和科学文化于基督教西方社会兴起的思想史分析，会将我们的视线进一步牵向更深层次的溯源式思考和探讨。简言之，如果我们以"神学↔自然神学↔自然哲学"的互动结构来表征基督教西方社会知识传统中的一条主线是适当的，那么，我们就必须继续追问，这种知识传统从何而来？无疑，它发端于希腊思想与一神教思想之汇聚与整合之中。希腊思想先后曾与多种版本的宗教思想尤其是一神教思想（如基督教或伊斯兰教思想）相遇，而每一次相遇均在人类思想史上激发起绚丽的火花。当然，在探讨这些重要的文化碰撞进程之先，我们还需先行探讨希腊思想的形成问题。

　　黑格尔所开启的哲学史研究甚少对希腊文化之外的思想予以重视，一言以蔽之，"希腊之外无哲学"。然而历史学家绝不能淡然无视希腊思想的发生学探讨，随着古埃及学、古亚述学、古巴比伦学的蓬勃发展，《黑色雅典娜：古典文明的亚非之根》(*Black Athena: The Afroasiatic Roots of Classical Civilization*)这样的著作开始不断涌现。在全球文明史的视野中，关注欧亚大陆上诸重要古代文明之间的互动发展已成为史学家的共识。事实上，从苏美尔文明起步开始，人类文化的发展进程中先后出现过一些中心区域及亚中心区域。这些中心区域是人类文化的重要发祥地，更是不同文化的汇聚之所。

　　希腊思想之所以卓越，恰恰是因为它是在汇聚和整合欧亚大陆诸多第一代文明之思想的基础上发生的。从希罗多德(Herodotus，约公元前484—约前425)的《历史》(*Histories*)便可以知道，希腊人熟悉周边的各种文明，无论是古埃及文明、古巴比伦文明，还是古波斯文明。在赫西俄德所言"英雄时代"后期，希腊人兴起了大规模的移民活动，其移民城邦遍及整个爱琴海地区、地中海北岸、南意大利及西西里岛乃至整个黑海海岸，相同的语言、宗教神话传统、体育运动风尚（奥林匹克运动）和审美情趣、母子城邦联系以及因希腊半岛粮食短缺而形成的贸易网络，促使迈锡尼王朝崩溃之后出现的高度分散的诸多希腊城邦形成了一个共同的文化圈，这一文化圈与周边的文明世界——古埃及、古巴比伦、新月地区、古波斯、色雷斯、吕底亚长期保持密切的经济、文化上的交往互动。爱奥尼亚地区受吕底亚王国统治的希腊移民城邦，不仅是阿提卡半岛的最为重要的粮食提供地和贸易中转站，更是希腊人了解、把握周边古文明思想文化的前哨。从当时世界文化传播交流的整体格局来看，爱奥尼亚恰恰位于公元前10—前5世纪世界文化的汇聚之地。

　　关于希腊文化与古巴比伦、古埃及以及古波斯文化的比较研究，已充分揭示出希腊人在宗教神话和神学、语言和文字书写、数学（尤其是几何和测量）和天文学、医学等诸多方面均广泛了解和吸纳了周边古文明的思想和见解。

　　当爱奥尼亚海岸的希腊先贤将埃及人、巴比伦人、色雷斯人、吕底亚人、波斯人的神祇，连同希腊人自身供奉的各不相同的城邦守护神，并置在一起时，当希腊人开始试图辨识诸神的特征和性格、清理诸神之间的关系之时，尤其是要形成融诸神于一体的谱系之时，一系列深刻的怀疑、批判、反思与重构，就被一一引发。希腊人就是以这样一种方式，揭开了人类理性的新篇章。

　　当我们开始凝视希腊理性思维的发生学问题，便可意识到，当赫西俄德开始撰写他的长诗《神谱》和《工作与时日》(*Works and Days*)时，这种思想整合便已悄然开始。从辨识诸神、辨识诸事物，到辨识整个世界的本质，至泰勒斯，就会发出那石破天惊的一问一答：世界的本质是什么？水！但即使在这石破天惊的一问一答里，我们仍可能感受到古埃及神学思维的影响。当尼罗河泛滥期结束，古埃及人看到金字塔式的土丘从水中浮现出来，由此相信万物始于作为原始混沌的水。

文明的汇聚引发思想的整合，而新的思想思维又随同开放而自由的爱奥尼亚人传向希腊文化圈，传向南意大利，传向曾在移民进程中扮演中心城邦的雅典。当波希战争以斯巴达和雅典盟军的胜利而告终，当雅典成为战后的希腊文化圈的中心城邦，思想的汇聚被再一次引发。普罗泰戈拉等智者从不同城邦汇聚于实施民主制度的雅典，引发知识的汇聚，也再一次引发怀疑、批判和重构，理性主义哲学，在苏格拉底、柏拉图、亚里士多德这三代哲人的前后相继努力中，迅速发展成为一个拥有自然与社会双重价值指向的、拥有一贯的方法论原则和知识标准（亚里士多德之证明的知识观）的综合性思想体系，成为后世文化进一步升华所必须借重的智力基础。

德国哲学家雅斯贝尔斯（Karl Theodor Jaspers，1883—1969）在描述其"轴心大突破"概念时强调人类心智的"精神化"，强调当时诸重要文明均达成道德上的超越之境，其例证是当时欧亚大陆上各主要文明均产生了各自的圣人，确立了超越个体追求至善的价值理念——用中国亚圣孟子的话来说就是，"充实之谓美，充实而有光辉之谓大"。

但是雅斯贝尔斯并没有洞察希腊文化在价值指向上的完满性。希腊文化之价值系统有着一种其他文明并没有特别强调的价值指向，在此我们可以称之为普罗米修斯指向，这是一种指向自然的价值追求，如柏拉图《普罗泰戈拉篇》（Protagoras）中普罗泰戈拉所述的二次创世进程所展现的那样，在第一次创世中普罗米修斯为人类送来了智慧与火，在第二次创世中宙斯指示信使神赫尔墨斯赋予人类以美德。因此苏格拉底有"知识即美德"的著名论断。亚里士多德后来又将之发展为"明辨即美德"。

希腊文化的自然发展进程因亚历山大大帝征服而改变，最终因罗马征服而崩溃：亚历山大大帝之后的希腊化社会尤其托勒密王朝基于王朝统治的需要而采取了抑制政治哲学尤其是政体探讨同时鼓励科学艺术研究的策略，促使希腊文化圈科学高峰时期的降临，所以希腊政治哲学的高峰在雅典，而希腊文化圈科学的顶峰在亚历山大里亚（此时此地，自由在希腊人而言已成追忆）；而当罗马征服者替代希腊人成为人类思想舞台的主角，其以征服和统治为主价值的总体价值取向替代了希腊人的价值论，罗马人接受并发展了希腊文化中法律、技术、建筑、宗教生活和物质生活方面的诸多遗产，但罗马人对希腊科学和理性主义哲学的接受却是有限的，更没有在相关希腊理性哲学和科学思想的基础上实施有深度的拓展与创新。罗马人发展出了教父神学，但奥古斯丁将更多的精力放在与战争正义论和神学论证上，而没有充分发展自然神学，因之未能打开自然哲学的研究通道。通常所谓的以连字符连接起来的"古希腊-罗马文明"一词，只能说是 19 世纪日耳曼哲学史家的事后建构。

希腊文化圈被征服了，但希腊理性思想通过文化互动而传入罗马文明（后分裂为基督教东方社会与基督教西方社会）和伊斯兰社会，从而在理性思想与一神教思想之间激起了漫长互动互渗进程。当这两类思想相遇，价值论、方法论以及知识体系三个层面均发生了广泛的冲突与调适。在价值论上，希腊理性思想关于理性思维自洽、完整、统一的内在要求与一神教图景中的作为世界与人类历史统一之最后根源的、全能全智的上帝概念之间存在着相通之处，由此，基于理性的统一与基于神性的统一这两类思想发生冲突、互渗与调适。无论是罗马人以及继之而起的日耳曼人，还是伊斯兰信徒，他们一旦试图发展自身的宗教和神学，均自然而然地开始从希腊理性思想中寻找建构神学体系的工具和模板。

我们知道，当历时 900 年的柏拉图学园被罗马皇帝取缔，希腊学者便开始将书籍打包逃往他乡。当阿拉伯人冲出阿拉米亚半岛，将叙利亚、巴比伦、埃及等曾受到希腊文化灌溉的诸多古文明地区踩在脚下，阿拉伯人震撼于灿烂的古代文化，他们开始吸收古波斯、古希腊思想文化成就，他们建立智慧宫，开启大翻译。在此文化汇聚与整合进程中，伊斯兰神学界深受亚里士多德主义影响，强调理性是信仰之基础的穆尔太齐赖学派兴起并一度得到哈里发的支持。当时，哈里发手里握的是剑，而僧侣们拿着的是《古兰经》，并且宣言《古兰经》是真理，因为真理在手，所以权力我有。这时，穆尔太齐赖学派宣言说，《古兰经》是受造的，理性才是信仰的基础，由此赢得了急于削弱僧侣特权的统治者的支持。

伊斯兰文化圈中学者们曾一度站到了他们所在的那个时代里世界文化互动的高峰，是他们先于欧洲人复活了希腊原子论、实施的炼金术的医药转向，而且，是他们先于欧洲人，先于阿奎那构建并发展了自然神学，并由此促动自然哲学研究（如光学、炼金术、位置运动研究等）发展，是他们先于欧洲人接受亚里士多德的知识体系和论证方式，并以此构建以伊斯兰神学为核心的完整知识体系。但是，当伊斯兰世界在扩张进程中受阻于强敌，当哈里发们意识宗教社会内部不稳定因素不断随着理性主义精神成长而成长，他们便让绝对的信仰最终彻底压倒了理性，就连整个穆尔太齐赖学派也便被连根拔除。所以，希腊理性哲学和科学在伊斯兰世界的旅程便走过了一条由高峰向低谷的下坡路，最终伊斯兰世界逐渐退回到僵硬的宗教教条世界，现代科学和现代社会的曙光不再在其中显现。

最终缔造现代科学和现代文化的是基督教西方社会。希腊理性在这一文化圈中的旅程恰恰与它在伊斯兰文化圈中所走过的由高峰到低谷的路径相反，这是一条由低谷向高峰的道路。早期基督教徒曾不仅一次焚烧收藏着希腊文本的图书馆，曾数次发动对亚里士多德的大谴责，但是，他们通过接受罗马教父神学而吸收了希腊理性思想与罗马帝国时代基督教思想发生互动的第一批成果，又通过向阿拉伯文化学习而逐渐掌握了阿拉伯文化的神学和科学思想成就和思维方式，掌握了其中所蕴含的希腊理性元素。至 12—13 世纪，基督教西方社会终于引入并发展了双重真理论，构建并完善了其经院哲学思想体系，即阿奎那主张的"基督教神学↔自然神学↔自然哲学"知识体系，初步具备了实施文化创新的智力基础。又数百年后，基督教西方社会真正登上世界文化发展的中心舞台，文艺复兴、宗教改革和科学复兴这三大运动接踵而至，现代科学与现代文化同时应运而生。

参 考 文 献

赫伯特·巴特菲尔德：《现代科学的起源》，张卜天译，上海：上海交通大学出版社，2017 年。

牛顿：《牛顿光学》，周岳明、舒幼生、邢峰等译，北京：北京大学出版社，2007 年。

袁江洋：《科学文化研究刍议》，《中国科技史杂志》2007 年第 4 期，第 480-490 页。

袁江洋：《探索自然与颂扬上帝：波义耳的自然哲学与自然神学思想》，《自然辩证法通讯》，1991 年第 6 期，第 34-42 页。

Hall，M. B.，*All Scientists Now*：*The Royal Society in the Nineteenth Century*（Revised ed.），Cambridge：Cambridge University Press，2002.

Smith，J. E.，"Prospects for Natural Theology"，*The Monist*，1992，75（3）：406-420.

第一章

早期文明中的
科学萌芽：
从巫术到实用知识

提 要

什么是科学；古代知识传统中的科学元素

科学家和知识阶层的古代起源

古代民族认识自然的成就和局限

要讨论科学文化的兴起，首先必须回答的一个问题是："什么是科学文化？"

英国学者爱德华·泰勒（Edward Tylor，1832—1917）将文化定义为"一个复杂的整体，包括知识、信仰、艺术、道德、法律、习俗以及作为社会成员的个人而获得的任何能力和习惯。"[①]以此类推，"科学文化"也可以被理解为"人们关于科学的信仰、信念、观念以及相关的探索实践经由制度化或习俗化而形成的一个有机的整体"。[②]但这又带来了一个更基本也更困难的问题："什么是科学？"对"科学"这一概念及其起源的理解直接决定了"科学文化的兴起"这一论题的研究范围。

第一节　"科学"概念的起源、它的所指，及其与古代传统的联系

严格地说，"科学"，即现代英语和法语中 science 一词所指的概念是很晚才出现的，science 的词源是拉丁语中的 scientia，义为知识。中世纪法语用 science 一词指严肃的、具有确定性的、成体系的知识[③]，后进入英语。16、17 世纪，随着科学革命的兴起，尤其是在培根出版《新工具》一书以后，science 被越来越多地用于指代借助"新工具"获得的、基于实验和归纳的知识。然而直到 19 世纪中叶，science 一词仍然未被固定用于今天的含义。17—19 世纪前期，无论在英语还是在法语中，science 的用法都颇为混乱，有时人们用它来指代可习得的技能，如跳舞；有时则泛指一切知识；有时还将它与"哲学"（philosophy）一词混用。[④]

---

① Tylor, E. B., *Primitive Culture*, London: John Murray, 1871, p. 1.

② 袁江洋：《科学文化研究》，《科学》2015 年第 4 期，第 3-8 页。

③ Centre National De La Recherche Scientifique, *Trésor de la Langue Française. Dictionnaire de la langue du XIXᵉ et du XXᵉ siècle（1789-1960）*, Tome XV: Sale–Teindre, Paris: Gallimard, 1992.

④ Ross, S., "Scientist: The Story of a Word", *Annals of Science*, 1962, 18（2）: 65-85.

　　science 一词词义转变过程中的一个关键节点是 1751 年法国《百科全书》
（*Encyclopédie，ou Dictionnaire Raisonné des Sciences，des Arts et des Métiers*）
的出版。书中虽仍然频繁地将 science 作为各种知识的总称或"哲学"的等价
词来使用，但对"普遍被称为物理学或自然研究"的"这种博大的科学"①表
现出格外的青睐。在路易·若古尔（Louis de Jaucourt，1704—1779）和约翰·福
尔梅（Johann Heinrich Samuel Formey，1711—1797）为 science 撰写的词条中，
历数了培根以来为"诸科学的进展"（progrès des sciences）做出贡献的学者们，
其中除了"创造了形而上学"的洛克（John Locke，1632—1704）和自然法学
派的格劳秀斯（Hugo Grotius，1583—1645）、普芬道夫（Freiherr Samuel von
Pufendorf，1632—1694）、托马西乌斯（Christian Thomasius，1655—1728），
剩下的全部是今天广为人知的"自然科学家"。②在达朗贝尔（Jean le Rond
d'Alembert，1717—1783）为《百科全书》撰写的著名序言中，science 一词一
共在正文中出现 176 次，除去作为《百科全书》书名副标题的一部分（科学、
技艺与手工艺详解词典）被提及，以及作为对各种知识的泛指的情况，其余大
部分都是在指称基于观察、实验和数学方法的关于自然的研究。③自此以后的
一个世纪中，人们愈发倾向于将旧有的"哲学"或 science 范畴中神学和形而
上学的部分称为"哲学"，而将得自于实验的和用来揭示自然本质的部分称为
science。最终到 19 世纪后半叶，science 才普遍地被固定地用于指代基于观察、
实验和数学方法的探索物质世界的研究领域。④与此同时，曾经被达朗贝尔归入
"历史学"的博物学（图 1-1）⑤，也在 19 世纪被逐渐认同为 science 的其中一个
分支。也可以说，直到这时，今天人们所熟悉的"科学"的概念才彻底定型。

　　"科学"的概念虽然晚熟，但其所指称的对象无疑要先于对它的命名而存
在。就达朗贝尔以来人们对 science 一词的论述和使用情况来看，现代"科学"
概念包含以下两项核心属性。

　　第一，它基于实证研究（观察和实验）和严格的数学推导而获得，并因而
具有确定性的知识；第二，它是从以自然为研究对象的活动中获得的关于自然

---

　　① d'Alembert，J. L. R.，"Discours Préliminaire"，*Encyclopédie，ou Dictionnaire raisonné des sciences，des arts et des métiers*，Tome 1，Paris：Chez Briasson，David l'Aine，Le Breton & Durand，1751，pp. i-xlv.
　　② de Jaucourt，L.，Formey J. H. S.，"Science"，*Encyclopédie，ou Dictionnaire raisonné des sciences，des arts et des métiers*，Tome 14. Neufchastel：Chez Samuel Faulche & Compagnie，1765，pp. 787-793.
　　③ d'Alembert，J. L. R.，"Discours préliminaire"，*Encyclopédie，ou Dictionnaire raisonné des sciences，des arts et des métiers*，Tome 1. Paris：Chez Briasson，David l'Aine，Le Breton & Durand，1751，pp. i-xlv.
　　④ Ross，S.，"Scientist：The Story of a Word"，*Annals of Science*，1962，18（2）：65-85.
　　⑤ 在百科全书中，达朗贝尔将哲学分成关于自然的 science，关于人的 science，关于神的 science 和关于普遍的在、可能性、存在和存续的 science 四大分支，且 science 一词只被用于命名哲学的这四个分支。这一知识体系的分类框架源于培根的《论学术的进展》。达朗贝尔将培根以文字形式提出的人类知识框架进行了细化，并绘制为图表。

的知识。①

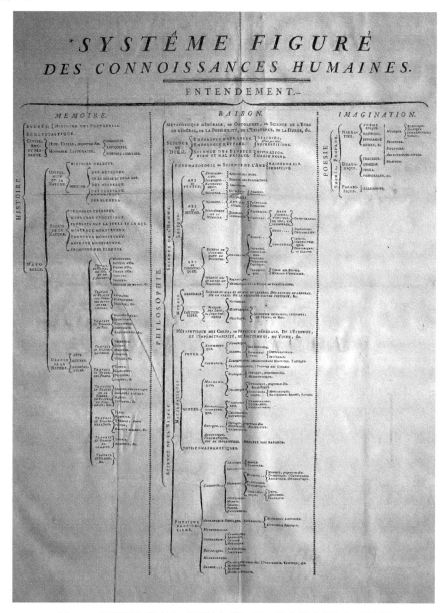

图 1-1　达朗贝尔发表在《百科全书》第一卷中的人类知识系统图

① 尽管 19 世纪末以来出现了尝试将实证手段和数学方法用于研究人类社会的所谓"社会科学"。但一般情况下，当单独提到"科学"或"science"一词时，人们总会默认地对其作狭义的理解，即将其理解为"自然科学"。这一方面是因为科学革命确实是从自然科学领域开始的，自然科学是 science 这一概念的概念原型；另一方面也是由于人类社会系统的多变量性和初值敏感性，这导致将实证手段和数学方法应用于社会研究从而使其结论获得确定性的努力至今仍存在很多亟待克服的困难。

现代科学中的实证研究方法，尤其实验方法的兴起比"科学"概念本身的确立早不了多少。中世纪末期柏拉图主义复兴并与改造后的亚里士多德归纳主义发生碰撞，才催生出这种旨在通过主动干预自然来摒除可感世界的假象，从而借由归纳进路接近真理的方法。在此前的漫长历史中，尽管也曾零星出现过被后世学者认为在行为上与"实验"神似的案例，但这些偶然的灵机一动或心血来潮，既非常规，也缺乏方法论上的自觉。与实证方法相类似，数学方法的普遍应用也是从科学革命时期才开始的。此前在研究中诉诸数学的仅限于极个别后来被后见之明地纳入"科学"范畴的研究领域，如天文学。然而对于更普遍的"自然哲学"而言，形而上学思辨和定性描述才是常例。因此从现代"科学"的第一项属性来说，直到科学革命以前，都并不存在这样一种能够与现代"科学"完全相对应的事物。

但是另一方面，对自然的观察和记录，以及对这些记录的系统性整理——即所谓的"博物学"传统，和针对自然问题的理性思辨——即所谓的"自然哲学"传统，却在古代社会中普遍存在并源远流长。因此从"以自然为研究对象"和"关于自然的知识"这一属性上说，"科学"正式诞生前的"史前史"也并非一片空白。更何况从揭示自然真理的追求，到其所使用的研究方法（包括实验和数学）、本体论和形而上学理念，再到大量具体知识的积累，都与古代传统存在着不可割裂的联系——尽管这些古代传统的理念和出发点与现代科学不尽相同，也尚未得到整合与统一。因此一部严格限定于现代"科学"概念的"科学史"必然是不完备和令人困惑的。在探讨现代科学的兴起以前，对各种与现代科学存在传承关系的古代传统作一系统性的概览是必要的。

还有一个经常被拿来与科学进行辨析的概念是技术。技术区别于科学的独特属性已在科学技术哲学中被反复讨论。针对某些古代国家的"科学史"书写亦时常被晒为"有技术无科学"。但不可否认，技术与科学之间确实存在着不可割裂的联系。这种联系的基础就在于技术是通过某种人为手段来改变外部世界，以实现人的某种意图的活动。这就必然涉及对其所改造的对象和所借助的工具的属性的了解。技术手段的制定和改进必然要依赖这些知识，而这些知识从广义上说都是关于自然的。因此技术在认知层面上天然包含着科学的内容。实际上技术实践在古代自然知识的积累中一直是一个至为重要的渠道。在对科学"史前史"的讨论中，技术也因此必然无法缺席。

第二节　科学的古代渊源：巫师、工匠与世俗知识分子

上溯至人类文明早期，人类至少沿两条独立的进路与自然发生遭遇。一方面是觅食、求生，进而使用刚刚演化出的制造工具的能力，采集和利用大自然中的造物、改造自然、与自然相搏斗的本能；另一方面是面对变化纷呈的外部世界，对掌控自身命运、理解世界本质的渴望，以及在强大自然力的压迫下所流淌出的深深的无力感和恐惧感。沿着这两条进路演化出人类探索自然、运用自然知识的两大传统：前者培育了以改造自然、解决实际问题为任务的工匠；后者则培育了以理解自然、解释自然，进而能够根据对自然的理解采取行动以趋福避灾为追求的巫师。

巫师不同于工匠。工匠是技术的掌握者，他们的任务是将已知的（就早期社会而言通常是来自经验的）知识创造性地应用于生产劳动，从而解决既定的问题、实现预期的目标。技术实践必然涉及相关的自然知识，技术的传承与传播也必然伴随着自然知识的传承与传播，在技术实践中工匠们还会不断发现和习得关于自然的新知识，从而促进人类积累自然知识。然而这种积累的速度是异常缓慢的，也并不是工匠们首要关注和主动追求的。因此工匠们在自然知识上的贡献尽管辉煌且必不可少，却并非人类知识传统的主流。而且直到科学革命以前，来自工匠的经验知识通常是在得到学者的转述和解读后，才能够贡献于人类从整体上理解自然界的伟大事业。

巫师则时时刻刻面临着解释未知现象、回答部落成员们针对自身和外部世界提出的种种疑问的任务，进而才能捍卫整个部落在心理上的安全感。因此巫师往往来自部落中公认最聪慧、最有经验、最见多识广的年长成员。很多时候巫师直接由已卸任的或现任的部落首领兼任，从而演化出"君神一体"的早期君主制萌芽。萨满巫师是人类最早的宗教领袖，也是人类中最早的知识分子——最早的医生、药剂师、天象观测者和历史记录者。他们也是最早尝试理解这个世界、为人类感官所感受到的一切给出一致性解释的人。尽管在他们的解释方案中充满了蒙昧、臆想、人格化的神灵，以及基于原始恐惧的狂热信条，但这确实代表了人类理解自然的最早努力。

随着文明演进，原始的自然崇拜、祖先崇拜逐渐被整合为系统性的宗教。透过希腊神灵谱系的形成过程，我们可以一窥此类系统化进程的概貌。宗教知

识系统可能是人类的第一种条理化知识系统。一套宗教知识系统中通常会包括对世界以及人类起源的猜测性追溯；对本民族、本宗教历史以及祖先英雄伟绩的记载和赞颂；各种礼仪制度、宗教实践的方法规程、戒律、禁忌，以及法典；赞美神灵和祖先的诗篇（供宗教活动中吟诵之用）等。其中世界观和自然观学说总会作为一个重要的部分包含在对世界起源的解释中；礼仪制度和宗教实践方法中也经常会容纳一些具体的自然知识，如天文历法知识、医药知识、关于自然物性质的知识、生物学知识等。

与之相应的，萨满巫师也逐渐演化为专门的祭司和僧侣阶层。祭司阶层在早期文明中普遍掌握着极高的权力。根据美索不达米亚（今天的伊拉克一带）和古埃及考古所见，这两个已知最古老的文明都是从祭司王统治的君神一体政权开始的。但是随着人口增多、疆土扩大、社会结构的复杂性提升，社会治理和对外军事斗争对专业性技能的要求不断提高，祭司阶层在政治生活中的主导权逐渐让位于通过在军事上和社会治理方面取得功勋而获得话语权的世俗贵族，从而催生了除祭司—僧侣之外的新知识阶层——世俗贵族，和作为他们代理人的书吏。

对贵族子弟实施严格的知识与文化教育，根本目的在于确保他们在未来顺利地接掌政权，维护和扩张家族利益。但在所有此类教育中，基本的自然观学说都会作为常识被传授。同时由于人口繁衍的自然规律，在每个世代，都总会留下一些受过良好教育却仕途无望的贵族子弟。其中有些人就此寄情于学术——包括对自然本性的探索；还有一些可能沉迷于鸟兽草木的玩赏、奇闻轶事的搜集，最终以他们自己完全没有预见到的方式为人类知识的增长做出贡献。

书吏阶层是贵族君主的助手和代理人，最初被招募来帮助主人处理一些烦琐的账务和文书工作。早期的书吏地位低微，通常来自受过教育的平民甚至奴隶。在苏美尔时代，很多书吏都是由作为被统治者的闪米特人担任的。很多时候，奴隶主还会主动在年幼的奴隶中挑选天资聪敏者进行教育，以充作书吏。然而随着时间推移和社会变迁，书吏们掌握的权力日益膨胀，社会地位也逐渐提高，最终演化为后世的职业官僚。

书吏是很多具体专业知识的掌握者，尤其在数学方面。他们是最早的会计，埃及的书吏们还在年复一年的土地丈量工作中开启了平面几何学的源头。同时，由于与底层工匠有频繁的接触，书吏们也经常地成为工匠们经验知识的转述者和记录者。书吏阶层对知识社会的意义还不仅仅在于新增了一个掌握知识的群体，更重要的是随着书吏社会地位的提升，一条

"学而优则仕"的通向社会上层的道路呼之欲出，从而鼓励了整个社会的学习风气，生活较富裕的平民因此有了更充足的动力去让自己的子女接受教育。

贵族阶层的教育需求，以及被上层平民扩大了的新需求提供了一种稳定的新职业机会——教师。最早的教师或受雇于贵族之家，或供职于国家兴办的官学，在很大程度上可以说是书吏或廷臣的一种。但是随着来自平民的教育需求不断增长，独立于统治机器与宗教系统之外的私人教师出现了，教育从此得到了独立与职业化。在中国，这一传统开始于孔子，在希腊这一传统更促进在哲学史上至关重要的"智者"群体的诞生。贵族、书吏-官僚、教师和其他受过教育的平民构成了与祭司-僧侣集团分庭抗礼的庞大的世俗知识分子群体。

世俗知识分子群体的出现为脱离宗教束缚的理性知识传统的发展创造了条件，尤其为那些出身于宗教学术系统，却志不在侍奉鬼神的学者提供了出路和追求理性的空间。不管是出于对理性和知识本身的追求，还是出于与宗教争夺影响力的目的，摒除了神秘主义、将神灵束之高阁的世俗知识传统被建立起来，并得到鼓励。不同于祭司，世俗学者们敬鬼神而远之，将虚玄的怪、力、乱、神搁置起来，专注于记录、总结、研究大自然已经清晰地昭示出来的可把握的客观现象和规律，或运用理性，尝试理解各种自然物的本性和事物之间的必然性联系，借此解释世界，从而把神灵从运用多变的主观意志掌控每一件事的繁重劳动中解放出来，让它们无所事事。世俗学者的这两种研究偏好最终演化成后世的两大学术传统：偏好记录的部分演化为历史学（history），包括今天在汉语里更多地被译为"博物学"或"自然志"的"关于自然的历史"（natural history）；偏好理性思辨的部分演化为哲学（philosophy），包括开启今天的物理学和其他自然科学学科滥觞的"自然哲学"（natural philosophy）。当然，这二者都有效吸收了来自宗教系统的知识遗产，包括对古往今来人类历史与见闻的记录，以及对终极问题的思辨与试探性解答。

与此同时祭司传统本身也在世俗力量的压力下发生了分裂。除了为人们提供精神寄托的核心职能，其他一些带有实践性的职能与相关知识系统逐渐被剥离、被技艺化，并与书吏传统乃至工匠传统合流，演化出后世的占星-历算家、医师、炼金术士、占卜师、阴阳师-魔法师等（图1-2）。

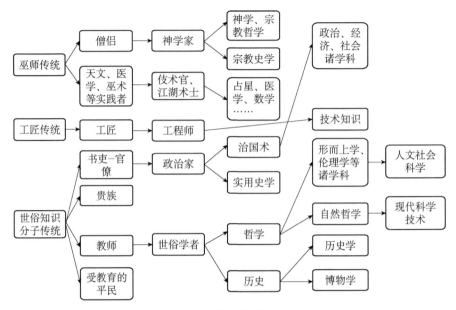

图 1-2　知识传统的流变与融合

第三节　古代文明的成就——从苏美尔到波斯帝国

一、苏美尔–巴比伦文明的成就

　　美索不达米亚和埃及是目前公认的最先走入文明时代的两个地区。最早把美索不达米亚带入文明的苏美尔人早在公元前 5400 年就在幼发拉底河口建立了埃利都城（Eridu），这是已知最早的拥有神庙建筑的人类城市。今人对美索不达米亚文明的了解主要来自埋藏在幼发拉底河和底格里斯河冲积平原之下的城市遗址，以及从遗址中出土的大量泥板文献。这些遗址和文献分属于苏美尔人和后起的阿卡德人、巴比伦人、亚述人。由于众所周知的原因，属于最早期的苏美尔人的文物与泥板文献，目前保存下来的已所剩无几。更多的泥板文献，尤其是那些可以揭示美索不达米亚人对自然的认识水平的文献，主要来自古巴比伦王朝及其以后的遗址。不过，尽管这些出身于闪米特族系的后来者在外貌和语言上与苏美尔人有较大差异，但在文化上却与苏美尔人一脉相承。尤其是在苏美尔核心故地建国的巴比伦人，除了所使用的语言与苏美尔不同，其他的一切——从建筑形制，到生产方式，都可以看成是苏美尔文化的延续和发展。甚至连古巴比伦的宗教都几乎只是把苏美尔的神祇分别换上了闪米特名字。此外，还有一些直接证据显示了巴比伦人、亚述人，乃至距离苏美尔核心区更远的安纳托利亚半岛上的民族对苏美尔知识传统的继承。将残存的苏美尔文本与巴比伦时代的文本相对照，可以明显看到二者在讨论的问题域上、在数学计算方法上、在天体和星座的识别上，以及在药物种类与医学治疗手段等方面的一致性。而且即便到了古巴比伦时代，也仍然能发现一些保存于巴比伦和周边文明遗址中的用苏美尔语写成的数学和医学文本。其中有一组包含医学内容的泥板甚至是在安纳托利亚半岛上的赫梯遗址出土的①，其内容显然既不是当地赫梯人的原创，也不是来自说闪米特语的巴比伦人，而是有着更古老的来源。总之，这些线索都暗示，仅凭已发现的考古线索，很难截然分清美索不达米亚文明的哪些建树是苏美尔人的，哪些又属于巴比伦人的独创。

在古美索不达米亚的众多自然科学和技术成就中，数学，尤其算术成就是最为后世所称道的。这首先应该归功于美索不达米亚地区发达的商业传统。与埃及不同，苏美尔文明曾长期维持着城邦林立的政治生态，类似于后来的古希腊。而且在美索不达米亚地区多种重要资源匮乏，青铜、金银贵金属、木材甚至石料都依赖从外界输入。这促进了城邦之间，以及美索不达米亚与周边地区之间频繁的贸易往来，美索不达米亚的商人们因此总是面临着大量复杂的账目问题，这同时也增加了政府税务官的工作量。在目前出土的美索不达米亚泥板书中，仅政府和神庙的账目记录就占据了相当大的一部分，私人商贩的账本也有不少。这些文献提供了丰富的数学史史料。可以看到，早在刚刚出现文字的乌鲁克时代，苏美尔人就已经在同时使用十进制和六十进制两套计数法了。10、100、1000、60、3600（60^2）等数字在苏美尔语中都有专门的名称。其中十进制似乎主要用于算术计算，而物理量的进位则多用六十进制，如重量单位，1 塔连特等于 60 明那。另外把 1 小时分成 60 分钟、1 分钟分成 60 秒的制度也起源于此。到古巴比伦时期，出现了位值制计数法，即省略数位名称，通过数字所处的位置来区分它代表的数位。②

已发现的关于四则运算的泥板全部来自古巴比伦以后的时代。但是有个别更早的残篇暗示，与四则运算有关的某些概念，如系数、二次方程等，早在数百年前就已被美索不达米亚人所熟知了。③从泥板上记载的数学运算可知，巴比伦人不仅精通四则计算，而且懂得求平方、求立方和开方。他们甚至还会利

①　Oppenheim，A. L.，*Ancient Mesopotamia*：*Portrait of a Dead Civilization*，Chicago：University of Chicago Press，1977，p. 297.

②　Mosa，F. H.，*Historical Origins of Accounting*：*The Contributions of Iraq and Ancient Mesopotamia*. doctor dissertation，University of Hull，1995，pp. 34-36.

③　Mosa，F. H.，*Historical Origins of Accounting*：*The Contributions of Iraq and Ancient Mesopotamia*. doctor dissertation，University of Hull，1995，pp. 30-33.

用指数计算复利率问题。①巴比伦人在几何上也有建树。现存的泥板中颇有一些求田地面积或周长的题目。巴比伦人知道圆周率在3左右，并能计算圆锥的体积。②③但总的来说，巴比伦人的算术成就更为突出，而在几何学方面则略逊于他们的邻居埃及人。

与数学相关的另一个方面的成就是天文学，尤其是数理天文学。这方面的确切证据同样主要来自古巴比伦时代及以后。不过巴比伦星表中的大部分恒星和星座已见于苏美尔文本，巴比伦人几乎完全继承了这一体系，只是给它们改换了闪米特名字。巴比伦人使用的太阴历系统也和苏美尔一脉相承。苏美尔晚期的乌尔第三王朝曾发布过"附加月"的命令，这说明当时的苏美尔人不但使用太阴历，而且已经懂得通过置闰的方法来弥补历法年和回归年之间的长度差值。④这比已知的任何其他文明采用置闰法的证据都要早得多。苏美尔人使用的六十进位制本身也暗示着他们对几个关键天体运行周期的熟悉。一般认为，选择60作为基本进位单位是因为60是10和12的最小公倍数。10来自双手手指的数目，而12则来自约等于12个朔望月的回归年周期和约等于12个回归年的木星周期。到古巴比伦时代，尽管太阴历一直是法定历法，但有证据显示他们同时也在使用另一套太阳历系统，即今天广为人知的黄道十二星座系统：以太阳在天球上的周年视运动为基准，把排列在黄道线附近的恒星分为十二组，即十二星座，通过观察每日偕日出和偕日落的星座是哪个，来确定季节。至迟在巴比伦时代，还出现了日晷和将一日（白天）分为12小时的时制，希腊人就是从巴比伦移植了这套计时工具和计时制度。⑤

必须指出，除了编订历法，古美索不达米亚人对天文的关注有相当一大半的目的是预测吉凶，即占星。从今天的科学观点看，占星术中显然充满了神秘主义和荒诞不经的迷信。但客观地说，正是那些可以说荒谬不堪的占星学说，为包括苏美尔人和巴比伦人在内的古代天文学家们提供了持续、细致地观测天空的动机，从而留下了丰富的古代天象资料，让今天的天文学家能够了解星空的长时段变化情况。而且占星与历法计算从来就不是截然分离的。通过天象来预测季节变化最初本来就是占星的一部分。当某一类天象，比如日食、月食、五星的各种运动等被充分研究，它们的出现规律被完全掌握以至成为可计算的，那么占星问题也就变成了历法问题。

① Oppenheim, A. L., *Ancient Mesopotamia*: *Portrait of a Dead Civilization*, Chicago: University of Chicago Press, 1977, pp. 306-307.
② 涂厚善：《古代两河流域的文化》，北京：商务印书馆，1964年，第29页。
③ 刘文鹏：《古代西亚北非文明》，北京：中国社会科学出版社，1999年，第370页。
④ 涂厚善：《古代两河流域的文化》，北京：商务印书馆，1964年，第30页。
⑤ 希罗多德：《希罗多德历史》，王以铸译，北京：商务印书馆，1959年，第155页。

总之，各种证据表明，至迟到古巴比伦时期，美索不达米亚文明已经建立了发达的天文学，他们尤其熟悉日月和五星的运动，并能够较精确计算它们的周期。[①]另外，尽管将群星划分成星座以作为天球上的参照物并不是什么特别独特的创造（埃及和中国也都有类似的体系），但毕竟，巴比伦人创造的这个系统，尤其是黄道十二星座，最终成了现代天文学通用的八十八星座系统的源头。后来的希腊人以及现代欧洲人都只是在这一系统上进行增补和调整。

谈及数理科学的古代起源，除了商业数学和数理天文学，另一个重要的来源是工程技术活动。美索不达米亚的特色性工程是以灌溉农业为核心的水利系统和独特宗教建筑——塔庙。塔庙是一种建筑于高高的夯土台基上的神庙，被西方考古学界普遍认为是《圣经》中巴别塔的原型。早在基督教流行以前，古希腊历史学家希罗多德就记载过美索不达米亚地区塔庙高耸入云的壮观景象。然而无论当时的塔庙何等壮观，今天要想了解它们的完整结构已不可能，因为即便到今天保存最好的塔庙遗迹，也仅剩下部分台基。[②]一个重要原因是在缺少石料和木料的美索不达米亚，塔庙和其他建筑一样主要用夯土和泥砖或火烧砖建成，很难在风雨剥蚀和两河肆虐的洪水冲刷下维持几千年。以夯土和砖块为主要建筑材料，同时也意味着加工、运送和安放这些建筑构件的工程技术难度较低。苏美尔人想必不需要像埃及人那样为如何运送和安装巨石构件而煞费苦心。不过，无论技术难度高还是低，有一项工作对于任何建筑工程而言都是基本的，那就是统一度量衡。至少对于每一项工程自身而言，所有建筑构件都必须有统一的规格，否则就难以严密啮合。事实上，有证据显示，早在公元前3000多年的乌鲁克时期，苏美尔人已经开始了测量单位的标准化进程。[③]另外苏美尔建筑中还有一项值得注意的成就是拱门和穹隆结构的使用。[④]这是建筑学中巧用力学规律的一个活例。这种结构最初可能是为了节省稀少的木材和石材，作为梁栋结构的替代而发展出来的。

在与数理科学有关的知识和技术中，还一个可考察的方面是音乐。无论希腊还是中国的文献，都明确揭示出音律的早期起源与数学和计量学密切相关。在苏美尔和巴比伦出土的文字材料中，有关音乐的记载很少，但却出土了不少乐器实物。在苏美尔遗址中就出土过制作精美的竖琴、芦笛等。[⑤]这意味着苏美尔人对音调之间的数学关系已经具有了相当的认识水准。

① Oppenheim, A. L., *Ancient Mesopotamia: Portrait of a Dead Civilization*, Chicago: University of Chicago Press, 1977, p. 308.
② 哈里特·克劳福德：《神秘的苏美尔人》，张文立译，杭州：浙江人民出版社，2000年，第83-86页。
③ 哈里特·克劳福德：《神秘的苏美尔人》，张文立译，杭州：浙江人民出版社，2000年，第66页。
④ 哈里特·克劳福德：《神秘的苏美尔人》，张文立译，杭州：浙江人民出版社，2000年，第68页。
⑤ 涂厚善：《古代两河流域的文化》，北京：商务印书馆，1964年，第36页。

　　除了数理科学成就，苏美尔人也留下了最早的医书和农书。①在农业方面，美索不达米亚作为人类农业的起源地之一为人所熟知。特别值得一提的是，目前已经确定，作为当今世界最重要主粮作物之一的麦类植物，尤其是小麦，就起源于美索不达米亚或者其附近的某个地区。美索不达米亚的医学与天文学类似，也与宗教和巫术密切交织在一起②，这也是所有早期文明中常见的现象。但不能因此否认其中那些被经验证明确实行之有效的诊断经验和治疗手段。出土的医疗文献包含了有关病人症状、治疗手段（祈祷、驱魔等手段也包括在内）和药物、处方的记载，但外科手术方面的记载很少，甚至看不到医疗器械的名称出现。③这似乎可以说明外科医学在美索不达米亚是很不发达的，从而与埃及形成了鲜明的对照。有趣的是，有学者认为导致这一结果的恰恰是宗教原因，同样的原因也导致了医师职业在美索不达米亚的地位相对低下。因为苏美尔宗教中关于死亡的学说带有很强的宿命论色彩。苏美尔史诗中的第一位英雄人物吉尔伽美什（Gilgamesh）曾经为获永生而向地府发起挑战，但最终仍以失败告终。就连苏美尔最伟大的女神伊南娜（Inanna）在与冥界女神的交锋中也遭到惨败，险些永困地府。这些神话传说都似乎在向苏美尔人传达一种信条：不要试图战胜死亡，当它到来的时候，顺从它。因此在苏美尔文化中，如外科手术这样积极干预的治疗手段是没有必要的，不过是吉尔伽美什式的徒劳挣扎；而如果病人通过医生的干预侥幸得救，那也不被认为是医生的功劳，而是病人本身命不该绝。事实上，现在得以被重新发掘出来的若干苏美尔讽刺故事都把医生塑造成某种骗子形象——如果不是欺世盗名，那便是在欺骗死神。与此相比，在埃及宗教中，人们相信死后复活是可能的，这也意味着他们相信死亡是可以被战胜的。死者肉体的妥善保存在死者复活的过程中至关重要。因此只有依靠外科医生（同时也是木乃伊制作师）的卓越技艺，才能帮助法老们战胜死亡。④

　　在自然观方面，从苏美尔到巴比伦，更是一直未能摆脱宗教窠臼，建立独立的、基于理性的自然哲学。但在苏美尔人的宗教神话中，无疑渗透了他们对自然的早期思索。特别值得注意的是，这些神话经过传播和转述，最终被东地中海地区的若干重要文明吸收，构成了这些文明神话系统中相当一部分故事的

---

① Kramer，S. N.，*History Begins at Sumer*，Garden City：Doubleday Anchor Books，1959，pp. 60-69.
② Oppenheim，A. L.，*Ancient Mesopotamia：Portrait of A Dead Civilization*，Chicago：University of Chicago Press，pp. 289-305.
③ Oppenheim，A. L.，*Ancient Mesopotamia：Portrait of A Dead Civilization*，Chicago：University of Chicago Press，p. 293.
④ Oppenheim，A. L.，*Ancient Mesopotamia：Portrait of A Dead Civilization*，Chicago：University of Chicago Press，pp. 299-301.

原型。受苏美尔神话影响最大并至今仍对人类思想发挥着重要影响的几个神话体系包括希伯来神话体系和希腊神话体系。《圣经》中的耶和华、亚当、诺亚，希腊神话中的宙斯、阿波罗、雅典娜等形象都可以在苏美尔神话中找到原型。这些神话中渗透的宗教思想和自然观也由此进入这些文明，并对这些文明思想文化的进一步发展产生影响。如水崇拜、月崇拜，对构成世界的物质元素的分类，以及生死观等。

美索不达米亚人还有一个制度层面的重要贡献，那就是兴建了最早的培养书吏的学校。从已发掘出的遗址看，这种学校不但普遍存在于大的城市，而且经常规模宏大，多至能容纳数千人就读。[①]与神庙不同，书吏学校的目标是培养服务于政府的雇员，因而独立于宗教系统。尽管顾名思义，文字抄写是书吏学校最重要的课程和培养目标，但鉴于书吏们经常要经手财务账目，他们甚至有时会被委任为公共工程项目的现场管理者，因此算术一直是书吏学校的重要科目。在苏美尔末期，测量学也被纳入书吏学校的教学，成为必修课的一部分。[②]此外，为了能够顺利地拼写苏美尔语，书吏学员们必须熟悉各种物品的名称，包括大量动物、植物、矿物的名字和地名。这些名词都被汇编成册，作为训练新学员的课本。考古学家在苏美尔遗址中发现了很多这种课本。正如《尔雅》和《诗经》在中国古代自然知识系统中的作用一样，这种名词汇编实际上已经开启了博物学的大门。[③]庞大的教学规模所提供的各种教职还促成了仅以教书和研究学问为生的学者群体的形成。尽管如前所述，书吏这一职业在起源初期并不十分显赫，但是至迟到公元前 2000 年前后，即苏美尔王朝末期，情况已大为改观。一项针对这一时期苏美尔书吏的集体传记研究显示，他们大部分出身于富裕之家，他们父亲的名字前尽是显赫的头衔，其中不乏贵族。[④]这说明书吏已成为一份令人尊敬并足以吸引社会上层子弟的职业，而这必然也会促进书吏学校及其教师经济地位和社会地位的提高，使教师成为一份体面并拥有稳定收入的职业。

二、埃及

埃及进入文明时代略晚于美索不达米亚，但发展很快。在起始于公元前4000 年左右的涅伽达文化（Naqada Culture）中首次出现了阶级分化的明显证

---

①　Kramer, S. N., *The Sumerians: Their History, Culture, and Character*, Chicago: The University of Chicago Press, 1963, p. 230.

②　哈里特·克劳福德：《神秘的苏美尔人》，张文立译，杭州：浙江人民出版社，2000 年，第 66 页。

③　Kramer, S. N., *The Sumerians: Their History, Culture, and Character*, Chicago: The University of Chicago Press, 1963, pp. 232-233.

④　Kramer, S. N., *The Sumerians: Their History, Culture, and Character*. Chicago: The University of Chicago Press, 1963, p. 231.

据①，并出现了城市。②大约公元前 3200 年，埃及进入早王朝时代③，此时大约对应于美索不达米亚的乌鲁克文化晚期，埃及的文明发展程度已经与美索不达米亚大致相当。有证据表明，早在涅伽达文化早期，埃及就与包括美索不达米亚在内的西亚地区有商业往来。④对比两地文物，可以看到涅伽达文化中包含从美索不达米亚输入的文化和技术，其中包括船只构造、陶器的形制和纹饰、砖构建筑等，甚至有学者认为埃及象形文字也在一定程度上受到了苏美尔文字系统的间接启发。⑤因此两个文明的总体发展水平在短短数百年内渐趋于同步恐怕并非偶然。不过，进入早王朝以后，随着埃及文化日渐成熟，其自身特色愈发鲜明，其中的苏美尔影响反而日渐消退了。⑥

就自然科学知识水平和技术成就而言，古埃及与古美索不达米亚可谓不相伯仲，各有千秋。埃及工程技术区别于美索不达米亚的最独特成就要数金字塔的修建。埃及早期的建筑技术虽然深受苏美尔影响，普遍采用泥砖，但进入古王国以后，即公元前 27 世纪以后，石材开始得到更多的使用。⑦这首先是因为相较于美索不达米亚，埃及本地的石材来源要丰富得多。其次，石材在坚固性和美观度上也明显优于脆弱的泥砖。不过，不论开采、运送、加工石材，还是把石构件安装到位，都要花费更多的人力和成本。尤其是大型构件的搬运和安装，不仅涉及成本问题，更涉及一系列工程技术上的难题。金字塔是埃及石质建筑的代表作。绝大部分金字塔修建于古王国时期，即公元前 27 世纪—前 22世纪。无论从每座金字塔涉及的总土石方量来说，还是从单块构件的重量来说，这都是一些令人惊叹的工程。埃及的工程师们到底是怎样在没有重型建筑机械的时代完成如此伟绩的，至今没有定论，但他们定然精通杠杆、斜面、轮轴等基本力学机械的使用方法。

金字塔也显示了埃及人天才的测绘能力。以最著名的胡夫金字塔为例，这座庞然大物由 230 万块，平均重 2.5 吨的巨石组成，底座周长近 1000 米。如此规模的建筑物，埃及的工程师们却将它的底座修建为一个近乎完美的正方形，且正方形四条边分别正对东西南北四个方向，最大误差不超过 5°30′。⑧遗留下来的资料还显示，古埃及人能够精确计算形如金字塔的棱锥体的体积⑨，

① Shaw, I., *The Oxford History of Ancient Egypt*, Oxford: Oxford University Press, 2000, pp. 45-49.
② 刘文鹏：《古代西亚北非文明》，北京：中国社会科学出版社，1999 年，第 28 页。
③ Shaw, I., *The Oxford History of Ancient Egypt*, Oxford: Oxford University Press, 2000, p. 57.
④ 刘文鹏：《古代西亚北非文明》，北京：中国社会科学出版社，1999 年，第 27-28 页。
⑤ 詹森·汤普森：《埃及史：从原初时代至当下》，郭子林译，北京：商务印书馆，2012 年，第 18 页。
⑥ 蒲慕州：《法老的国度：古埃及文化史》，桂林：广西师范大学出版社，2003 年，第 39 页。
⑦ 蒲慕州：《法老的国度：古埃及文化史》，桂林：广西师范大学出版社，2003 年，第 42-44 页。
⑧ 蒲慕州：《法老的国度：古埃及文化史》，桂林：广西师范大学出版社，2003 年，第 47 页。
⑨ 刘文鹏：《古代西亚北非文明》，北京：中国社会科学出版社，1999 年，第 169-170 页。

这在当时是一项了不起的几何学成就。①

说到几何学，应该提到，一般认为古希腊科学最重要的遗产之一、开创现代科学公理化思想滥觞的古希腊几何学，就来源于埃及的"测地术"——这也是"几何学"（geometry）这个词的来源。这是古埃及数学最为人所称道的成就。按照希腊历史学家希罗多德的说法，由于埃及的母亲河尼罗河每年都要定期泛滥，并改变河道与良田的界线，因此法老的"测量员"们需要年复一年地对全国的田地重新测量，以制定赋税额度。在测量中，他们经常需要处理各种奇形怪状的田块，从而发明出一整套处理相关问题的技巧。这套技巧传入希腊后，逐渐演化为希腊的几何学。②不过著名的美国数学史家克莱因（Morris Kline）曾指出，从出土的埃及文书来看，埃及人的"几何学"并没有超脱于实用目的。他们虽然留下了很多处理面积、体积和长度问题的经验公式，但没有任何证据显示他们曾经试图对这些公式进行数学证明（事实上他们用的不少公式本身就是错的），这与希腊几何学完全不可同日而语。③不管怎么说，埃及测量员们为希腊几何学家提供了最初的问题域、解题技法和灵感源泉，这一点应该是确定无疑的。只是这些种子与希腊人独有的思辨精神相结合以后，才绽放出流芳百世的几何学之花。

除了数学，埃及天文学也颇有独到之处。尽管埃及人对日食、月食和五星运动的认识不如美索不达米亚人丰富，但他们对恒星的观测以及相关知识却自成体系。这与埃及人的历法传统有关——不同于通行太阴历的美索不达米亚，埃及人主要使用太阳历。这一历法传统又是由作为埃及主要水源的尼罗河的水文特征决定的。虽然同样经常泛滥，但是与水文条件复杂的幼发拉底河和底格里斯河不同，尼罗河的水源单一、支流少，以至于其水量增减极为规律，仅与上游地区旱季和雨季的交替变化有关。因此尼罗河的泛滥周期与回归年周期高度吻合，总发生在夏至日前后。因此根据回归年周期，也就是尼罗河的泛滥周期来制定历法，安排社会生活，尤其是安排农时，就成了很自然的选择。

对于古人来说，要精确测定回归年长度，除了观察日影长度的周期性变化，还有一个更简单的方法，就是观察太阳在天球上位置的变化。由于地球的绕日公转，从地球看去，太阳会随着地球观测者的视角变化而在天球上沿黄道移动，其周期刚好是一年。埃及人显然早已注意到这一点。和美索不达米亚人一样，

---

① 莫里斯·克莱因：《古今数学思想》（第一册），张理京、张锦炎、江泽涵译，上海：上海科学技术出版社，2002年，第22页。
② 希罗多德：《希罗多德历史》，王以铸译，北京：商务印书馆，1959年，第155页。
③ 莫里斯·克莱因：《古今数学思想》（第一册），张理京、张锦炎、江泽涵译，上海：上海科学技术出版社，2002年，第21-23页。

他们也通过观察黄道附近星座的偕日出、偕日落确定太阳在黄道上的位置。不过不同于巴比伦人把黄道分成 12 段的做法，埃及人把黄道均分为 36 份，并相应地划分出 36 个作为标志的星座。同时他们把一年划分成 36 个 10 日长的周期，这样一来每个周期的开始都可以大致地根据特定星座的偕日出和偕日落来标定。至于一年中剩下的 5 天，埃及人将其放在岁末，作为公共节日。

对埃及人来说，所有恒星中最重要的一颗是天狼星。这既是因为天狼星是全天最亮的恒星，观测其偕日升和偕日落在所有恒星中是最容易的，也是因为天狼星偕日出的时间点刚好在夏至以前，一旦观察到天狼星偕日出，埃及人就知道，尼罗河又要泛滥了。有趣的是，通过对天狼星等恒星的观察，埃及人显然清楚回归年的精确长度并不是 365 天，而是要比他们的历法年多 1/4 天。一方面，能够观测到天狼星偕日升的日期会十分规律地每隔四年就延迟一天；另一方面，在偕日升当天，天狼星先于太阳出现在地平线上的时间也会以 4 年为周期波动，虽然最多只相差 4 分钟，但仍然可能被掌握高超水钟技术的埃及人察觉。在 20 世纪初，德国历史学家爱德华·迈尔（Eduard Meier）通过对埃及历表的研究，首次提出在埃及历法中存在一个"天狼星周期"，相当于 1460 个回归年或 1461 个埃及历法年。[①]他认为埃及人完全了解在 1461 个历法年中只会观测到 1460 次天狼星的偕日出。但无论如何，古埃及人显然从未尝试根据这一知识去修正他们的历法。甚至到了希腊人建立的托勒密王朝时期，当作为统治者的希腊人试图在埃及历法中每 4 年插入 1 个闰日，以便让历法年更精确地符合回归年的长度时，这一做法还遭到了埃及民众的强烈反对。[②]只是在罗马皇帝恺撒准备以当时西方世界最精确的埃及历法为蓝本制定罗马历法时，他才根据来自埃及亚历山大里亚的希腊学者索西琴尼（Sosigenes）的建议，真正实施了这一方案，从而制定了作为现代公历基础的罗马四分历。[③]

埃及人还有一项冠绝古代世界的技艺，那就是他们的外科医学。这与制作木乃伊的风俗密切相关。与在古代世界中占大多数的忌讳触碰、扰动尸体的文明相比，制作木乃伊让埃及人积累了极为丰富的解剖学知识，并且发展了高超的外科手术技艺。得益于埃及发达的纸莎草书写系统和干燥的天气，这些知识通过纸莎草卷轴得以保存。通过将这些卷轴与更晚的医学著作进行对比，可以发现无论希腊的希波克拉底（Hippocrates，约前 460—约前 370）还是罗马的

①　Kitchen，K. A.，"The Chronology of Ancient Egypt"，*World Archaeology*，1991，23（2）：201-208.
②　Castro，B. M.，"A Historical Review of the Egyptian Calendars：The Development of Time Measurement in Ancient Egypt from Nabta Playa to the Ptolemies，" *Scientific Culture*，2015，1（3）：15-27.
③　莫里斯·克莱因：《古今数学思想》（第一册），张理京、张锦炎、江泽涵译，上海：上海科学技术出版社，2002 年，第 24 页。

盖伦（Galen，约 129—200 年），乃至阿拉伯的医学家，他们的医学知识都明显受到过来自埃及的影响。甚至连希腊、罗马著作中药方的书写格式都是沿用自埃及文献的。[①]

和美索不达米亚人一样，埃及人对自然哲学的思考从未脱离神学和巫术的窠臼。不过由于典籍、文物保存状况等缘故，到今天留下的关于早期埃及人精神世界的材料要比来自美索不达米亚的系统得多，关于埃及文化对古希腊哲学产生影响的证据也明确得多。事实上"哲学"（philosophy）一词在现存希腊文献中可追溯的最早用法，就是关于埃及学术的。[②]埃及孟菲斯神学和赫尔摩坡里斯神学中自我创生并创生众神与万物的独一创世神形象（阿吞或普塔），以及三大神学体系共有的先于诸神存在的"混沌水"和"原始丘"的概念[③]更被认为与希腊自然哲学中的世界本原概念，尤其是泰勒斯的"万物由水生成"的观念有直接联系。

最后，还有一门在古代科学史上占有重要地位的学问经常被归功于埃及人，这就是炼金术。这门学问不仅是现代化学的直系远祖，更将自然哲学观念与实践操作密切结合在一起，对现代科学实验方法的形成有重要影响。中世纪晚期以来的西方炼金术士通常把这门学问的起源追溯到一份据称来自埃及的名为《翠玉录》（Emerald Tablet）的文献。据说这份文献是所有炼金术文献中最古老的，只有 13 句话，被铭刻在一块翠玉板上，在公元前 14 世纪—前 4 世纪的某个时间在某座埃及法老的陵墓中被找到，作者托名为埃及与希腊神话中的赫尔墨斯、透特和塔特三联神。[④][⑤]然而这一传说十分不可靠。因为除了一份被抄录在 8 世纪阿拉伯文献上的抄本，今天找不到任何这份文献的更早版本，更不用说那块最初的翠玉板了。即便是那份现存的阿拉伯文抄本还有更早的来源，考虑到赫尔墨斯信仰传入埃及的时间，它也只能出现在希腊人征服埃及后。那么究竟其中的知识是来自埃及人，还是来自希腊人，抑或希腊和埃及知识相

① 令狐若明：《埃及学研究：辉煌的古埃及文明》，长春：吉林大学出版社，2008 年，第 477 页。
② 马丁·贝尔纳：《黑色雅典娜：古典文明的亚非之根》，郝田虎、程英译，长春：吉林出版集团有限责任公司，2011 年，第 88 页。
③ 刘文鹏：《古代埃及史》，北京：商务印书馆，2000 年，第 119-126 页。
④ 三联神是埃及宗教中的一种崇拜方式，将相互之间关系比较密切的三位神灵凑成一组，共同崇拜和祭祀。赫尔墨斯崇拜来自希腊，在希腊神话中他是宙斯之子、奥林匹斯山十二主神之一，商人、旅行者、窃贼和畜牧业的保护神，于希腊化时代传入埃及。透特则来自埃及的赫尔摩坡里斯神学体系，是月神、智慧之神和医药之神，赫尔墨斯信仰传入后在埃及被附会为赫尔墨斯之父。塔特在各种与赫尔墨斯三联神有关的文献中被称为赫尔墨斯之子、大祭司。有学者指出，塔特（Tat）实际上是透特（Thoth）的变体，是一个被虚构出来的角色（Mead，G. R. S.，*Thrice-Greatest Hermes*，vol. 2. London & Benares：The Theosophical Publishing Society，1906，pp. 457-481.）。
⑤ Mead，G. R. S.，*Thrice-Greatest Hermes*，vol. 2，London &Benares：The Theosophical Publishing Society，1906，pp. 457-481.

碰撞后产生的，甚至于是否仅仅是后来由阿拉伯人托名古人所捏造的伪书，就很难说清了。

三、波斯、印度和其他

以美索不达米亚和埃及为中心，东地中海地区成了世界上最早的文明汇集地。位于这一区域的其他几个文明——赫梯、亚述、腓尼基、希伯来、吕底亚等，对这一区域的科技发展都有各自独特的贡献。如赫梯在冶铁和铁器使用方面、亚述在各种军事科技方面（包括战车等机械技术）、腓尼基在航海术方面……不过，总体而言，这些文明都或多或少受到美索不达米亚和埃及的辐射，尤其谈及它们的天文学、数学、医学以及神学等，都脱不开来自前两者的影响。

除了上述这些文明，对东地中海区域产生重要影响的另外一股拥有独立传统的文明是东支印欧人文明，即波斯-印度文明。按照目前获得较多支持的观点，原始印欧人族群于公元前 4500 年—公元前 2500 年出现在东欧草原。他们以游牧为主，也从事少量农耕。一般认为马的驯化和马拉车辆的发明应归功于他们（虽然更早的时候苏美尔人已经发明了牛拉的轮式车辆）。从公元前 3000 年开始，印欧人逐步走出孕育他们的东欧草原，向四方迁徙。其中，中支从今天的格鲁吉亚、亚美尼亚一带越过高加索山，进入安纳托利亚半岛，与当地民族融合，创建了赫梯文明。西支分散进入欧洲各地，成为现代欧洲各民族的祖先。[1] 东支可能首先在咸海东岸的阿姆河和锡尔河流域（即中亚的所谓"河间地区"）共同生活了很长一段时间，直到公元前 1750 年左右随着迁徙进一步分裂。其中一部分向东南翻越兴都库什山进入印度河流域，创立了印度吠陀文明；另一部分南下进入伊朗高原东部（今阿富汗和伊朗东部）[2]，之后又用了数百年时间逐渐扩散到整个伊朗高原，并与从高加索方向和沿里海南岸进入高原西部的印欧部落重新融合[3]，最终在公元前 9 世纪左右以米底和波斯的名字出现在新亚述帝国的史书上。[4]

与已经屹立数千年的美索不达米亚和埃及文明相比，早期的波斯人在文化上处于相对落后的位置。但这并不意味着他们对自然一无所知。尽管后来传世的波斯历法明显是在波斯人征服美索不达米亚和埃及以后，在巴比伦历法和埃及历法的基础上制定的，但有学者根据波斯祆教古经《阿维斯陀》（*Avesta*）中的文本指

---

① 杰里·本特利、赫伯特·齐格勒：《新全球史：文明的传承与交流》（第三版），魏凤莲、张颖、白玉广译，第 57-59 页。
② 元文琪：《二元神论：古波斯宗教神话研究》，北京：中国社会科学出版社，1997 年，第 81-82 页。
③ 李铁匠：《伊朗古代历史与文化》，南昌：江西人民出版社，1993 年，第 40-42 页。
④ 扎林库伯：《波斯帝国史》，张鸿年译，上海：复旦大学出版社，2011 年，第 57 页。

出，早在古印欧人停留在东伊朗高原上的时代，他们已经在使用一套依据星象来确定季节和年份变化的不成文历法了，况且祆教中的重要宗教节日在这时都已被确定。只不过在尚无文字的情况下，没有任何证据能够证明前帝国时代的波斯印欧人懂得利用数学推算历法。实际上不仅仅是波斯人，与波斯同源的印度印欧人使用数学的记载也要到公元前 8 世纪以后才出现[①]——尽管后来这两个民族都对人类的数学进步做出了划时代贡献，但当时他们涉足这一领域的记录还完全是一片空白。有学者甚至认为，早期的波斯印欧人并不严格计算和记录一年的具体天数，而是仅仅根据太阳和恒星的高度、方位变化确定重大宗教节日的时间点。[②]事实上今天的伊朗历中仍然保留着依据观测来确定新年第一天（在历法中固定地安排在春分日）的传统，这可以看作是这一观点的佐证。与建立在发达的数理基础上的巴比伦和埃及历法相比，波斯历法的这一传统其实算不上什么进步特征。不过这一传统确实从客观上使波斯人比任何其他民族都更加注重历法与实际节气的相符性。这一注重实测的传统一旦与美索不达米亚和埃及先进的数理天文学技艺相结合，就造就了比现行公历都要精确得多的伊朗历。

除了天文历法知识，《阿维斯陀》也保留了大量早期的医学知识。与美索不达米亚和埃及一样，这些知识也与波斯人的宗教观密切联系在一起。除了药物、诊疗手段，以及用于治疗的祈祷词等与其他民族的早期医学典籍相通的内容，有关卫生防疫的内容是《阿维斯陀》医学的一大特色。这当然主要归功于祆教崇尚纯粹、洁净（波斯人所崇拜的火，同时也是神的关键美德之一），同时时刻警诫信徒提防各种（来自恶神安哥拉·曼纽的）"污染"的宗教传统。[③]进入波斯第一帝国时代，医学如其他很多有利于社会治理的事业一样，得到了来自"万王之王"不遗余力的支持。希腊作家曾转述过服务于波斯军队的希腊雇佣兵的见闻，提到当波斯大军经过位于巴比伦地区的一个小村庄时，尽管村子很小，但他们还是在村子里找到了足够多的医生，来照顾整支军队中的伤病员。由此可见波斯帝国医学事业的发达与医学人力资源的充裕。还有记录显示"万王之王"大流士一世在攻占埃及后曾派钦差携带专款去资助和重建那些在战争中遭到毁坏和荒废的埃及医学机构。[④]

---

　　① 莫里斯·克莱因：《古今数学思想》（第一册），张理京、张锦炎、江泽涵译，上海：上海科学技术出版社，2002 年，第 208 页。
　　② Boyce, M., "Further on the Calendar of Zoroastrian Feasts", *Bulletin of the School of Oriental and African Studies*，1970，33（3）：513-539.
　　③ Nayernouri, T., "A Brief History of Ancient Iranian Medicine", *Archives of Iranian Medicine*，2015，18：549-551.
　　④ Pourahmad, J., "History of Medical Sciences in Iran", *Iranian Journal of Pharmaceutical Research*，2008，7（2）：93-99.

从神学、自然观和形而上学角度说，波斯祆教对整个人类文明的影响更是不可磨灭。从基督教中"千年王国""末日审判"、救世主"弥赛亚"、上帝与"撒旦"二元对立的教义，到佛教中的"弥勒"信仰，都透露出祆教影响的痕迹。在希腊早期的自然哲学学派中，爱菲斯学派直接表现出浓重的祆教背景。据记载，爱菲斯学派的代表人物赫拉克利特（Heraclitus，约前535—约前475）本人就曾为波斯王的座上宾，其"世界是永恒的活火"的观点、"罗格斯"学说、对立统一观念，以及"理性神"思想，明显来自祆教的圣火崇拜、二元神论和阿胡拉·马兹达（意为智慧之主）信仰。后来柏拉图的理念论也不由让人联想到祆教神话中马兹达在第一个三千年造理念世界，到第二个三千年才造物质世界的说法。

与波斯相比，印度与其他早期文明之间的关系，以及它在人类早期文明史上扮演的角色是一个更加复杂的话题。这种复杂性主要来自印度民族构成和文化传统来源的复杂性。今天的印度实际上是由两支甚至在体质和人类学上都差异明显的民族嵌合而成的，即大约公元前第二个千年中叶侵入南亚次大陆的东支印欧人，和早在印欧人到来前1000年就创造出哈拉帕文明（Harappan Civilization）的达罗毗荼人。

尽管在有文字记录的时代里，印欧人后来居上，主导了南亚次大陆的政治和文化，但是种种迹象表明，在更早的时候可能存在过一个极为辉煌的达罗毗荼时代。当时达罗毗荼人的分布可能从南亚次大陆一直延伸到伊朗高原，直抵美索不达米亚。除了突然消失的哈拉帕文明，曾经活跃于伊朗高原西部扎格罗斯山麓、与苏美尔争雄逾两千年的埃兰文明可能也是由达罗毗荼人建立的。该文明的遗民至今仍生活在这一地区，外貌与印度南部的原住民极为相似。很遗憾，尽管哈拉帕和埃兰文明都有碑刻、铭文传世，但学者至今仍未能成功译读，只能从考古遗物判断，它们与古代美索不达米亚地区必然存在密切的交流。埃兰姑且不论，在印度河流域发现的很多早期遗迹和文物也可以判断与美索不达米亚属于相同的技术传统。[①]

由于缺乏对印欧人到来前的南亚次大陆文化的了解，我们很难说清古印度河文明与美索不达米亚、埃及之间的交流发展到何种程度，它们相互从对方的文化中汲取了何种营养，这些文化成果又对吠陀文明产生了多大程度的影响。唯一可以肯定的是，这种影响必然存在。事实上有学者甚至认为进入印度的印欧人不是参考达罗毗荼文化改造了自己的宗教，而是相反地，以达罗毗荼宗教

---

① Stavig, G., "Historical Contacts Between Ancient India and Babylon", *Journal of Indian History*（*Platinum Jubilee Volume*），2001：1-16.

为母版，通过加入原始印欧宗教元素，创造了印度教。①这一观点可以很好地解释吠陀宗教与古袄教之间相异的部分。

印度教最早的经典是《梨俱吠陀》，成书于公元前 1500 年—前 900 年。如《阿维斯陀》一样，这部经典中也包含了大量关于天文学和医学的内容。其中有关医学的内容比较明确。这部分内容在印度教知识体系中被统称为"阿输吠陀"，即关于生命的知识。阿输吠陀在包括《梨俱吠陀》在内的四大吠陀经中占据着重要地位，在《梨俱吠陀》中，其主要以各种反映人们对生命、疾病和药物的认识的诗歌，以及咒术性祈祷词的形式存在②，如"草药之歌""有关疾病的歌""有关流产的歌""有关衰弱的歌""为驱除害虫、消除其毒的歌"等③。《梨俱吠陀》中的此类诗歌绝大部分都收录在通常被认为成书最晚的第十卷。在四大吠陀经中，收录阿输吠陀内容最多的恰是成书年代最晚的《阿闼婆吠陀》（最晚集结完成于公元前 600 年前后）。④从中可以看出吠陀时代印度人的医学知识随着时间的推移渐次积累，以及医学在整个知识体系中的地位渐次上升的倾向。值得注意的是，有欧洲学者将四大吠陀经中的医学知识与古希腊和美索不达米亚医学进行对比，指出二者颇有相通之处。⑤这意味着早在希腊化时代以前，印度医学就和东地中海地区存在着交流。至于这种交流具体发生在印欧人进入印度以后还是以前，这些知识具体的源头、传播方向和路径是什么，甚至于这些知识有没有可能来自印欧人的东西两大支脉分离前的更古老传统，则可另题讨论。

有关天文学的内容与医学相比就没有那么明确了。与很多其他文明的原始宗教典籍一样，《梨俱吠陀》也提供了一套充满谬误和自然人格化思想的关于宇宙起源和宇宙图景的神话式解说。这种解说虽然与后来更加精致的自然哲学理论有密切的亲缘关系，甚至周边文明，如中国古代的宇宙学和自然哲学理论——盖天说、浑天说等，也可能与这些早期思想元素存在直接或间接联系。但就这些神话本身而言，很难说它们已经包含了多么深刻的哲学思辨和科学内容。另外《梨俱吠陀》中有一年包括 360 天，这 360 天又被分为 12 段的记载，甚至还提到了"第十三个月"，说明当时已发现了实行一年 360 天制所造成的闰月问题。另外书中对北斗七星以及一些重要星座在天空中的位置也有描述。"纳沙特拉"一词在这部书中也已经出现，当时被用来泛指天空中所有的星体。

---

①　埃利奥特：《印度教与佛教史纲》第一卷，李荣熙译，北京：商务印书馆，1982 年，第 6 页。
②　整部《梨俱吠陀》都是以诗歌形式写成的。
③　廖育群：《阿输吠陀：印度的传统医学》，沈阳：辽宁教育出版社，2002 年，第 34 页。
④　廖育群：《阿输吠陀：印度的传统医学》，沈阳：辽宁教育出版社，2002 年，第 35 页。
⑤　廖育群：《阿输吠陀：印度的传统医学》，沈阳：辽宁教育出版社，2002 年，第 37 页。

这个词在后来的岁月中逐渐演化为专指白道附近的星座，即每夜与月亮共同出没的星座。印度人最初把环绕白道的群星划分为 27 个这样的星座，后来变成 28 个，这就是印度的"二十八宿"。当然对于我国的二十八宿与印度二十八宿在起源上是否有直接联系，学界历来有不同意见[①]，这里不多做讨论。在后来的《耶柔吠陀》和《阿闼婆吠陀》中还出现了更多天文学方面的名词，如行星、流星、扫帚星等。这足以证实当时的印度人已经积累了一些与这些概念相关的知识，但是有关这些知识的具体内容，在四大吠陀经中并没有更加细节性的阐述。真正论述具体天文知识的著作还要等到公元前 4 世纪以后成书的吠陀经的注释性著作《吠陀支节录·天文篇》[②]，而这已经是希腊化时代开始前后的事了。

值得一提的是，著名奥地利裔美国学者诺伊格鲍尔（Otto Neugebauer，1899—1990）曾指出，印度南部的泰米尔人——达罗毗荼文明的后继者之一——使用的天文学计算方法中存在很多巴比伦数学和天文学的影子。这些南印度的居民至今仍在使用这些方法进行历法计算。[③]并且这些方法与 5 世纪以后成书的、代表古代印度天文学主流传统的《苏利耶历数书》的希腊化风格形成了鲜明对比，二者明显来自不同的传统。尽管诺伊格鲍尔本人坚持认为这种不同只反映了东地中海天文学传入印度的两条不同路线——亚历山大大帝东征路线和南方的印度洋贸易路线，并不能支持某些更大胆的猜测："在我看来，假设其（巴比伦方法传入南印度的）途径是通过希腊人和萨珊时代的波斯文明，要比假设通过一种直接的联系更有说服力。"[④]但他同样没有给出排除其他可能性的充分证据，比如这些方法可能拥有前印欧人时代的更古老背景。

在数学方面，由于缺乏文字材料，我们无法确知哈拉帕文明在数学计算方法等方面的发展程度。但是从其遗留的建筑遗迹、砖块、器物等证据看，这里的居民在工程活动中应用数学的能力至少不逊于巴比伦人。显然他们已经有了确切的重量、长度单位的概念，并能实现精确的单位划分和计量。[⑤]四大吠陀经中也几乎没有提到任何算法知识，只有一些通常用来描绘神的伟大功绩和奢华生活的诗句包含了数字概念，能够提供少量关于这一时期印度人对数学和数字概念掌握程度的线索。一个引人注意的特征是他们对巨大数字概念的掌握和

① 郭书兰：《印度与东西方古国在天文学上的相互影响》，《南亚研究》1990 年第 1 期，第 32-39 页。
② 郭书兰：《印度古代天文学概述》，《南亚研究》1989 年第 2 期，第 54-61，4 页。
③ Neugebauer, O., *Astronomy and History: Selected Essays*, New York: Springer, 1983, pp. 434-458.
④ Neugebauer, O., *The Exact Sciences in Antiquity*, 2nd edition. New York: Dover Publications, 1969, p. 167.
⑤ Sýkorová, I., "Ancient Indian Mathematics", In Safrankova, J. Pavlu, J.*WDS'06 Proceedings of Contributed Papers: Part I-Mathematics and Computer Sciences*, Prague: Matfyz Press, 2006, pp. 7-12.

偏爱①，这一特征贯穿印度思想史始终。事实上汉语中很多描述至大和至微的数字或物理量概念的名词，都是佛教传入后从梵语中"借"来的。

真正记载具体算术知识的最早文献是《绳法经》，这是一类记载宗教建筑，尤其是祭坛建造标准的经文。根据书中的语法和词汇来判断，目前传世的《绳法经》中最古老的可能成书于公元前 800 年—公元前 600 年，其中包括了很多如何计算祭坛面积和长度的内容，还有求圆面积的方法和勾股定理。②但包括这部最古老经书在内的早期《绳法经》中，都并没有为书中给出的经验公式提供任何证明过程，显然其编纂目的只是指导技术实践，而非希腊式的探求原理。印度数学真正的发展高潮要迟至公元后，甚至是 5 世纪才会到来，③此时的印度数学肯定已经受到希腊数学，甚至是亚历山大里亚数学的影响了。

总之，在希腊文化随亚历山大大帝东征大规模进入印度以前，印度在天文、数学和医学等方面都已积累了相当程度的知识，无论这些知识是由印欧人贡献的，还是来自更加古老的本地传统。但真正的突破性发展，尤其是系统的和独立的天文学、数学传统的建立，还是发生在希腊化时代以后，很难说清希腊化进程是否在这一过程中起到了启发或刺激作用。但这绝不是否认印度在人类科学史上的独特作用。经过早期的交流后，随着希腊化时代的结束，尤其是随着阿拉伯帝国的兴起，欧亚大陆东西两端的交流再次变得滞涩，而此时恰是印度数学和天文学发展的最高峰。这一时代的成就后来经由阿拉伯人传入欧洲，对促进近代欧洲科学的崛起起到了重要作用。这些成果的取得显然与传承自吠陀时代的印度独特的神学和哲学传统密切相关，如符号"0"的发明就被普遍认为与印度教和佛教哲学中的"虚无""空寂"的概念有密切关系。此外如印度宗教中的循环观念、因果观念等，也产生了印度自然哲学中的一些独具特色的部分。

参 考 文 献

埃利奥特：《印度教与佛教史纲》第一卷，李荣熙译，北京：商务印书馆，1982 年。

郭书兰：《印度古代天文学概述》，《南亚研究》1989 年第 2 期，第 54-61，4 页。

① Katz, V. J., *The Mathematics of Egypt, Mesopotamia, China, India, and Islam: A Sourcebook*, Princeton: Princeton University Press, 2007, pp. 386-387.

② Katz, V. J., *The Mathematics of Egypt, Mesopotamia, China, India, and Islam: A Sourcebook*, Princeton: Princeton University Press, 2007, pp. 387-393.

③ 莫里斯·克莱因：《古今数学思想》（第一册），张理京、张锦炎、江泽涵译，上海：上海科学技术出版社，2002 年，第 209-210 页。

郭书兰：《印度与东西方古国在天文学上的相互影响》，《南亚研究》1990 年第 1 期，第 32-39 页。

哈里特·克劳福德：《神秘的苏美尔人》，张文立译，杭州：浙江人民出版社，2000 年。

杰里·本特利、赫伯特·齐格勒：《新全球史：文明的传承与交流》，第 3 版，魏凤莲、张颖、白玉广译，北京：北京大学出版社，2007 年。

李铁匠：《伊朗古代历史与文化》，南昌：江西人民出版社，1993 年。

廖育群：《阿输吠陀：印度的传统医学》，沈阳：辽宁教育出版社，2002 年。

令狐若明：《埃及学研究：辉煌的古埃及文明》，长春：吉林大学出版社，2008 年。

刘文鹏：《古代埃及史》，北京：商务印书馆，2000 年。

刘文鹏：《古代西亚北非文明》，北京：中国社会科学出版社，1999 年。

马丁·贝尔纳：《黑色雅典娜：古典文明的亚非之根》，郝田虎、程英译，长春：吉林出版集团有限责任公司，2011 年.

莫里斯·克莱因：《古今数学思想》（第一册），张理京、张锦炎、江泽涵译，上海：上海科学技术出版社，2002 年。

蒲慕州：《法老的国度：古埃及文化史》，桂林：广西师范大学出版社，2003 年。

涂厚善：《古代两河流域的文化》，北京：商务印书馆，1964 年。

希罗多德：《希罗多德历史》，王以铸译，北京：商务印书馆，1959 年。

元文琪：《二元神论：古波斯宗教神话研究》，北京：中国社会科学出版社，1997 年。

扎林库伯：《波斯帝国史》，张鸿年译，上海：复旦大学出版社，2011 年。

詹森·汤普森：《埃及史：从原初时代至当下》，郭子林译，北京：商务印书馆，2012 年。

Boyce，M.，"Further on the Calendar of Zoroastrian Feasts"，*Bulletin of the School of Oriental and African Studies*，1970，33（3）：513-539.

Castro，B. M.，"A Historical Review of the Egyptian Calendars：The Development of Time Measurement in Ancient Egypt from Nabta Playa to the Ptolemies"，*Scientific Culture*，2015，1（3）：15-27.

Centre National De La Recherche Scientifique. *Trésor de la Langue Française. Dictionnaire de la langue du XIXᵉ et du XXᵉ siècle（1789—1960）*，Tome XV：Sale–Teindre，Paris：Gallimard，1992.

d'Alembert，J. L. R.，"Discours préliminaire"，*Encyclopédie，ou Dictionnaire raisonné des sciences，des arts et des métiers*，Tome 1. Paris：Chez Briasson，David l'Aine，Le Breton & Durand，1751.

de Jaucourt，L.F.，Samuel J. H.，"Science"，*Encyclopédie，ou Dictionnaire raisonné des sciences，des arts et des métiers*，Tome 14. Paris：Chez Briasson，David l'Aine，Le Breton & Durand，

　　1765.

Katz，V. J.，*The Mathematics of Egypt，Mesopotamia，China，India，and Islam：A Sourcebook*，
　　Princeton：Princeton University Press，2007.

Kitchen，K. A.，"The Chronology of Ancient Egypt"，*World Archaeology*，1991，23（2）：201-208.

Kramer，S. N.，*History Begins at Sumer*，Garden City：Doubleday Anchor Books，1959.

Kramer，S. N.，*The Sumerians：Their History，Culture，and Character*，Chicago：The University
　　of Chicago Press，1963.

Mead，G. R. S.，*Thrice-Greatest Hermes* vol. 2，London & Benares：The Theosophical Publishing
　　Society，1906.

Mosa，F. H.，*Historical Origins of Accounting：The Contributions of Iraq and Ancient Mesopotamia*，
　　doctor dissertation. University of Hull，1995.

Nayernouri，T.，"A Brief History of Ancient Iranian Medicine"，*Archives of Iranian medicine*，
　　2015，18（8）：549-551.

Neugebauer，O.，*Astronomy and History：Selected Essays*，New York：Springer，1983.

Neugebauer，O.，*The Exact Sciences in Antiquity*，2nd edition，New York：Dover Publications，
　　1969.

Oppenheim，A. L.，*Ancient Mesopotamia：Portrait of a Dead Civilization*，Chicago：University
　　of Chicago Press.1977.

Pourahmad，J.，"History of Medical Sciences in Iran"，*Iranian Journal of Pharmaceutical
　　Research*，2008，7（2）：93-99.

Ross，S.，"The story of a word"，*Annals of Science*，1962，18（2）：65-85.

Shaw，I.，*The Oxford History of Ancient Egypt*，Oxford：Oxford University Press，2000.

Stavig，G.，"Historical Contacts Between Ancient India and Babylon"，*Journal of Indian History
　　（Platinum Jubilee Volume）*，2001：1-16.

Sýkorová，I.，"Ancient Indian Mathematics"，in Safrankova，J. Pavlu，J. *WDS'06 Proceedings
　　of Contributed Papers：Part I—Mathematics and Computer Sciences*，Prague：Matfyz Press，
　　2006.

第二章

希腊：

人类思想的汇聚
与哲学理性的诞生

提　要

早期希腊科学发展的历史趋势和基本特征

地中海世界的自然知识在希腊的汇聚

古希腊神话的东方渊源及其对希腊人思维方式的影响；神学的理性化与自然哲学的诞生

智者学派与自然哲学

逻辑学和语言学的产生带来认识论的理性化；指向理性的伦理学兼顾自然问题和政治问题

　　古希腊不仅是科学的诞生地，更是科学文化的诞生地。古希腊的科学与科学文化，脱胎于古代地中海世界诸文明中的神话、哲学和自然知识的碰撞与交融，也因古希腊独有的文化形态和政治实践所催生出的语言学与逻辑学而与哲学理性相结合，最终在本体论、认识论和伦理学三个层面上完成了理性化进程。

第一节　早期希腊科学发展的历史趋势和基本特征

　　首先，我们可以通过概览古希腊科学家和自然哲学家的时空分布情况，来了解古希腊科学发展的历史趋势和基本特征（表 2-1）。

　　以古希腊科学史大家劳埃德（Geoffrey Ernest Richard Lloyd，1933—）的《希腊科学》一书中的表格为纲要，我们增加了科学家主要研究领域、出生地区、主要活跃地点等项目，并利用《科学家传记词典》《前苏格拉底哲学家：原文精选的批评史》等资料①，补充了数十位古希腊科学家的基本情况，形成表 2-1。表 2-1 列举了古希腊时期六十余位生平可考的科学家的基本情况，其中绝大多数都活跃于公元前 6—前 3 世纪；为保持时间上的连贯，我们也收录了几位活跃于公元前 3—前 2 世纪的科学家。观察表 2-1，我们可以得到如下几点结论。

---

　　①　参见劳埃德：《希腊科学》，张卜天译，北京：商务印书馆，2021 年；基尔克、拉文、斯科菲尔德：《前苏格拉底哲学家：原文精选的批评史》，聂敏里译，上海：华东师范大学出版社，2014 年；Gillispie C. C.，*Dictionary of Scientific Biography*，New York：Charles Scribner's Sons，1970-1981.

表2-1　活跃于公元前6—前3世纪的古希腊科学家基本情况

科学家	主要研究领域	出生地区	主要活跃地点	科学家生卒年/活跃年（公元前）	事件发生年代（公元前）	同时代的事件
米利都的泰勒斯（Thales of Miletus）	自然哲学	爱奥尼亚（Ionia）	米利都	624—546	约610	色拉西布洛斯（Thrasybulus），米利都的僭主
					594	梭伦（Solon）执政
米利都的阿那克西曼德（Anaximander of Miletus）	天文学，自然哲学	爱奥尼亚	米利都	约610—约547/546		
					约545	皮西斯特拉托斯（Pisistratus）统治雅典
米利都的阿那克西美尼（Anaximenes of Miletus）	哲学	爱奥尼亚	米利都	约546/545		
萨摩斯岛的毕达哥拉斯（Pythagoras of Samos）	数学、音乐理论、天文学	爱奥尼亚	克罗顿（Crotone）、麦塔庞顿（Metapontum，位于大希腊）	约560—约480		
					约523	萨摩斯岛的波利克拉特斯（Polycrates）去世
科洛丰的克塞诺芬尼（Xenophanes of Colophon）	神学、认识论	爱奥尼亚	南意大利西西里岛	约580/570—约478		
					510	锡巴里斯（Sybaris）与克罗顿之战
					508	克利斯提尼（Cleisthenes）改革

续表

科学家	主要研究领域	出生地区	主要活跃地点	科学家生卒年/活跃年（公元前）	事件发生年代（公元前）	同时代的事件
米利都的赫卡泰俄斯（Hecataeus of Miletus）	地理学	爱奥尼亚	四处游历	6世纪晚期—5世纪早期		
以弗所的赫拉克利特（Heraclitus of Ephesus）	道德哲学、自然哲学	爱奥尼亚	以弗所	约500		
					494	米利都被毁
					490	马拉松战役
埃利亚的巴门尼德（Parmenides of Elea）	自然哲学	大希腊（Magna Graecia）	埃利亚，可能到访过雅典	约515—450之后	478	提洛同盟（Delian League）形成
雅典的安提丰（Antiphon of Athens）	数学、宇宙论、生理学	雅典	雅典	约450		
克罗顿的阿尔克迈翁（Alcmaeon of Croton）	医学、自然哲学	大希腊	克罗顿	约450		
克拉左美奈的阿那克萨戈拉（Anaxagoras of Clazomenae）	自然哲学	爱奥尼亚	雅典、兰萨库斯（Lampsacus）	约500—约428		
埃利亚的芝诺（Zeno of Elea）	哲学、数学	大希腊	埃利亚，可能到访过雅典	约490—约425		
希俄斯岛的奥伊诺皮德斯（Oenopides of Chios）	天文学、数学	爱奥尼亚	雅典	5世纪		
阿克拉哥斯的恩培多克勒（Empedocles of Acragas）	自然哲学	大希腊	游历于希腊各处	约492—约432		
萨摩斯岛的麦里梭（Melissus of Samos）	自然哲学	爱奥尼亚	萨摩斯岛	约440		
米利都的留基伯（Leucippus of Miletus）	哲学	爱奥尼亚	阿布德拉（Abudera）	435		

续表

科学家	主要研究领域	出生地区	主要活跃地点	科学家生卒年/活跃年（公元前）	事件发生年代（公元前）	同时代的事件
锡拉库扎的希西塔斯（Hicetas of Syracuze）	天文学	大希腊	未知	5世纪	431	伯罗奔尼撒战争开始
雅典的欧克泰蒙（Euctemon of Athens）	天文学	未知	雅典	5世纪		
雅典的默冬（Meton of Athens）	天文学	雅典	雅典	约430		
希俄斯的希波克拉底（Hippocrates of Chios）	数学、天文学	爱奥尼亚	雅典			
昔兰尼的西奥多罗斯（Theodorus of Cyrene）	数学	北非	昔兰尼（Cyrene）、雅典	约465—399之后		
阿波罗尼亚的第欧根尼（Diogenes of Apollonia）	自然哲学、解剖学	希腊北部	未知	约425	421	《尼基阿斯和约》
阿布德拉的德谟克利特（Democritus of Abdera）	物理学、数学	希腊北部	未知，可能去过雅典	约410	415	雅典人远征西西里岛
克罗顿的菲洛劳斯（Philolaus of Croton）	哲学、天文学、医学	大希腊	底比斯（Thebes）、塔兰托（Talantum）	约410		
科斯岛的希波克拉底（Hippocrates of Cos）	医学	爱奥尼亚	游历希腊各处	约460—约370		
厄里斯的希庇阿斯（Hippias of Elis）	哲学、数学	伯罗奔尼撒	游历希腊各处	约400	404	伯罗奔尼撒战争结束
					399	苏格拉底去世

续表

科学家	主要研究领域	出生地区	主要活跃地点	科学家生卒年/活跃年（公元前）	事件发生年代（公元前）	同时代的事件
塔兰托的阿基塔斯（Archytas of Talentum）	哲学、数学、物理学	大希腊	塔兰托	约375		
洛克里的菲利斯蒂翁（Philistion of Locri）	医学	大希腊	未知	385		
雅典的柏拉图（Plato of Athens）	自然哲学、数学、知识论	雅典	雅典	427—347		
马格尼西亚的修迪乌斯（Theudius of Magnesia）	数学	未知	雅典	4世纪		
泰阿泰德（Theaetetus）	数学	雅典	雅典	约417—369		
萨索斯岛的勒俄达马斯（Leodamas of Thasos）	数学	希腊北部	雅典	约380		
斯彪西波（Speusippus）	哲学	雅典	雅典	约408—339		
尼多斯的欧多克索（Eudoxos of Cnidus）	天文学、数学	爱奥尼亚	雅典、埃及、基齐库斯（Cyzicus）、尼多斯（Cnidos）	约400—约347		
卡尔西顿的克塞诺克拉底（Xenocrates of Chalcedon）	哲学、数学	小亚细亚	雅典	396/395—314/313		
庞托斯的赫拉克利德（Heraclites of Pontus）	天文学、地理学、哲学	希腊北部	雅典	约388—约315		
					338	奇罗尼亚战役（Battle of Chaeronea）
					336	腓力二世被刺杀；亚历山大大帝继位
狄诺斯特拉托斯（Dinostratus）	数学	未知	雅典	4世纪上半叶		
西马里达斯（Thymaridas）	数学	未知	帕罗斯（Paros）	4世纪上半叶		
斯塔吉拉的亚里士多德（Aristotle of Stagira）	自然哲学和科学诸领域	希腊北部	雅典	384—322		

续表

科学家	主要研究领域	出生地区	主要活跃地点	科学家生卒年/活跃年（公元前）	事件发生年代（公元前）	同时代的事件
米奈克穆斯（Menaechmus）	数学	未知	雅典、基齐库斯	4世纪中叶		
塔兰托的亚里士多塞努斯（Aristoxenus of Talentum）	和声理论	大希腊	雅典	约375/360—?		
马萨利亚的皮西亚斯（Pytheas of Massalia）	地理学	高卢	马萨利亚（Massalia），去过不列颠和北海	330		
基齐库斯的卡利普斯（Callippus of Cyzicus）	数学、天文学	爱奥利亚（Aeolia）	雅典	约330		
罗德岛的欧德摩斯（Eudemus of Rhodes）	哲学、科学史	罗德岛	雅典	4世纪下半叶	323	亚历山大去世
伊勒苏斯的塞奥弗拉斯特（Theophrastus of Eresus）	植物学、矿物学、哲学	爱奥利亚	马其顿、雅典	约371—约287		
卡利斯托的迪奥克勒斯（Diocles of Carystus）	医学、解剖学	优卑亚（Euboea）	雅典	4世纪晚期		
皮塔涅的奥托里库斯（Autolycus of Pitane）	天文学、地理学	爱奥利亚	未知	约300		
提莫卡里斯（Timocharis）	天文学	未知	亚历山大里亚	约300		
欧几里得（Euclid）	数学	未知	亚历山大里亚，或许还有雅典	295		
萨摩斯岛的伊壁鸠鲁（Epicurus of Samos）	伦理学和自然哲学	大希腊	雅典	341—270		
基提翁的芝诺（Zeno of Citium）	哲学	塞浦路斯	雅典	约335—263		
卡尔西顿的希罗菲卢（Herophilius of Chalcedon）	解剖学、生理学	小亚细亚	亚历山大里亚	出生于5世纪最后1/3		
兰萨库斯的斯特拉托（Strato of Lampsacus）	自然哲学	爱奥利亚	雅典	?—271/268		

续表

科学家	主要研究领域	出生地区	主要活跃地点	科学家生卒年/活跃年（公元前）	事件发生年代（公元前）	同时代的事件
萨摩斯岛的阿里斯塔克（Aristarchus of Samos）	数学、天文学	爱奥尼亚	亚历山大里亚或雅典	约 310—230		
索利的阿拉图斯（Aratus of Soli）	天文学	塞浦路斯	雅典、马其顿、叙利亚	约 310—约 240/239		
克特西比奥斯（Ctesibius）	发明	未知	亚历山大里亚	约 270		
尤里斯的埃拉西斯特拉托（Erasistratus of Iulis）	解剖学、生理学	开俄斯（Ceos）	雅典、科斯岛、亚历山大里亚	约 304—？		
拜占庭的菲洛（Philo of Byzantinum）	物理学、力学、气体学	拜占庭	游历过罗德岛和亚历山大里亚	约 250		
科斯岛的腓里努斯（Philinus of Cos）	医学	爱奥尼亚	科斯岛	约 250		
锡拉库扎的阿基米德（Archimedes of Syracuza）	数学、力学	大希腊	亚历山大里亚、锡拉库扎	约 287—约 212		
索利的克吕西波（Chrysippus of Soli）	物质理论、逻辑、宇宙论、心理学	塞浦路斯	雅典	约 280—约 205		
昔兰尼的埃拉托色尼（Eratosthenes of Cyrene）	地理学、数学	北非	亚历山大里亚	约 276—约 195		
多西修斯（Dositheus）	数学	未知	亚历山大里亚	3 世纪下半叶		
帕加的阿波罗尼乌斯（Apollonius of Perga）	数学科学	小亚细亚南部	亚历山大里亚、帕加蒙（Pergamon）、以弗所	3 世纪下半叶—2 世纪初		
希帕恰斯（Hipparchus）	天文学、数学、地理学	小亚细亚	罗德岛	2 世纪前 25 年—127		
狄俄尼索多罗（Dionysodorus）	数学	未知	考努斯（Caunus）	3—2 世纪		

注："年份"一栏标明科学家的生卒年或其"兴盛期"，即其做出主要贡献的年代。

（1）从时间分布上看，活跃于公元前 6 世纪的科学家大约有 6 人，活跃于公元前 5 世纪的大约有 19 人，活跃于公元前 4 世纪的大约有 21 人，活跃于公元前 3 世纪的大约有 18 人。也就是说，在米利都学派创造性地开辟出自然哲学领域之后，古希腊学者对于自然的探究一直保持着平稳的发展速度。尽管传统的哲学史一般都将智者学派的兴起、苏格拉底的出现看作是古希腊早期自然哲学研究传统向政治哲学与伦理学研究的转向，但是从表 2-1 中我们却得到了不同的结论，这也启示我们要重新思考智者学派对古希腊哲学史和科学史的意义。

（2）从地理分布来看，在整个古希腊时期，小亚细亚及其周边地区（包括爱奥利亚、爱奥尼亚、拜占庭、塞浦路斯岛等地）是产出科学家最多、持续时间最长的地区，几百年间连续不断地向希腊世界输送了大约 30 位科学家，几乎是我们统计的科学家数目的一半。也有不少科学家来自希腊本土（阿提卡、伯罗奔尼撒、优卑亚等地）、大希腊，少数来自希腊北部及更北部地区（色雷斯、高卢、黑海等地）和北非。可以说，希腊人殖民所到之处，几乎就有科学家出现，这很大程度上应该归功于希腊人，尤其是希腊知识分子喜爱各处游历的习惯。而小亚细亚地区之所以能成为古希腊科学家的摇篮，更与古代文明的地理分布有着莫大的关系：小亚细亚位于多文明交汇之地，东可达波斯、巴比伦，南可至埃及，这些文明古国在希腊崛起之前就已达到相当发达的程度，加之希腊人喜爱学习、喜爱迁徙的习惯，诸文明中的宗教、自然知识和自然哲学就理所当然地在此处融会，促进了大量古希腊科学家的出现。

（3）古希腊科学的发展与古希腊的政治发展历程关系密切。由于小亚细亚是地理要冲的因素，米利都成了古希腊科学的第一个核心地点。随着希波战争的进行，米利都被毁，提洛同盟成立，雅典成为古希腊最重要的城邦，古希腊科学家便纷纷涌入雅典。待柏拉图建立起阿卡德米学园，雅典就成了古希腊科学的绝对中心，亚里士多德及其学派的崛起也延续了这一传统。亚历山大大帝去世之后，帝国一分为三。掌控埃及的托勒密王朝的早期统治者比较重视学术的发展，因而古希腊科学的中心从希腊本土迁移到了北非，这一时期的绝大多数科学家都在亚历山大里亚工作，使亚历山大里亚成了新的科学中心。

第二节　地中海世界的自然知识在希腊的汇聚

科学，是古希腊民族天才的创造，这一点毫无疑问。但是，"科学史之父"萨顿（George Sarton，1884—1956）曾言："希腊科学的基础完全是东方的，不论希腊的天才多么深刻，没有这些基础，它并不一定能够创立任何可与其实际成就相比的东西。……我们没有权利无视希腊天才的埃及父亲和美索不达米亚母亲。"①那么，埃及、美索不达米亚等古代文明，到底给古希腊科学的诞生提供了怎样的基础呢？

一、数学与天文学

在公元前 600 年前后，希腊数学迎来了一波发展浪潮。在这一波浪潮中，希腊边境的殖民者，尤其是爱奥尼亚人具有两个优势：第一，他们有着开拓者才具有的胆量和想象力；第二，他们靠近尼罗河流域和两河流域，而数学正是发源于此。对于希腊先哲米利都的泰勒斯和萨摩斯岛的毕达哥拉斯来说，他们还具有一个更大的优势：拥有地理优势，这便可以让他们便捷地到达当时的学术中心去旅行，以获得数学与天文学方面的一手知识。据说，泰勒斯曾预言过前 585 年的一次日食，而在当时，只有利用巴比伦祭司的天文记录才有可能做到这一点。因此，泰勒斯极有可能大量接触、学习过巴比伦的数学和天文学。②

除去传说，在具体的古希腊数学实践和数学知识中，我们也可以看到许多东方痕迹。在计数法上，古希腊曾流行一种被后人称为"希罗第安符号"（Herodianic signs）的计数法，以一些字母来代表数字，如以 I 代表 1，以 Π（πέντε，panta 的首字母）代表 5，以 Δ（δέκα，deka 的首字母）代表 10，以 H（ἕκατον，hekaton 的首字母）代表 100，以 X（χίλιοι，hilioi 的首字母）代表 1000，以 M（μύριοι，murioi 的首字母）代表 10 000；表达数字时，则以并置不同单位的符号以表达其所代表的数字之和。埃及计数法与此基本相同，也是以字母代表数字，以字母的并置代表数字之和。③二者之间的不同只是埃及计数法完全是十进制的，而希罗第安符号是五进制和十进制混合计数，二者之间的区别实际上只是以一只手计数还是以两只手计数而已，在根本上是一致的。在天文学上常用的 60 进制则最早发现于巴比伦。④希腊人常常将分数表示为几个分子为 1 的分数之和，这种分数表示法继承自埃及人；⑤在数学计算中，希腊人往往使用某种"算盘"来进行计算，其本质就是利用位值制，将卵石或小棍按照垂直或

---

① 乔治·萨顿：《科学史和新人文主义》，陈恒六、刘兵、仲维光译，北京：华夏出版社，1989 年，第 64 页。
② 基尔克、拉文、斯科菲尔德：《前苏格拉底哲学家：原文精选的批评史》，聂敏里译，上海：华东师范大学出版社，2014 年，第 125 页。
③ Heath，T.，*A History of Greek Mathematics*，vol. 1.，Oxford：Clarendon Press，1921，pp. 27-28，30.
④ Heath，T.，*A History of Greek Mathematics*，vol. 1，Oxford：Clarendon Press，1921，p. 28.
⑤ Heath，T.，*A History of Greek Mathematics*，vol. 1，Oxford：Clarendon Press，1921，p. 41.

水平方向排列以进行加法或减法，而这种做法与埃及人也是一致的。[①]

　　天文学方面，希罗多德曾提到，米利都学派的哲学家从巴比伦人那里引进了日钟和日晷，并把一天分为十二份。在天文学理论上，为了解释行星运动不规则的问题，巴比伦的天文学家曾作出两点假设：第一，为解释行星轨道不规则性问题，可以假设地球并不在均轮的正中央，而是在稍微偏一点的地方；第二，为解释行星纬度的问题，可以假设行星的本轮有一点倾斜。这两点假设都被希腊人所继承了。[②]

二、冶金、手工艺、解剖学与占卜

　　早在公元前三千纪，赫梯人冶炼银和铅的技术就开始向外传播。"古代近东地区为得到银和铅而发展起来的焙烧和还原技术在迈锡尼时代从小亚细亚向西传播到克里特岛、爱琴海和希腊本土。"[③]

　　古希腊文明在公元前 750 年—前 650 年的一个世纪，被称为"东方化时代"。在这一时期，由于与近东地区的接触，希腊的社会风俗产生了巨大的变化，"荷马的战士宴会被转变成贵族的酒会，后者有着精细的仪式、竞技、诗歌和演说比赛、舞女或男伴、克制的或者公开的性活动，在希腊贵族的生活中，这是最为重大的变化，因为它产生了一种高度优雅和精细的文化"[④]。"东方化时代"本是艺术史的概念，后来被发展为"东方化革命"，又因古典学家伯克特（Walter Burkert，1931—2015）的《东方化革命：古风时代前期近东对古希腊文化的影响》（*The Orientalizing Revolution：Near Eastern Influence on Greek Culture in the Early Archaic Age*）一书而广为人知。[⑤]无论"东方化"这一概念源自艺术史研究还是政治想象，其史实基础都是公元前 8—前 7 世纪近东地区手工艺、医学和占卜向希腊的传播，因此，当时地中海世界的物质文化及其背后的自然知识在希腊的汇聚与融合才是我们所要强调的重点。[⑥]

　　随着亚述帝国的崛起和扩张，近东地区与希腊之间的贸易兴盛，同时战乱

[①]　Heath，T.，*A History of Greek Mathematics*，vol. 1，Oxford：Clarendon Press，1921，p. 46.

[②]　Neugebauer，O.，*The Exact Sciences in Antiquity*，2nd edition，New York：Dover Publications，1969，p. 125.

[③]　查尔斯·辛格、霍姆亚德、霍尔等：《技术史》第 II 卷，潜伟译，上海：上海科技教育出版社，2004年，第 32 页。

[④]　奥斯温·默里：《早期希腊》（第二版），晏绍祥译，上海：上海人民出版社，2008 年，第 74 页。

[⑤]　李永斌：《古典学与东方学的碰撞：古希腊"东方化革命"的现代想象》，《中国社会科学》2014 年第 10 期，第 187-204 页。

[⑥]　以下关于古希腊在手工艺、解剖学和占卜等方面吸收东方文明的论述，主要来自伯克特《东方化革命：古风时代前期近东对古希腊文化的影响》一书的第一章"'为公众做工的人'：迁徙的工匠"和第二章"'占卜师或医师'：东方传往西方的巫术和医学"，详见瓦尔特·伯克特：《东方化革命：古风时代前期近东对古希腊文化的影响》，刘智译，上海：上海三联书店，2010 年。

频仍。在此背景下，东方的工匠成批地迁入希腊，为希腊带来了无数东方产品。腓尼基人的青铜碗和银碗被当作贵重商品来交易，赫梯人的青铜器皿也被重新加工制成巨大的青铜雕像上的衣纹。随着商品流入，近东的青铜制造工艺也被希腊人所吸收，并创造出希腊人自己的杰作。希腊人的金匠手艺、宝石切割术、象牙雕刻的技术都是向东方学习来的，尤其是青铜加工中的各种技术，包括锻打和"熔芯"铸模方法，都是如此。希腊的宗教雕像的样式也发生了"东方化"：宙斯挥舞雷电，波塞冬手持三叉戟，这些形象归根结底都来源于叙利亚—赫梯地区的战士雕像。这些手工艺产品和技艺的交流背后，必定伴随着许多无法见诸书本的自然知识的大汇聚。

这些知识虽然不能够在书本中直接体现，但是却对古希腊语的词汇产生了深远的影响。伯克特举出了数十例源于闪米特语的古希腊语词语，其中不乏相当重要者。

日常生活：mina 是基本的重量单位，后来成为货币单位；kanon 是秤杆，后来指尺子和度量衡标准；deltos 是书写板，malthe 是书写板上的蜡；等等。

商品名字：chrysos 是金子，chiton 是衬衫[与 cotton（棉花）一词有关]；许多植物和香料的名字，如 libanos（乳香）、murra（没药）、nardos（松香油）、kasia（肉桂）、kannabis（大麻）、kinnamomon（桂皮）、krokos（番红花）、sasamon（芝麻）；矿物的名字，如 naphtha（石脑油）、nitron（碱面）；等等。

工业与手工业：kanna（芦苇，常用来表示"丈量杆"）、titanos（石灰）、gypson（灰泥）、plinthos（黏土砖）、axine（斧子）、skana（帐篷、兵营）；等等。

毫无疑问，引入词汇的背后，就是古希腊人对近东自然知识——关于植物、矿物、工艺、计量等诸多方面的知识——的吸收和汇聚。

关于解剖学知识的迁移，比较突出的一个例子是美索不达米亚"脏卜术"向希腊的传播。脏卜术是指用动物内脏进行占卜，屠宰动物的习俗极为古老，许多内脏——尤其是动物的肝脏——的形状复杂多变，古人因而以之为占卜的依据，羊的屠宰和利用羊肝占卜甚至形成了一套独特的机制。公元前 19 世纪，美索不达米亚人就为羊肝专门制作了黏土模型，上有楔形文字，以标示占卜方法，而在伊特鲁里亚地区发现的铜制羊肝模型则与美索不达米亚模型非常相似。更重要的是，这两种模型与真实的羊肝形状有很大出入，这进一步说明希腊地区的羊肝模型并非来自本地的解剖实践，而是源于东方知识的传入。巴比伦和希腊的脏卜术语和逻辑也非常相似：在两种语言中，肝脏都分为"大门""头""路""河"等部位；二者也都认为肝脏的某些部位是"吉祥的"，某些部位是"凶险的"，吉祥处正常或凶险处异常则吉，反之，吉祥处异常或凶险处正常则凶。

第三节　自然哲学之前——古希腊的神话

在自然哲学诞生之前，古希腊人对自然现象的理解与解释，往往诉诸神话传说。因此，神话为古希腊人提供了第一套自然体系。在古典学家柯克所总结出的古希腊神话的五大理论中，第一个就是"自然神话"理论。它主张所有的古希腊神话都是自然神话，神话不过是自然现象的代指。[①]这种理论固然有其不足之处，因为并非所有神话都能被直接清晰地理解为自然现象，有些神话也不需或不应该被理解为自然现象。但是，不可否认的是，自然神话确实是古希腊神话中非常重要的一个类别：天空、海洋、冥府都各有神灵掌控，太阳运行、河流奔腾、打雷闪电都各有神灵操纵，万物的生长与死亡都各有神灵负责。因此，在讨论古希腊的自然哲学之前，我们要先观察古希腊神话的基本情况，并试图理解神话对自然哲学有怎样的影响。

古希腊神话主要有两个来源：荷马（Homer）和赫西俄德。科洛丰的色诺芬曾就认为，所有人对神的了解都源自荷马。[②]赫西俄德则撰写了唯一一部存世的古希腊"神谱"。《荷马史诗》与赫西俄德的《神谱》共同构成了古希腊神话体系的基础。《荷马史诗》与《神谱》有一个重要的差异：前者来源于古代口头文学传统，而后者则是书面文学，版本渊源与前者相比清晰得多。《荷马史诗》在传播中创造和定型，这个过程历经上千年：从公元前两千纪到公元前8世纪中期，没有书面文本，最具有流变性；从公元前8世纪中期到公元前6世纪中期，依然没有书面文本，但是更加形式化；从公元前6世纪中期到公元前4世纪后半叶，以雅典为中心，《荷马史诗》已经在几个分布点出现誊录本，这被称为"确定权威的时期"。[③]根据考证，赫西俄德本人生活在公元前8世纪，《神谱》写于公元前730—前700年，比《荷马史诗》的成文年代还要早。[④]

我们可以看到，尽管《荷马史诗》与《神谱》的文学性质不同，但是其成文或成型年代是重叠的，并且恰好与上文所提到的"东方化时代"所重合。甚

---

① 柯克：《希腊神话的性质》，刘宗迪译，上海：华东师范大学出版社，2017年，第37-46页。
② Graham, D.W., *The Texts of Early Greek Philosophy*: *The Complete Fragments and Selected Testimonies of the Major Presocratics*, part 1, Cambridge: Cambridge University Press, 2010, pp.108-109.
③ 格雷戈里·纳吉：《荷马诸问题》，巴莫曲布嫫译，桂林：广西师范大学出版社，2008年，第55页。
④ 吴雅凌：《神谱笺释》，北京：华夏出版社，2010年，第11-13页。

至有学者认为，荷马和赫西俄德的作品反映了"古希腊文学的东方化革命"①。我们在这里要阐明的是，古希腊神话受到了古代近东地区神话的深刻影响，反映出各个古代文明在希腊地区的汇聚、整合，这可以从神祇、神话情节、神话体系结构三个层面表现出来。

一、神祇

古希腊神话中，有许多神祇都可以在周边文明的神话传说中找到原型。希罗多德认为，古希腊的神祇源自埃及神话，并对古希腊神祇和埃及神祇进行比较，重排古希腊主要神祇的序列。②

现代研究则表明，古希腊神祇的源头可追溯至苏美尔人甚至印度人那里。因为希腊人属于印欧人，希腊语属于印欧语，所以希腊神话中的神名常常有着原始印欧语词源。例如，希腊主神 Zeus Pater（宙斯）与罗马主神 Deis Pater（朱庇特）和印度的 Dyaus Pitar（天空神）的神名是同源的，这个名字最初见于古印度吠陀经，其本意为万物的父亲和本原③，其地位也都是掌管天空的主神。作为俄刻阿诺斯（Oceanus）的妻子、太古时期的万物之母的泰西斯（Tethys），其名字据考证源于巴比伦神话中的原始海神、繁衍之母提阿玛特（Tiamat）。④此外，Titan（提坦族）的名字也很有可能来自阿卡德语 titu，即"黏土"之意。这个词被希腊人改变为 titanos，指建筑中使用的石膏。传说中，提坦族攻击幼儿时期的狄奥尼索斯（Dionysus）时，将石膏涂抹于脸上以伪装容貌，因而提坦族之名与石膏有关。⑤

除了神名的词源之外，我们还可以从神话的情节上看出希腊神与东方神的亲缘关系，最突出的一个例子就是希腊爱神阿芙洛狄特（Aphrodite）与巴比伦史诗《吉尔伽美什》中的女神伊什塔尔（Ishtar）之间的关系。《伊利亚特》中有这样一幕：阿芙洛狄特被狄俄墨得斯（Diomedes）伤害而向母亲狄娥奈（Dione）哭诉，结果换回父亲宙斯温和的谴责。在《吉尔伽美什》中，伊什塔尔遭吉尔伽美什拒绝，因而回天国向母亲安图母（Antum）诉苦，却被父亲天

①　阮炜：《古希腊文学的东方化革命——兼论〈伊利亚特〉、〈神谱〉等希腊经典里东方元素的翻译》，《外国文学评论》2014年第1期，第188-204页。

②　Griffiths, J. G., "The Orders of Gods in Greece and Egypt（According to Herodotus），" *The Journal of Hellenic Studies*，1955，75（21）：21-23.

③　Dumézil. *Mythe et épopée*. 1968-73，1.11. 转引自西蒙·普莱斯：《古希腊人的宗教生活》，邢颖译，北京：北京大学出版社，2015年，第19页。

④　瓦尔特·伯克特：《希腊文化的东方语境：巴比伦·孟斐斯·波斯波利斯》，唐卉译，北京：社会科学文献出版社，2015年，第47-48页。

⑤　瓦尔特·伯克特：《希腊文化的东方语境：巴比伦·孟斐斯·波斯波利斯》，唐卉译，北京：社会科学文献出版社，2015年，第51页。

神安努（Anu）批评。二者在情节、氛围、人物身份方面都如出一辙，并且，Dione 是 Dios（宙斯之名的属格形式）的阴性形式，Antum 亦是 Anu 的阴性形式，而狄娥奈除此之外几乎没有在希腊神话中的其他场景中出现过，这足以证明阿芙洛狄特与伊什塔尔之间的渊源，古希腊人对阿芙洛狄特的理解必然有一部分源于巴比伦神话。[①]

二、神话情节

不仅神祇之间渊源极深，古希腊神话中的许多情节也与东方神话有着密不可分的关系。除了上文谈到的阿芙洛狄特和伊什塔尔的故事之外，古希腊神话中还有一些情节有着东方神话的原型。

在《伊利亚特》中，海神波塞冬这样谈起世界的划分：

> 我们是克罗诺斯和瑞娅所生的三兄弟，
> 宙斯和我，第三个是掌管死者的哈得斯。
> 一切分成三份，各得自己的一份，
> 我从阄子拈得灰色的大海作为永久的居所，
> 哈得斯统治昏冥世界，
> 宙斯拈得太空和云气里的广阔天宇，
> 大地和高耸的奥林波斯归大家共有。[②]

在《伊利亚特》中，抓阄的段落仅此一次，并且将世界划分为天空—海洋—冥界的方式也仅此一次。一般来说，希腊诸地提到世界的划分时，通常分为天空—大地—冥界，或者是天空—海洋—大地，或者是天空—大地—海洋—冥界，并没有三兄弟分得天空—海洋—冥界的分法。这种划分方式明显来自巴比伦神话《阿特拉哈西斯》（*Atrahasis*）中安努、恩利尔（Enlil）和恩基（Enki）三人各分得天空、大地深处和大海的段落。并且，这种划分方式是《阿特拉哈西斯》整个叙事的基本法则，并被反复提及。[③]

希腊神话中的另一个著名故事——"七雄攻忒拜"——也有着近东源头。《七雄攻忒拜》（*Ἑπτὰ ἐπὶ Θήβας*）虽不是荷马的作品，但却是古希腊重要的悲剧作家埃斯库罗斯（Aeschylus，约前525—约前456）的主要作品之一，并且

---

① 瓦尔特·伯克特：《希腊文化的东方语境：巴比伦·孟斐斯·波斯波利斯》，唐卉译，北京：社会科学文献出版社，2015年，第60-64页。
② 荷马：《伊利亚特》，罗念生、王焕生译，上海：上海人民出版社，2012年，第767页。
③ 瓦尔特·伯克特：《希腊文化的东方语境：巴比伦·孟斐斯·波斯波利斯》，唐卉译，北京：社会科学文献出版社，2015年，第53-55页。

其发生地点与《伊利亚特》中的忒拜主题相一致。这一故事的真实性和意义曾得到广泛的讨论，在阿卡德史诗《埃拉》（Erra）被世人发现并出版以后，这个故事的真实面貌才逐渐浮出水面。埃斯库罗斯笔下"七雄攻忒拜"的故事来源于阿卡德神话中"七魔"在瘟疫之神埃拉带领下毁灭人类的故事。两个故事有许多结构上的相似点：主人公都是七个"无可匹敌者"，都由一位"无法逃避"的神祇带领；都有进攻和危险，最后进攻方都撤退，而撤退意味着被威胁方的得救；决定性的一战都在一对兄弟间展开，他们在第七座城门旁相互残杀，同归于尽。表现这两个故事的浮雕图像也有密切的联系。这无疑反映出东方神话对希腊史诗创作的影响。[①]

三、神话体系结构

比神祇之间的渊源、情节之间的联系更重要的，也是本章需要着重强调的，是古希腊神话在体系结构上对东方神话的吸收。因为神名的流变、情节的借用，都不如神话体系结构更能反映出古希腊人思考自然、理解自然时的思维方式，而这种思维方式则与古希腊自然哲学的诞生有着深刻的关系。

首先，《伊利亚特》对世界创生的说法与巴比伦史诗相类似。在《伊利亚特》的第十四卷中，宙斯的妻子——女神赫拉向宙斯和他的女儿阿芙洛狄特编造了一个说法，称俄刻阿诺斯和泰西斯是众神的始祖和始母，他们本是太古时期一对夫妇，由于他们"调和不尽的争吵"，因而"已经很久回避甜蜜的爱情和共同的床榻，彼此一直怀恨结怨"[②]。巴比伦史诗《埃努玛·埃利什》（Enuma Elish）的开篇与此如出一辙。史诗讲到，起初河流之神阿普苏和海洋之神提阿玛特融合在一起，产生了诸神；阿普苏是万物之父，提阿玛特是万物之母。上文提到，泰西斯正是希腊版本的提阿玛特，而俄刻阿诺斯则是最初的海洋之神。可见，《伊利亚特》和《埃努玛·埃利什》都将世界的起源追溯到一对掌管河流和海洋的水神夫妇那里，这或许就是泰勒斯提出"万物源于水"的思想来源。

其次，古希腊神话中主神的代际传承谱系也来源于东方神话。《神谱》的核心情节就是古希腊神系从天神家族的乌拉诺斯（Uranus）的时代转向提坦家族的克罗诺斯（Chronos）的时代、最终到达奥林波斯家族的宙斯（Zeus）的时代的发展过程。其中，克罗诺斯向乌拉诺斯发起反叛并割下乌拉诺斯的生殖

---

① 瓦尔特·伯克特：《东方化革命：古风时代前期近东对古希腊文化的影响》，刘智译，上海：上海三联书店，2010年，第103-111页。

② 荷马：《伊利亚特》，罗念生、王焕生译，上海：上海人民出版社，2012年，第725，733页。

器，导致天地分离的情节，与赫梯的"库玛尔比文本"（*Kumarbi Texts*）中库玛尔比弒天神安努的一段情节十分吻合。①甚至，整个乌拉诺斯—克罗诺斯—宙斯三代谱系，都能在印度神话中找到如图 2-1 的对应关系。

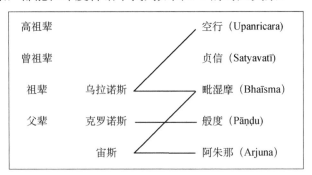

图 2-1　《神谱》中的神系与印度神话中阿朱那谱系的对比②

再次，希腊神话中的神—人关系也来源于东方神话。已经亡佚的古希腊史诗《塞普里亚》（*Cypria*）中曾提到，由于地面上的人类数量太多，滋养大地的呼吸都被压迫了。为了减轻大地的负担，宙斯决定挑起特洛伊战争，以减少人类的数量。诗行旁的评注则提到，与宙斯商讨此事的，是一位掌管嘲笑与非难的神明莫墨斯（Momos），这就是《伊利亚特》开篇所说的"宙斯的决定"。赫西俄德的《神谱》也提到，正是忒拜战争和特洛伊战争将英雄时代引向终结。这一情节与《阿特拉哈西斯》恰好吻合。《阿特拉哈西斯》中每一幕的开头，都会重复这样的情节：地面上的人类数量太多，十分喧嚷，吵到了神明恩利尔，因此恩利尔向人类放出瘟疫、饥荒和洪水，使人类经受种种苦难。而在《埃努玛·埃利什》中，万物之父阿普苏被年轻众神的吵闹所打扰，无法入睡，便打算将他们都杀死，而与阿普苏商讨的是一位名为穆木（Mummu）的顾问。③或许穆木就是莫墨斯？无论如何，希腊神话中的诸多扣人心弦的英雄传说都来源于神人不和的关系，而这种关系则离不开东方神话的深刻影响。

古希腊神话的体系，从世界诞生，到主神的嬗代，再到主神与人类的不和关系，整个系统的结构都离不开东方神话的影响。在这样的结构之下，古希腊又从东方神话中继承了许多神祇与神话情节。古希腊的神话既然有作为自然神话的一面，其理解和解释自然的思维方式必定会对继神话之后诞生的自然哲学

①　Walcot，P.，*Hesiod and the Near East*，Michigan：University of Wales Press，1966，pp. 2-3.
②　Allen，N. J.，"The Indo-European Background to Greek Mythology"，in Dowden，K.，Livingstone，N.，*A Companion to Greek Mythology*，Oxford：Wiley-Blackwell，2011，p. 351.
③　瓦尔特·伯克特：《东方化革命：古风时代前期近东对古希腊文化的影响》，刘智译，上海：上海三联书店，2010 年，第 97-103 页。

有着塑造性的深刻作用，这将成为下一节讨论的话题。

第四节　本体论理性化进程——神学的理性化
与自然哲学的诞生

在公元前 6 世纪初，一种不同于神话的、新的理解自然的方式在小亚细亚西部、爱琴海东岸的米利都城萌发了，这就是被公认为开启了古希腊哲学的，由泰勒斯所提出的自然哲学。从此，"世界的本原是什么"这一问题使希腊思想家逐渐摆脱神话，走上了哲学之路。同时，古希腊思想家虽然不再相信神话，但是他们并没有放弃对"神"的思考和研究，"神"的概念越来越理性化、抽象化，为世界的统一性提供了基石，成了古希腊科学思想的基础。

一、神学的理性化

上文提到，《荷马史诗》和赫西俄德的《神谱》为古希腊神话体系奠定了基本形态。相比而言，《神谱》的成文虽然早于《荷马史诗》，但是由于《荷马史诗》是古代口头文学传统的产物，其源头或可追溯到公元前两千纪。《荷马史诗》作为一种口头文学，其叙述的基本单位是故事情节，这些故事情节或取材于希腊传统故事，或取材于东方神话。《荷马史诗》在创作中流传、在流传中定型。万物起源、众神嬗代等都是零散分布在文本中的故事情节，其中的神学内容并没有被有条理地整合成一套严密的体系。《神谱》则大不一样，它是赫西俄德个人创作的书面文学作品，它将流传已久的希腊神话按照时间顺序有逻辑地整合成一套线性的体系：起初世界产生于"混沌"（Chaos，卡俄斯）之中，然后出现了天神乌拉诺斯，继而天地分离，克罗诺斯取代乌拉诺斯，之后宙斯又推翻克罗诺斯，确立了宙斯自己以及奥林波斯神族的绝对统治地位，诸位主神从而各安其位，秩序井然。也就是说，赫西俄德通过对"神谱"的重新梳理和建构，将散乱的神话整合成了一个结构严谨的体系，这可以称作是古希腊神学理性化的开端。

然而，在哲学萌发的时代，神话的可靠性被希腊思想家们质疑。质疑神话的第一位代表性哲学家就是科洛丰的色诺芬，他从道德和形体两个方面怀疑荷马和赫西俄德创造出来的神的形象。[1]一方面，他说："荷马和赫西俄德将所有

---

[1]　西蒙·普莱斯：《古希腊人的宗教生活》，邢颖译，北京：北京大学出版社，2015 年，第 149 页。

人的罪责和羞耻都赋予了神：偷盗、通奸、相互欺骗。"①另一方面，他说埃塞俄比亚人认为他们的神是塌鼻子黑皮肤，而色雷斯人认为他们的神是蓝眼睛红头发；如果具有画画的能力的话，那么马的神就像马，牛的神就像牛。②色诺芬据此反对神话中的"神人同形同性论"，认为神不应该具有和人一样不完美的性质。

色诺芬拒斥了神话中的神，但是并没有说明真正的神应该是什么样子的，他的弟子巴门尼德则将神进一步理性化、抽象化。巴门尼德认为，"存在者存在，不存在者不存在"，"存在"是不能变成"不存在"的，因此"存在"不动不变，是"一"，是完满的球体。虽然巴门尼德没有明说"存在"就是"神"，但是其弟子芝诺和麦里梭则修正了巴门尼德的说法，认为"存在"就是神。从而，在哲学家那里，神脱去了人的一切特征，变成了永恒的、不变的、完美的理性化的存在。③巴门尼德将神解释成至高无上的"一"，无疑奠定了古希腊思想家心中世界统一性的信念。

二、自然哲学的诞生

在不相信神话中的神的气氛之中，古希腊人需要创立一套新的学说来解释这个变幻不定的自然世界，自然哲学应运而生。神话里那些阴险狡诈的神的形象虽然被拒斥，但是一些神话情节显然是自然哲学家灵感的来源。泰勒斯提出万物源于水，大地浮在水面之上，这很可能受到了神话中俄刻阿诺斯和泰西斯生出万物的情节的影响；而爱神厄若斯及俄刻阿诺斯和泰西斯之间无休无止的怨恨，则很像是恩培多克勒的"爱"与"恨"的先声。自然哲学家们虽然不再利用神话来解释自然世界的诸种现象，但还是在潜移默化中从神话那里汲取了许多思想营养。

与启发某个具体学说的那些情节相比，希腊神话的体系结构更为重要，因为这种结构塑造了自然哲学家思考和解释自然的思维方式。《神谱》提供了这样一幅图景：神的诞生—主神嬗代—宙斯成为最终的主神。这个图景蕴含了两种释因模式：创世和嬗代蕴含了通过追溯某个事物的源头来解释事物的模式，而宙斯的主神地位及对人世的操控则蕴含了利用一个单一的意志、律令来解释

---

① Graham，D. W.，*The Texts of Early Greek Philosophy*：*The Complete Fragments and Selected Testimonies of the Major Presocratics*，part 1，Cambridge：Cambridge University Press，2010，pp. 108-109.

② Graham，D. W.，*The Texts of Early Greek Philosophy*：*The Complete Fragments and Selected Testimonies of the Major Presocratics*，part 1，Cambridge：Cambridge University Press，2010，pp. 108-111.

③ 李秋零：《古希腊哲学解神话的过程及其结果》，《中国人民大学学报》2000 年第 1 期，第 40-46 页。

事物的模式。前者可称为"历时模式"，后者可称为"共时模式"。①

在历时模式的启发之下，泰勒斯首先将万物的"起源"追溯到"水"。在泰勒斯眼中，万物不需要都含有水，也不需要均由水直接变化而来，而是通过在历史中对其之前的形态不断向上追溯，从而最终追溯到水，即水是万物的起源、始基。泰勒斯的弟子阿那克西曼德则进一步向上追溯，他认为水具有一些特殊性质而不够原始，万物真正的始基应是没有任何形式的"无定形物"，即所谓"阿派朗"（apeiron）。米利都学派的第三位人物阿那克西美尼认为"无定形物"可能过于抽象，难以解释世间万物的来源，于是提出"气"作为万物的始基——"气"既比水更加抽象、更加原始，又可以被经验观察到。无论如何，米利都学派作为希腊哲学的第一个学派，从发生学的角度构建出了诸种世界起源学说。其第一代领袖的学说透露出希腊创世神话的影响，其整个学派的思维方式也折射出希腊神学"历时模式"的影子。

除了对"始基"的追溯，古希腊思想家还发展出了另一套解释自然的思路。发源于大希腊地区的毕达哥拉斯学派认为"万物皆数"，而爱奥尼亚思想家赫拉克利特则认为"世界是一团永恒的火，在一定的尺度上燃烧，又在一定的尺度上熄灭"。虽然大希腊和爱奥尼亚相隔千里，但是二者却不约而同地从另一个角度构建起自己的自然哲学：把握万物生灭变化的规律。如果说米利都学派认为，不同的时代物质世界是不同的，只能靠追溯其始基来理解世界，那么毕达哥拉斯和赫拉克利特的世界就是一个共时的世界：世间万物都在时间中流变，然而物质的具体样式并不重要，"数"或者"罗格斯"才是永恒不变、真正支配世界的，无论物质世界怎样变化，只要抓住稳定的规律，在变中把握不变，就能够理解和解释这个世界。

我们可以看到，在古希腊的思想世界中，理性化的进程是如何在神话退却、哲学登场的过程中开启的。古希腊神学的理性化首先发生在神话的整理与整合中，只有《神谱》这样的结构严谨的神话体系出现，古希腊人才能够有一套用来解释自然的完整的学说，才能为后来神与自然的理性化打下基础。一方面，神话逐渐被摒弃，神一点点脱去所有人的性质而成为只有通过理性才能把握的、完满的抽象实体；另一方面，自然哲学家在神话体系结构所蕴含的两种思维模式下，构建出了两大类自然学说，而"共时模式"的律则学说比"历时模式"的发生学学说更加理性化、抽象化。最终，世界的统一性或者建立在某种始基性的物质之上，或者在于世界在规律、在存在方式上的统一，后者与巴门

---

① 柯克：《希腊神话的性质》，刘宗迪译，上海：华东师范大学出版社，2017年，第283-307页。

尼德的学说也是一致的。

对于希腊神学的理性化和自然哲学的诞生，这里给出三点评论：第一，这一进程在本体论上为希腊思想家确立了世界统一性的信念，我们或可称为"本体论的理性化"，这为古希腊学者创建系统的自然学说提供了可能性和必要的基础。第二，米利都学派的"始基"研究和毕达哥拉斯-赫拉克利特的"律则"研究为后世自然哲学提供了核心议题，这被劳埃德称为"起源问题"和"变化问题"[①]，柏拉图和亚里士多德的自然哲学的核心问题就是"质料"和"形式"是什么，以及二者关系如何。第三，到神话退却、哲学登场这一时间点为止，我们将古希腊的自然知识和自然学说都放在当时地中海诸文明的背景中考察，认为埃及与近东的自然知识与神话通过在希腊世界汇聚、整合和自我批判从而催生了哲学理性的诞生。在下文中，我们将探讨，在获取地中海诸文明成果的基础之上，希腊思想家是怎样通过希腊民族的特性而将希腊哲学进一步推向新的高峰，而这就需要我们重新审视智者学派在希腊科学思想发展史上的作用和地位。

第五节　智者学派与自然哲学

随着哲学思想的继续发展和城邦政治开始兴起，一群被称为"智者"（sophist）的知识分子开始登上古希腊思想史的舞台。从柏拉图开始，两千多年以来，学者们对智者学派的评价或褒或贬，莫衷一是。美国学者约翰·波拉克斯（John Poulakos）将对智者学派的叙事分为四种："一种令人怀疑的认识论学说和道德学说（柏拉图），一个哲学史上的必然阶段（黑格尔），独一无二的文化现象（尼采），一场深刻的思想运动［耶格尔（Jaeger）和柯费尔德（Kerferd）］"[②]总体说来，古代哲学家、后来的哲学史家和古典学家对智者学派的态度大概经历了从否定到肯定的过程，雅典人认为智者颠覆了希腊宗教，柏拉图认为智者败坏了希腊政治，而现代学者却将智者运动看作是一场"古希腊哲学启蒙运动"[③]但是，无论是褒是贬，学者都很少将智者学派的思想和所作所为放进古希腊科学史与科学思想史的发展脉络中加以理解，而我们所要做的，正是在这样的环境中重新审视智者学派，以理解希腊的特性是如何在文明

---

① 劳埃德：《早期希腊科学：从泰勒斯到亚里士多德》，孙小淳译，上海：上海科技教育出版社，2015 年。
② 约翰·波拉克斯：《古典希腊的智术师修辞》，胥瑾译，长春：吉林出版集团有限责任公司，2014 年，第 1 页。
③ 程志敏、郑兴凤：《论古希腊哲学启蒙运动的现代性》，《现代哲学》2013 年第 2 期，第 63-66 页。

汇聚中引出希腊科学的。

哲学史家策勒尔（Eduard Zeller，1814—1908）将智者学派与此前的自然哲学家之间的不同归纳为三点：第一，内容不同，自然哲学家关注的核心是自然，而智者关注的核心是人与人所创造出来的文化；第二，方法不同，自然哲学家主要是用演绎法，而智者们擅长归纳法；第三，目标不同，自然哲学家的目标是理论上的，而智者的目标是实践上的。①这种划分方式似乎将智者学派和自然哲学家完全分裂开来，智者们好像是一群与自然哲学家无关的，或者旨在脱离自然哲学家影响的学者。同时，智者看上去像是扳了希腊人的道岔，希腊知识分子在智者们的教导下不再关心自然哲学。事实并非如此：智者学派中最重要的人物都师承于自然哲学家或对自然哲学和自然知识颇有研究的学者；在智者学派兴起的年代，希腊科学也在蓬勃发展；同时，"尽管公元前5世纪最有名的诡辩家中没有一位可以称为有独创性的科学家，但其中有些人却有助于提高某些科学题材的普通教育水平"②。

智者学派发端于多文明的碰撞与比较之中。在希腊周边地区，既有埃及、巴比伦等古老而发达的文化，也有斯基泰人、色雷斯人和利比亚人等希腊人眼中的"野蛮民族"。对不同民族的思想意识和生活方式与自己的加以比较，这些生活在希腊周边地区的思想家就会开始怀疑自己的制度是否是唯一可信赖且永恒有效的，以及文明是诸神的造物还是人类的成果。③在这种文明碰撞所带来的怀疑气氛中，智者学派开始成型。科学史家萨顿认为，在希腊黄金时代，有三位杰出的智者值得科学史家关注：阿布德拉的普罗泰戈拉（Protagoras of Abdera）、莱昂蒂尼的高尔吉亚（Gorgia of Leotini）和安提丰（Antiphon）。④下面我们就来分别阐述这三位智者与自然哲学的关系。

一、普罗泰戈拉

普罗泰戈拉是第一位有着广泛影响力的智者。作为智者学派的开宗人物，普罗泰戈拉与自然哲学有着密不可分的关系。根据狄奥根尼·拉尔修（Diogenes Laërtius）的记载，普罗泰戈拉出生于阿布德拉或提奥斯（Teos，位于爱奥尼亚地区），是德谟克利特的学生，曾被取绰号"智慧"。亚里士多德说他曾发明肩垫，搬运工具以负重。伊壁鸠鲁认为他曾经是一名扛篮子工人，因

① 策勒尔：《古希腊哲学史纲》，翁绍军译，济南：山东人民出版社，2007年，第80-82页。
② 劳埃德：《早期希腊科学：从泰勒斯到亚里士多德》，孙小淳译，上海：上海科技教育出版社，2015年，第117-118页。
③ 策勒尔：《古希腊哲学史纲》，翁绍军译，济南：山东人民出版社，2007年，第81页。
④ 乔治·萨顿：《希腊黄金时代的古代科学》，鲁旭东译，郑州：大象出版社，2010年，第316页。

此认识了德谟克利特，因为德谟克利特曾经观察他是怎样绑柴火的。赫西丘斯（Hesychius）在对柏拉图《理想国》（*Republic*）的注释中提到，普罗泰戈拉是阿布德拉人阿尔特蒙（Artemon）的儿子，曾是一名搬运工，但是在遇到德谟克利特之后他学到了哲学，因而成了修辞家。斐洛斯特拉图斯（Philostratus）的《智者列传》（*Lives of the Sophists*）则记载道，普罗泰戈拉的父亲是阿布德拉的富豪迈安德利乌斯（Maeandrius），他本人则是德谟克利特的学生，薛西斯侵略希腊时曾与波斯术士（magi，"麻葛"）学习。①关于普罗泰戈拉的著作，狄奥根尼·拉尔修记有《辩术的技艺》（*The Art of Contentious Arguments*）、《论角斗》（*On Wrestling*）、《论数学》（*On Mathematics*）、《论政府》（*On Government*）、《论志向》（*On Ambition*）、《论美德》（*On Virtues*）、《论事物的原初状态》（*On the Original State of Things*）、《论冥府中的人》（*On Those in Hades*）、《论人的错误》（*On Human Wrongdoing*）、《论领袖》（*On Leadership*）、《相反论证（一、二）》（*Opposed Arguments I and II*），此外还可能有《论真理》（*On Truth*）和《论诸神》（*On Gods*）等。②从标题来看，普罗泰戈拉的著作里面不乏讨论自然哲学以及神学、逻辑学的内容。亚里士多德在他的《形而上学》（*Metaphysics*）中论证可感觉的线与几何学的线的不同时，也提到普罗泰戈拉认为"直和曲也都不属于可感觉的东西，圆和直尺不只是在某点相接触"（997b35—998a4）。③

二、高尔吉亚

第二位著名的智者是高尔吉亚。据拜占庭的百科全书《苏达》（*Suda*）记载，高尔吉亚出生于西西里的莱昂蒂尼，是恩培多克勒的学生，是伯利克里（Pericles，约前495—前429）、伊索克拉底（Isocrates，前436—前338）等著名人物的老师，其兄弟赫罗迪科斯（Herodicus）是一名医师。狄奥根尼·拉尔修说高尔吉亚曾亲自参加过恩培多克勒的魔法仪式。普鲁塔克（Plutarch，约46—约125）的《十演讲家列传》（*Lives of the Ten Orators*）中提到，修辞家伊索克拉底的墓碑上写着"有诸位诗人及他的诸位老师，高尔吉亚就在其中，注视一天球仪，伊索克拉底本人则立于其侧"。④在柏拉图《高尔吉亚篇》中写道，高尔吉亚曾讲到他与他的兄弟一起出诊的经历："我经常和我的兄弟或其他医

① Graham，D. W.，*The Texts of Early Greek Philosophy*：*The Complete Fragments and Selected Testimonies of the Major Presocratics*，part 2，Cambridge：Cambridge University Press，2010，pp. 692-697.
② Graham，D. W.，*The Texts of Early Greek Philosophy*：*The Complete Fragments and Selected Testimonies of the Major Presocratics*，part 2，Cambridge：Cambridge University Press，2010，pp. 700-701.
③ 亚里士多德：《形而上学》，苗力田译，北京：中国人民大学出版社，2003年，第44页。
④ Graham，D. W.，*The Texts of Early Greek Philosophy*：*The Complete Fragments and Selected Testimonies of the Major Presocratics*，part 2，Cambridge：Cambridge University Press，2010，pp. 726-731.

生一道去看望他们的某个病人，这个病人不愿喝药，拒绝开刀，不接受烧灼术。医生们束手无策，而我却用修辞术成功地说服了他。"（456b1—5）①高尔吉亚本人的自然哲学观点则来自同样出生于西西里岛的自然哲学家恩培多克勒。在《美诺篇》中写道，苏格拉底提到，高尔吉亚像恩培多克勒一样，认为颜色是某种物质之流（76c4—e1）。②泰奥弗拉斯特的《论火》（*On Fire*）中则讲道："通过某种特定方式制备的玻璃、青铜或银可以点燃火焰，这并不是像高尔吉亚所说的或其他人所想的是因为火通过孔道而存在。"③此外，也有记载称"高尔吉亚曾说太阳是一大块又红又热的物体"④。

三、安提丰

与前两位相比，安提丰的情况则比较复杂。《苏达》记载，安提丰是雅典人，是占卜者、史诗诗人、智者、释梦者，据说是修昔底德的老师，但是不知安提丰的老师是何人。⑤赫莫根尼斯（Hermogenes）的《论风格》（*On Style*）则认为可能存在两个安提丰：一是演说家安提丰，据说就谋杀、政治等类似话题发表过演讲；二是占卜者和释梦者安提丰，据说著有《论真理》（*On Truth*）、《论一致》（*On Concord*）和《政治家》（*Statesman*）等讲稿。⑥尽管安提丰本人生平扑朔迷离，但是有一点无可置疑：许多归于安提丰名下的文本、说法和思想，都属于自然哲学和自然知识领域。数学方面，斐洛波努斯（Philoponus）的《物理学》（*Physics*）提到安提丰曾尝试化圆为方，但他并未遵守几何学原理。⑦自然哲学方面，亚里士多德在《物理学》中曾这样写道：

> 有些人主张，自然或者由于自然而存在的东西的实体就是以自身而寓于个别事物之中的尚未成型的原始材料，例如，木料是床榻的自然，青铜则是雕像的自然。（安提丰就是这样说的：如果某人埋一张床，并且如果

---

① 柏拉图：《高尔吉亚篇》//柏拉图：《柏拉图全集》第一卷，王晓朝译，北京：人民出版社，2002 年，第 331 页。

② 柏拉图：《美诺篇》//柏拉图：《柏拉图全集》第一卷，王晓朝译，北京：人民出版社，2002 年，第 499-500 页。

③ Graham，D. W.，*The Texts of Early Greek Philosophy*：*The Complete Fragments and Selected Testimonies of the Major Presocratics*，part 2，Cambridge：Cambridge University Press，2010，pp. 752-753.

④ Graham，D. W.，*The Texts of Early Greek Philosophy*：*The Complete Fragments and Selected Testimonies of the Major Presocratics*，part 2，Cambridge：Cambridge University Press，2010，pp. 780-781.

⑤ Graham，D. W.，*The Texts of Early Greek Philosophy*：*The Complete Fragments and Selected Testimonies of the Major Presocratics*，part 2，Cambridge：Cambridge University Press，2010，pp. 790-791.

⑥ Graham，D. W. *The Texts of Early Greek Philosophy*：*The Complete Fragments and Selected Testimonies of the Major Presocratics*，part 2，Cambridge：Cambridge University Press，2010，pp. 794-795.

⑦ Graham，D. W.，*The Texts of Early Greek Philosophy*：*The Complete Fragments and Selected Testimonies of the Major Presocratics*，part 2，Cambridge：Cambridge University Press，2010，pp. 798-801.

腐烂后的木头能够长出幼芽的话，那么，长出的东西就不会再是床而是树木。因为根据习惯规定和技术所做的安排都是偶然的东西，实体的自然性质则是那贯穿在过程中始终存在着的另外的东西。）（193a9—17）[1]

安提丰的《论真理》（*On Truth*）第二卷中也有许多论及天文地理的文字。盖伦提到，在《论真理》第二卷中，安提丰认为："逆风的同时雨在空气中出现，水就会被挤压凝结成许多水滴；在碰撞中，无论水滴的哪一方占优势，都会在风力之下，由于被卷起来而被挤压凝结。"《苏达》中也记载，在这篇文字中，安提丰曾说"通过燃烧并熔接土地，火使土地起皱纹"[2]。除《论真理》第二卷之外，埃修斯（Aëtius）也记载了许多安提丰在天文地理方面的学说。

安提丰说太阳在环绕地球的潮湿空气上生起火焰，通过不停离弃被燃尽的空气、依附被湿润的空气，造就了日升日落。

安提丰说月亮有自己的光芒，它周围的光芒被隐藏，是由于太阳的影响使其暗淡，正如强者自然使弱者暗淡；这也发生在其他天体身上。

阿尔克迈翁、赫拉克利特和安提丰说月食是因为其盘状形体的转动和倾斜。

安提丰说海洋是热物体的汗液，热物体通过煮沸，内含的湿气就会分离，它因而变咸，所有的汗液都是这样的。[3]

此外，波鲁克斯（Pollux）还多次提到安提丰使用天平进行称量。[4]总之，无论安提丰是谁、生平如何，总归存在名为"安提丰"的智者，他对自然哲学的诸多领域都有着广泛的了解。

我们可以看到，智者学派中最杰出者，非但没有放弃对自然知识和自然哲学的继承和研究，而且还往往师承名家，涉猎也非常广泛。如果在希腊科学史的脉络中观察智者学派的时代，我们会发现：从公元前5世纪上半叶，也就是从普罗泰戈拉、高尔吉亚的老师德谟克利特和恩培多克勒的时代算起，到柏拉图的时代为止，希腊科学正以蓬勃的势头发展，天文学家默冬、医学家希波克拉底等正是出现在这一时期。同时，《普罗泰戈拉篇》也提到，智者们的教学

[1] 亚里士多德：《物理学》，徐开来译，北京：中国人民大学出版社，2003年，第28-29页。

[2] Graham，D. W.，*The Texts of Early Greek Philosophy*：*The Complete Fragments and Selected Testimonies of the Major Presocratics*，part 2，Cambridge：Cambridge University Press，2010，pp. 806-809.

[3] Graham，D. W.，*The Texts of Early Greek Philosophy*：*The Complete Fragments and Selected Testimonies of the Major Presocratics*，part 2，Cambridge：Cambridge University Press，2010，pp. 804-809.

[4] Graham，D. W.，*The Texts of Early Greek Philosophy*：*The Complete Fragments and Selected Testimonies of the Major Presocratics*，part 2，Cambridge：Cambridge University Press，2010，pp. 810-811.

也包含了算术、几何、天文、音乐——所谓古希腊的"数学四科"（318e1—2）。①也就是说，在公元前 5 世纪中，智者学派不但没有阻碍古希腊自然哲学研究传统继续向前发展，而且还保存、继承了许多前人的学说，并通过教育扩大了自然哲学的传播范围。尽管智者们可能没有做出多少独创性的科学研究，但是他们对自然哲学的继承、教学和传播则无疑为此后柏拉图和亚里士多德构建庞大的自然哲学体系奠定了不可或缺的基础。

第六节　认识论理性化和伦理学的双面

随着希波战争结束，希腊获得胜利，雅典作为提洛同盟的首领，其地位节节攀升，散落在希腊世界各地的思想家也因而向希腊汇集。正因如此，希腊哲学表现出了和自然哲学时期所不同的特点：从泰勒斯到智者，希腊自然哲学多是各地自有传承，如米利都学派的泰勒斯、阿那克西曼德和阿那克西米尼，埃利亚学派的巴门尼德和芝诺，阿布德拉学派的原子论者留基伯和德谟克利特等，学者或学派之间或有援引、参照，但是基本不碰面；智者时代则不同，虽然智者们各有师承，但是齐聚雅典，不同的学说体系难免龃龉，不同学派的学者当然也要当面论辩。正是在雅典民主政治兴起之时，不同地方文化的直接碰撞，不同思想的当面对质，促进了语言学和逻辑学的产生，引起希腊思想家对认识论的思考。也正是因为雅典民主政治兴起、各地学者汇集一堂的社会现实，我们下面的阐述将智者与柏拉图、亚里士多德放进同一语境中来讨论，以理解希腊认识论理性化进程发生的机制及其与希腊特有的"双向伦理学"之间的关系。

一、认识论理性化：语言学和逻辑学的诞生

希腊人作为海洋民族，扩张与殖民是其民族特性。到公元前 5 世纪，地中海沿岸乃至欧洲大陆已经分布了数百个希腊殖民城邦。希腊地区多山，因此这些城邦大多规模不大，相对独立，城邦中的居民长期定居于一处，并与周边其他民族相接触、融合，虽然使用的都是希腊语，但是不可避免地产生了多种方言。例如，出生于哈利卡纳苏斯（Halicarnassus）的历史学家希罗多德使用的是爱奥尼亚方言，而生活在莱博斯岛（Lesbos）上的女诗人萨福（Sappho，约前 630—约前 570）使用的是埃奥利克方言。在腓尼基字母传进希腊之后，希

---

①　柏拉图：《普罗泰戈拉篇》//柏拉图：《柏拉图全集》第一卷，王晓朝译，北京：人民出版社，2002年，第 439 页。

腊人将其改造为拼写音位的字母，因此使用不同方言的人在拼写同一单词时，会有不同的拼写方式。①

　　在智者学派的时代，不同方言、不同拼写方式在雅典发生碰撞，这就引起了学者们对"正确的名称和措辞"的需求，语言学因而诞生了，词汇学成了语言学研究的第一个领域。学者们对词汇的探讨最初表现为两个方面：第一，词源学研究，比如柏拉图的《克拉底鲁篇》（*Cratylus*）中提及苏格拉底通过对大量词汇的词源进行解释以揭示这些词汇的本质含义；第二，语法学研究，比如普罗泰戈拉首次规定了希腊语词汇的三种性，并依此纠正了一些词的拼法。②

　　《克拉底鲁篇》是一篇集中体现柏拉图的语言理论的哲学文本。在这一篇中，普罗泰戈拉作为智者学派"修辞术"的代表，受到了苏格拉底"为事物正名"的理念的批判。修辞术作为一种论辩技术，模糊了概念与概念之间的界限，在柏拉图眼中是对"罗格斯"（logos，即"语言"，尤其是论辩性的语言）的错误使用，因此需要利用"正名""制名"的方法澄清名称的含义、精确地为事物下定义。在柏拉图看来，"命名当然是一种'立法形式（nomos）'，但不是单纯的'人为自然立法'，而是'有技术的人'依据'自然（本质/phusis）'为万事万物'立法'……是一切客观性和确定性的终极源泉"③。也就是说，名称的形式与世界的本性必须保持一致，因而语言（"罗格斯"）的使用（"罗格斯的技术"）必须和世界的结构保持一致，逻辑学由此通过语言学得到奠基。

　　我们看到，在苏格拉底那里，哲学反思的第一步就是追问勇敢、虔敬等美德的定义是什么，但是通过反复拉锯式的论辩，苏格拉底和他的对手始终很难给出一个准确的定义。但在这个过程中，我们可以看到苏格拉底——或者说就是柏拉图本人——所认可和实践的下定义的方法。除了《克拉底鲁篇》中的词源学方法之外，《智者篇》（*Sophist*）中写道，苏格拉底使用了一套分类程序来为"智者"下定义。在不断地将大类按照一些标准分成小类的过程中，"智者"的定义逐渐清晰。亚里士多德"属+种差"的下定义方式明显源于此处，而他的下定义方法基于《范畴篇》（*Categories*）中对"何物能做句子中的主词"这一问题的探讨。亚里士多德将范畴分为十类，同时也就是将世界中存在的事物分为了十类。可以看到，无论是柏拉图还是亚里士多德，他们都将逻辑学建立在本体论的基础之上；换言之，他们都认为语言结构与世界结构必须保持一致，

---

① 罗宾斯：《简明语言学史》，许德宝、冯建明、胡明亮译，北京：中国社会科学出版社，1997 年，第 11 页。
② 柯费尔德：《智者运动》，刘开会、徐名驹译，兰州：兰州大学出版社，1996 年，第 77-79 页。
③ 宋继杰：《命名作为一种技术——柏拉图名称理论的形而上学维度》，《哲学研究》2014 年第 12 期，第 62-68 页。

作为论辩、推理规则的逻辑学，只有严格遵循形而上学的形式才能得到正确的结果。

另外，逻辑学的诞生也离不开雅典民主政治兴起的政治环境。在伯利克里治下，雅典的民主体制进一步巩固，贵族特权让位于公民，神话特权让位于公开论辩。在此之前，人们认为神意就是真理。但是民主政治改变了雅典人政治实践的方式，所有的公共事务都要经过公民大会的讨论才能决定，所有案件都要在法庭上经过双方对质才能裁决，这使他们认识到每个人都可以掌握真理，对与错、真与假通过辩论就可判断。这并不是说雅典人就不再相信神意、神谕的真理性，而是说真理不再是一种被灌输进大脑的、不可怀疑的信仰，而是可以通过辩论和实践得到理解和验证的信念。当戴尔菲神庙的神使告诉苏格拉底"在雅典没有哪个人的智慧超过你"之时，苏格拉底并没有立刻相信并沾沾自喜，而是与雅典所有有智慧的人一一辩论，才明白"只有我知道自己无知"，从而验证了神谕。

作为学识渊博之人，智者来到雅典，也常常参与到政治活动之中。据记载，普罗泰戈拉曾与伯利克里用一整天的时间来讨论运动场上标枪意外致人死亡的责任应归属于谁的法律问题，伯利克里甚至曾经指派普罗泰戈拉去为新建立的城邦立法。但是，智者们多是外邦人，并没有直接参与雅典民主政治的权利。与此相对，没有贵族身份的雅典公民愿意参与政治，但是却没有学问和论辩技巧。二者一拍即合，智者于是靠兜售知识与辩术来教育民众，他们最擅长的就是把不利的论证变成有利的论证，把弱的论证变成强的论证，从而间接地影响了雅典民主。

随着智者的影响越来越大，他们的诡辩术也渐渐引起了雅典人的不满。普罗泰戈拉的相对主义、高尔吉亚的虚无主义被视为败坏青年人和雅典政治的毒物。因此，苏格拉底以及后来的柏拉图苦心孤诣地发展出一套正确使用语言的方法以消除修辞学对政治的负面影响。智者的修辞术成了柏拉图对话录的背景与论辩的敌人，在柏拉图看来，"将他们消灭，就意味着扫清了道路，可以通向完美城邦的乌托邦"。[①]相对来讲，亚里士多德距离智者们的时代已经有一段时间，加之其更加偏向经验主义的立场，因此对修辞术的态度要和缓一些："因为智术师对拥有各种修辞洞见的文化宝库作出了贡献，所以他们具有历史重要性；因为智术师的逻辑推理通常有瑕疵，所以有必要矫正。"[②]无论如何，在民

---

① 约翰·波拉克斯：《古典希腊的智术师修辞》，胥瑾译，长春：吉林出版集团有限责任公司，2014年，第87页。

② 约翰·波拉克斯：《古典希腊的智术师修辞》，胥瑾译，长春：吉林出版集团有限责任公司，2014年，第174页。

主政治的环境之下，智者的修辞术倒逼出了逻辑学。

我们现在有必要回头重审"逻辑"一词的含义。从词源来看，logos 是动词 lego 的名词形式，其基本含义是"挑选""收集""安排"，由此产生两个引申含义，一是"计算""计数"，二是"讲述""陈述"，而把 logos 作为一个具有哲学意义的概念来使用，大概始于赫拉克利特。①在哲学或者说学术语境中，logos 大概有三个应用领域，它们之间存在着潜在的一致性。

> 首先是语言和语言学的领域，包括发言、演说、描述、陈述、（用语言表达的）论证等等，其次是思想和思维过程的领域，包括思考、推理、解释、说明等等，不一而足；第三是世界，即我们所言说、所思想的对象，包括构造原理、公式、自然法则等，假使每一种情况下它们都被看成是真实地表现和展示在这个世界中的话。②

也就是说，logos 一边是"语言"，是"辩证"，是人的政治实践与理性能力；另一边是"比例"，是"尺度"，是世界的结构。logos 在不同领域中不同含义的一致性，反映出在希腊哲学家心中，人的理性与世界结构的一致性，这就为希腊思想的认识论的理性化奠定了本体论基础。人是有理性的，人的理性是符合逻辑的，语言逻辑背后就是世界的结构，因而人能够理性地理解世界，从而摆脱了《荷马史诗》与希腊宗教中不可捉摸的神意。

二、伦理学的双面：自然智慧和政治智慧

希腊哲人并没有止步于认识论的理性化，他们将哲学思考进一步推进到了伦理学领域，这也是智者学派与苏格拉底讨论最多、意见最复杂的领域。那么，智者时代的认识论与伦理学甚至与本体论之间到底有怎样的关系？这个秘密就隐藏在柏拉图《普罗泰戈拉篇》里的造人神话之中。

《普罗泰戈拉篇》描绘了苏格拉底和普罗泰戈拉就"美德是否可教"这一问题的辩论。"美德"属于伦理学的研究范围，而"是否可教"则是一个认识论问题，因此，这一篇哲学文本的核心问题就是认识论与伦理学的关系问题。普罗泰戈拉为了论证"美德可教"，重新讲述了希腊世界传唱已久的"普罗米修斯盗火"的神话故事。这一神话始见于赫西俄德的《神谱》和《工作与时日》，又被悲剧大师埃斯库罗斯改编为名作《被缚的普罗米修斯》，早已成为希腊人耳熟能详的故事。但是，与传统的情节不同，普罗泰戈拉在"盗火"之后又添

---

① 詹文杰：《倾听 Λόγος——赫拉克利特残篇 DK-B1 诠释》，《世界哲学》2010 年第 2 期，第 5-18 页。
② 柯费尔德：《智者运动》，刘开会、徐名驹译，兰州：兰州大学出版社，1996 年，第 94 页。

加了"赫尔墨斯向人类传授宙斯的政治技艺"的情节，这一情节乃是普氏独创，因而可以很有代表性地反映智者学派在伦理学上的观点。普罗泰戈拉版的造人神话可以简略复述如下。

宙斯派普罗米修斯和厄庇米修斯（Epimetheus）为世间万物赋予各种能力。（320d—e）厄庇米修斯按照补偿原则，使不同动物有不同能力，以确保没有一种动物会遭到毁灭。（321e—321b）厄庇米修斯忘记给人分配能力，人因此无法生存，而此时人出世的时间就快到了。（321b—c）普罗米修斯为了救人，就从赫淮斯托斯和雅典娜那里偷来了各种技艺和火，以使人能够谋生，人从而发明出各种东西，从大地中取食。（321c—322a）人散居各处，但是因为没有足够的能力抵御野兽而为野兽所食，故而聚集在城邦之中。但是人们缺乏政治智慧，聚集后又彼此为害，因而重新陷入散居和被吞食的境地。（322b）宙斯因为害怕人类被毁灭，于是叫赫尔墨斯向人类传授政治智慧。（322c）宙斯叫赫尔墨斯向每个人都平等地分配政治智慧，一人一份。（322c—d）①

如果透过哲学的视角来审视这个神话故事，那么我们会得到如下结果，如表 2-2 所示。

表 2-2　《普罗泰戈拉》篇中的普罗米修斯造人神话

神话情节	哲学内涵		
	本体论内涵	认识论内涵	伦理学内涵
厄庇米修斯按照补偿原则为各种动物分配能力	自然世界是有秩序的		
厄庇米修斯没有为人分配能力	人在自然中本没有位置		
普罗米修斯为人盗来自然技艺和火		人拥有自然智慧	
人能够发明出各种东西，从而生存下去	人凭借自然智慧获得了在自然世界中的位置	人能够理解自然	人依靠对自然的理解而获得生存，因而人应该理解自然
人聚集成社会之后，由于缺乏政治智慧，因而重陷困境		人不知道怎样处理社会问题	人缺乏政治智慧，因而需要政治智慧，人应该理解社会
宙斯叫赫尔墨斯为人传授政治智慧，赫尔墨斯向每个人都传授了政治智慧		人能够理解社会	人应该利用政治智慧来理解、处理社会问题

我们看到，普罗泰戈拉的"造人神话"可以分为两部分，前一部分可称为

① 柏拉图：《普罗泰戈拉篇》//柏拉图：《柏拉图全集》第一卷，王晓朝译，北京：人民出版社，2002年，第441-443页。

"普罗米修斯造人"，后一部分可称为"赫尔墨斯二次造人"。"普罗米修斯造人"的故事正与上文所说的本体论理性化与认识论理性化的合一相呼应，同时坚定了"人应该理解自然"的伦理学信条；而"赫尔墨斯二次造人"则将希腊思想的理性化进程进一步推向了社会、政治领域，人们可以，更应该凭借理性来理解、处理社会问题。

普罗泰戈拉的神话为希腊人奠定了希腊思想中一体两面的伦理学：人既朝向自然，也朝向社会，既应该利用自然智慧解决生存问题，也应该利用政治智慧解决社会问题；前者可称为"普罗米修斯"维度，而后者则可称为"赫尔墨斯"维度。解决了生存问题，人就在被按照理性而安排好的世界中找到了自己的位置；解决了社会问题，人就找到了人与人之间关系的秩序。也就是说，无论解决什么问题，人都需要凭借智慧在符合理性秩序的环境中找到自己的位置。换言之，人应该追寻智慧、追寻秩序、追寻理性，希腊思想的双面伦理学因而也是指向理性的。

至此，我们描绘了哲学理性是如何在文明汇聚的背景之下、通过希腊的民族特性而催生出来的历程。这个进程可以分为社会环境的发展和思想文化的发展两个层面：从社会环境来看，希腊世界被诸多先进的古代文明所包围，文明间不可避免的碰撞与互渗使得各种文明的自然知识与神话传说在希腊得到汇聚与整合，加之希腊民族也是印欧人的一支，其语言和文化中也携带着一些印欧民族的基因，这些因素都在潜移默化中影响了希腊思想家理解自然的方式。随着希波战争结束、雅典成了希腊世界思想与政治的中心。政治因素使得分散在希腊世界各处的思想家汇集在雅典，这一方面进一步推进了周边文明的文化成果的汇聚，另一方面也使分散在各处的、相对独立发展的希腊地方语言、文化、思想相互碰撞、整合，而雅典民主政治也为此提供了相对宽松的政治环境。从思想文化的层面来看，希腊思想则走过了一条"神话文化退却，理性文化登场"的路径。在希腊人全面吸收先进文明的自然知识的基础之上，神话的汇聚与整理为他们带来了最初的自然信念和理解自然的思维方式，而后神话退却、神和自然逐渐理性化，本体论理性化进程从而启动。在智者时代，雅典独特的文化和政治环境使得语言学和逻辑学产生，希腊思想的认识论也迈向了理性化。同时，智者为希腊思想带来了既朝向自然又朝向社会并且统一指向理性的独特的伦理学体系。因此，当智者运动结束，柏拉图和亚里士多德占据希腊文化的思想高地之时，希腊人获得了一套内在统一的、以宣扬理性为根本特征的、完整的本体论、认识论和伦理学体系，"哲学"成了希腊古典时代最辉煌的思想成果。

参 考 文 献

奥斯温·默里：《早期希腊》（第二版），晏绍祥译，上海：上海人民出版社，2008年。

柏拉图：《柏拉图全集》第一卷，王晓朝译，北京：人民出版社，2002年。

策勒尔：《古希腊哲学史纲》，翁绍军译，济南：山东人民出版社，2007年。

查尔斯·辛格、霍姆亚德、霍尔等：《技术史》第 II 卷，潜伟译，上海：上海科技教育出
　　版社，2004年。

程志敏、郑兴凤：《论古希腊哲学启蒙运动的现代性》，《现代哲学》2013年第2期，第
　　63-66页。

格雷戈里·纳吉：《荷马诸问题》，巴莫曲布嫫译，桂林：广西师范大学出版社，2008年。

荷马：《伊利亚特》，罗念生、王焕生译，上海：上海人民出版社，2012年。

基尔克、拉文、斯科菲尔德：《前苏格拉底哲学家：原文精选的批评史》，聂敏里译，上海：
　　华东师范大学出版社，2014年。

柯费尔德：《智者运动》，刘开会、徐名驹译，兰州：兰州大学出版社，1996年。

柯克：《希腊神话的性质》，刘宗迪译，上海：华东师范大学出版社，2017年。

劳埃德：《希腊科学》，张卜天译，北京：商务印书馆，2021年。

李秋零：《古希腊哲学解神话的过程及其结果》，《中国人民大学学报》2000年第1期，第
　　40-46页。

李永斌：《古典学与东方学的碰撞：古希腊"东方化革命"的现代想象》，《中国社会科学》
　　2014年第10期，第187-204页。

罗宾斯：《简明语言学史》，许德宝、冯建明、胡明亮译，北京：中国社会科学出版社，
　　1997年。

乔治·萨顿：《科学史和新人文主义》，陈恒六、刘兵、仲维光译，北京：华夏出版社，
　　1989年。

乔治·萨顿：《希腊黄金时代的古代科学》，鲁旭东译，郑州：大象出版社，2010年。

阮炜：《古希腊文学的东方化革命——兼论〈伊利亚特〉、〈神谱〉等希腊经典里东方元素的
　　翻译》，《外国文学评论》2014年第1期，第188-204页。

宋继杰：《命名作为一种技术——柏拉图名称理论的形而上学维度》，《哲学研究》2014年第
　　12期，第62-68页。

瓦尔特·伯克特：《东方化革命：古风时代前期近东对古希腊文化的影响》，刘智译，上海：
　　上海三联书店，2010年。

瓦尔特·伯克特：《希腊文化的东方语境：巴比伦·孟斐斯·波斯波利斯》，唐卉译，北京：社会科学文献出版社，2015 年。

吴雅凌：《神谱笺释》，北京：华夏出版社，2010 年。

西蒙·普莱斯：《古希腊人的宗教生活》，邢颖译，北京：北京大学出版社，2015 年。

亚里士多德：《物理学》，徐开来译，北京：中国人民大学出版社，2003 年。

亚里士多德：《形而上学》，苗力田译，北京：中国人民大学出版社，2003 年。

约翰·波拉克斯：《古典希腊的智术师修辞》，胥瑾译，长春：吉林出版集团有限责任公司，2014 年。

詹文杰：《倾听 Λόγος——赫拉克利特残篇 DK-B1 诠释》，《世界哲学》2010 年第 2 期，第 5-18 页。

Allen，N. J.，"The Indo-European Background to Greek Mythology"，in Dowden，K，Livingstone，N，*A Companion to Greek Mythology*，Oxford：Wiley-Blackwell，2011.

Gillispie，C. C.，*Dictionary of Scientific Biography*，New York：Charles Scribner's Sons，1970-1981.

Graham，D. W.，*The Texts of Early Greek Philosophy*：*The Complete Fragments and Selected Testimonies of the Major Presocratics*，part 1 & 2，Cambridge：Cambridge University Press，2010.

Griffiths，J. G.，"The Orders of Gods in Greece and Egypt（According to Herodotus）"，*The Journal of Hellenic Studies*，1955，75（21）：21-23.

Neugebauer，O.，*The Exact Sciences in Antiquity*，2nd edition，New York：Dover Publications，1969.

Thomas，T.，*A History of Greek Mathematics*，vol. 1，Oxford：Oxford University Press，1921.

Walcot，P.，*Hesiod and the Near East*，Michigan：University of Wales Press，1966.

第三章

希腊化时代、早期罗马、拜占庭帝国：

希腊科学的继承与发展

提　要

希腊化时代的科学成就；希腊化时代科学家对"有效性"的追求
早期罗马对希腊科学的翻译、继承和发展
拜占庭帝国的天文学和医学

伯罗奔尼撒战争的失败、提洛同盟的解散，预示着雅典的政治地位在希腊的衰落和希腊民主时代的结束。随着亚历山大大帝的东征，凝聚了地中海世界诸文明成果，又独具特色的希腊文化开始作为一个整体向外部扩散，自成体系的希腊科学从而在小亚细亚、北非等地落地生根，在不同的文化、社会和政治背景中，寻找到了新的生长点。

第一节　希腊化时代

毫无疑问，希腊化时代的科学是希腊古典时代科学的继承与延续，它一方面继承了以亚里士多德所开创的以逻辑学为基础、包含多种学科的科学体系，以及古典时代各个学科的研究成果，还以其独有的研究风格将希腊科学推进到了相当高的水平，在某种程度上已经接近了伽利略和维萨留斯（Andreas Vesalius，1514—1564）时代的科学研究，甚至隐约地产生了一幅机械论的世界图景。①那么，希腊化时代的科学有什么样的特征，产生于怎样的社会背景，其社会背景又是怎样影响了希腊化时代科学研究的进程呢？

在讨论希腊化时代科学的特点之前，我们首先要清楚一点：希腊古典时代和希腊化时代并非泾渭分明的两个时代，亚历山大大帝病逝之后，雅典学术并没有马上衰落，亚历山大里亚的学术事业也并非在亚历山大里亚土生土长、独立发展的。马其顿王国扩张时期，萨摩斯岛的伊壁鸠鲁和季蒂昂的芝诺在雅典分别建立了伊壁鸠鲁学派和斯多亚学派。伊壁鸠鲁重新解释了原子论，将世界的诞生归因于太初时代虚空中原子运动的一次小的偏转，原本互不相干的众多原子因而发生碰撞、结合，世界由此产生。斯多亚学派则将世界的本原归于"嘘气"（pneuma），世界上的一切事物不过是嘘气的浓淡变化和聚散运动而已。可以说，这两个学派的本体论思索并没有太多超越于之前的原子论者和元素论者

---

① 郝刘祥：《希腊化时代科学与技术之间的互动》，《科学文化评论》2014 年第 1 期，第 25-39 页。

之处，其形而上学的体系性与深度更是比不上柏拉图和亚里士多德。作为雅典衰落时的哲学流派的代表，伊壁鸠鲁学派和斯多亚学派的根本目的并不在于理解自然世界的本性，而是在于将人们从对于世界的现实的恐惧与焦虑中解救出来，从而获得内心的平静。也就是说，他们的本体论根本上是为他们的伦理学所服务的。

在亚历山大大帝病逝、亚里士多德流亡之后，亚里士多德所创立的吕克昂学园（Lyceum）并未凋敝，而是成了一支重要的学术力量，其继任者泰奥弗拉斯特和斯特拉托更是因其学识之广博而获得了广泛声誉。他们在不同程度上都提出了对亚里士多德的学说的质疑，例如，泰奥弗拉斯特认为不一定每个事物的运动变化都有目的因，斯特拉托更是用实验方法证明了虚空的存在。然而，二人都是在亚里士多德的哲学体系下进行研究，虽然对亚氏学说的部分内容质疑，却没有从整体上推翻亚里士多德的体系，更没有创建出一套自己的系统。换言之，他们只是对某些具体知识的推进作出了贡献，并没有改变雅典科学的总体面貌和风格。①

一、希腊化时代科学发展的背景

亚历山大大帝死后，希腊世界一分为三，其中掌控埃及的托勒密帝国对于本书所关注的主题来说是最重要的。托勒密帝国"极力开发利用自己的土地，而他们恰好也是艺术、文学、学术和科学最热心的赞助者"②，即托勒密一世和托勒密二世。因此，托勒密帝国的首都亚历山大里亚成了继雅典之后又一个"科学中心"，欧几里得在这里写下《几何原本》（*Elements of Geometry*），埃拉托色尼在这里计算出了当时最准确的地球周长值，希罗菲洛斯（Herophilus，前335—前280）和埃拉西斯特拉托在这里进行了他们的解剖学研究。托勒密王室建立了亚历山大图书馆（the Library）和缪斯宫（the Museum），它们成了当时在地中海建立的世界上最大的、最重要的学术研究中心。

与希腊古典时代相比，希腊化时代的科学发展呈现出许多新的特点，劳埃德将其概括为四个方面："（1）希腊人与非希腊人之间思想的相互渗透日益加强；（2）科学日益专业化；（3）新的研究中心（尤其是亚历山大里亚）和机构（例如亚历山大里亚博学院和图书馆）得到发展；（4）与上一点相联系，王室资

---

① 关于泰奥弗拉斯特和斯特拉托的工作及其对亚里士多德哲学体系的质疑，详见劳埃德《希腊科学》一书中"亚里士多德之后的吕克昂"一章。

② 劳埃德：《希腊科学》，张卜天译，北京：商务印书馆，2021年，第170页。

助增加。"①我们认为，这与托勒密王室治理埃及的专制制度有不可分割的关系。

亚历山大大帝死后，其手下大将托勒密迅速从马其顿王国的摄政王佩尔狄卡斯（Perdiccas）手中夺取了埃及的统治权，成了埃及国王，托勒密王国从此开始。为有效治理埃及，托勒密一世采取了专制主义的方式统治国家。②一方面，为获取埃及人的认可，他接受了埃及原有的宗教信仰，并以将埃及人民从波斯统治中解救出来的解放者身份来标榜自己，将自己化身为埃及的神，从而取得了统治埃及的合法性和最高宗教权威。另一方面，他通过建立一整套高低有别的官僚体系，实现了中央集权统治，国家的各项事业莫不在国王掌控之中。托勒密一世和二世恰好热心于学术事业，欲以学术研究作为国家的智力装饰来赚取国际声誉，因此由皇室出资成立缪斯宫和图书馆，豢养大量学者进行文学艺术的研究，而科学研究只是沾了文学艺术研究的光才得以发展。

托勒密王国专制主义的文化政策和政治政策由此产生了两方面的结果：一方面，对埃及自身文化和宗教的尊重使得科学家们得以获取埃及原有的科学文献和研究成果，国家对科学的资助、大型科研机构对科学文献的收集和保存也使他们能够更便利地获得大量资源，天文学家希帕克（Hipparchus）正是依靠默冬、埃拉托色尼等前辈学者的成果以及巴比伦人详细的天文观测数据才测得了平均太阴月的长度值，计算了黄道倾角，发现了秋分点的岁差。另一方面，研究机构的官方背景和皇家对意识形态的专制主义控制，使得希腊古典时代雅典的那种自由辩论的研究风气衰落下去，科学家们不会再在形而上学或者世界图景的层面上继续争论不休，大多在各自的领域内深耕，科学研究的分科化、专业化程度因此加深。托勒密王国这种文化上、学术上的包容性专制主义在世界历史上都是别具一格的，也正是这一特点延续了雅典科学兼收并蓄的特性，促使亚历山大里亚产生了与雅典学者一脉相承却又大不相同的研究进路，而对这种独特的科学研究方式及其成果的探讨，就是本节最主要的任务。

二、希腊化时代的数学

谈到希腊化时代的数学，不得不谈到欧几里得和他的《几何原本》。欧几里得的《几何原本》大约编著于公元前 300 年，它不仅是目前我们能够见到的重要的希腊数学著作中最早的一本，也是几千年来最有影响的数学教材。③它

---

① 沃尔班克、阿斯廷等：《剑桥古代史》第七卷第一分册《希腊化世界》，杨巨平等译，北京：中国社会科学出版社，2021 年，第 358 页。

② 郭子林：《论托勒密埃及的专制主义》，《世界历史》2008 年第 3 期，第 83-95 页。

③ 卡尔·博耶：《数学史》（上），秦传安译，北京：中央编译出版社，2012 年，第 136 页。

以 13 个分卷按照逻辑顺序构建了一个复杂的、公理化的几何系统，堪称亚历山大里亚几何学发展的一座高峰。

《几何原本》并非完全是欧几里得的原创作品，其内容多来源于以前学者的发现，其中的许多定理都曾出现于前人的研究之中，例如毕达哥拉斯（及其学派）、开俄斯的希波克拉底、雅典的泰阿泰德、尼多斯的欧多克索等。其中一些定理并没有被严格证明，或者零散地见于不同作者的不同作品之中。欧几里得以亚里士多德逻辑学为纲，从 23 个数学概念的定义、5 条公设和 5 条公理出发，通过严密的演绎推理，将前人研究所得全部纳入了精密的逻辑体系之中，其功劳堪与赫西俄德整理希腊《神谱》相媲美。欧几里得将其著作命名为 *Elements of Geometry*，element 这个概念或许反映出亚里士多德对于一门学科的知识体系的基础论思想对欧几里得的影响。此外，欧几里得对定义（definition）、公理（common notion）和公设（postulate）的区分，与亚里士多德逻辑学中定义、公理（axiom）和假设（hypothesis）的三分法十分接近，而此前并没有数学家做出类似的区分，这或许也反映了亚里士多德对欧几里得的影响。①《几何原本》更突出的特点在于，它完全使用几何语言处理一切数学问题，所有的数量都用线段、矩形等几何形状表示，数字之间的比例被表示成线段之间的长度比，因此《几何原本》中的代数问题也被称为"几何代数"（geometrical algebra）。这也明显地继承自古典希腊，尤其是毕达哥拉斯学派和柏拉图学派。在古典希腊，数的含义是"确切数目的确切事物"，数字是有本体论意义的，代表着某些事物，而纯粹的数字，或者说纯粹的符号，是没有意义的。②不过，虽然《几何原本》的数学体系的内容和思想都继承于古典希腊，它却并不想探究或解决任何本体论层面的哲学问题，整本书只是依照逻辑顺序证明了一条又一条公理，而并不讨论世界的构造与之有什么关系。

希腊化时代数学的另一座高峰则是阿基米德。阿基米德大约出生于公元前 287 年的锡拉库扎，其父菲迪亚斯（Phidias）据说是一名天文学家，估算过太阳和月亮的直径比。阿基米德本人虽然终其一生主要活动于锡拉库扎，但是年幼时曾在亚历山大里亚学习过，并且他后来的数学与力学著作中也多次引用亚历山大里亚学者的工作内容，表现出他与亚历山大里亚学者亲密而友好的关系——他的《机械原理方法论》（*The Method of Mechanical Theorems*，一般简称为《方法》）就是写给埃拉托色尼的。阿基米德著作的写作风格也明显受到

---

① 沃尔班克、阿斯廷等：《剑桥古代史》第七卷第一分册《希腊化世界》，杨巨平等译，北京：中国社会科学出版社，2021 年，第 369 页。

② 雅各布·克莱因：《希腊数学和哲学中的数的概念》//雅各布·克莱因：《雅各布·克莱因思想史文集》，张卜天译，长沙：湖南科学技术出版社，2015 年，第 43-53 页。

了亚历山大里亚的影响，无论是几何学著作还是力学著作，都从几条命题演绎式地展开，这种写作方式与《几何原本》如出一辙，而欧几里得的研究传统就是由缪斯宫的学者延续的。[①]

阿基米德数学最突出的特征，就是援引力学思维方法分析、解决几何学问题。在处理数学问题时，尤其是在求解各种图形的面积和立体体积时，他区分了"发现的方法"和"证明的方法"，前者就是为几何图形赋予重量，再通过力学原理求得面积或体积，而后者则是严格的数学证明。这一思想可以在阿基米德求解抛物线弓形面积的工作中体现出来，这一工作就保存在他的《方法》中。首先，从"发现的方法"入手，阿基米德将线段看成是有重量的，而面积的重量就被看成是一段段线段的重量之和，他的力学研究已经让他知道了平面图形重心求法和杠杆原理，利用这些力学原理，他就可以求得抛物线弓形面积（或"重量"）的计算公式。利用这一方法，他还求得了计算球段、圆柱段、椭球段和旋转抛物段体积的一些定理。其次，利用"证明的方法"，他得到了"抛物线弓形面积等于抛物线内接三角形面积的三分之四"这一定理。他使用穷竭法，不断做抛物线内接三角形，并证明了无穷项三角形面积之和既不可能大于也不可能小于抛物线内接三角形面积的三分之四，从而严格地证明出了这一定理。可见，阿基米德十分清晰地区分了力学方法和几何学方法，善于以前者探索更多、更有实用价值的定理，而以后者进行严格证明。实际上，阿基米德的几何学研究主要集中于对各种图形和立体的面积和体积的计算之上，换言之，他的几何学研究是实用导向的研究，这些研究虽然大多都是前人所没有触碰过的问题，但是他的灵感却常常来自前人，他最大的独创性多集中在静力学（即平衡问题）中，他将力学与数学熔为一炉的研究特色也充分展现了他的数学天赋。[②]

总的来说，公元前 3 世纪的希腊数学呈现出一派繁荣之势，欧几里得为其奠基，阿基米德是其代表。毋庸置疑，这一时期的数学不仅充分吸收了古典希腊时代的数学研究成果，也继承了许多古典希腊数学的特点。但是更加引人注目的是，这一时代的数学研究以研究主题的实用性和论证的严格性为最高目标，数学家们不再像毕达哥拉斯或者柏拉图那样思索"万物皆数"或者几何图形与物质世界的关系问题，而是脚踏实地地解决一个又一个实际的数学问题，

① 关于欧几里得生平及其与亚历山大里亚学术之间的关系，详见戴克斯特豪斯（Dijksterhuis）所撰《阿基米德》一书第一章"阿基米德生平"（"The Life of Archimedes"），Dijksterhuis. *Archimedes*，Dickshoorn，C. trans.，Princeton：Princeton University Press，1987.
② 关于阿基米德的几何学研究，详见美国数学史家克莱因《古今数学思想》第一册第 5 章第 3 节"Archimedes 关于面积和体积的工作"，莫里斯·克莱因：《古今数学思想》（第一册），张理京、张锦炎、江泽涵译，上海：上海科学技术出版社，2002 年。

并且力求将这些确定的知识系统化地编排在一起。用数学史家克莱因的话来说："亚历山大里亚的数学家同哲学断了交，同工程结了盟。"①

三、希腊化时代的天文学与机械学

数学对于哲学的背离在天文学上也有所体现。希腊化时代第一位伟大的天文学家是阿里斯塔克，他以提出了一套日心说的天文学体系而著名。为了解决同心球模型的一些疑难问题，阿里斯塔克提出了一套日心体系，其中所有的星球都围绕太阳做公转运动，同时地球还做自转运动，这一套学说被保存在阿基米德的《数沙者》（*The Sand Reckoner*）一书中。然而，这一套日心体系实际上并没有被广泛接受。劳埃德列举了三个反对日心体系的理由：第一，根据亚里士多德的自然位置学说和运动学说，每一个物体都有其自然位置，不在自然位置上的物体将会朝向其自然位置发生自然运动，到达自然位置后则保持静止。根据观察，重物都会自然地向地心方向下落，因此地球就处在所有重物的自然位置之上，因而不可能是运动的。第二，如果巨大的地球时刻保持旋转，那么贴近地表的物体（尤其是空气）将拥有极高的速度，那么为什么我们没有感觉到地表物体在运动？云朵和飞弹又是怎样克服空气的速度而向前运动的？第三，根据天文学原理，如果地球运动的话，那么地球上不同地区的人们对恒星的观测应该存在视差，但是在实际观测中人们并没有发现视差。

实际上，这三条反驳理由的效力并不一致。第一条哲学反驳本身就包含很多问题：如果重物都向地心下落，那么天体的运动又该如何解释？如果将天体解释成由至轻至微的"以太"所构成，那么以太与月下界之间的关系又成了问题。天文学家们并没有把哲学反驳当一回事。真正起到作用的是后两条反驳，即力学反驳和天文学反驳。②

希腊化时代的天文学家对天文学本身也持有某种实用主义态度。为了某些计算的方便，阿里斯塔克也采用了一些明显为错的假设。例如，他将地球看作是月亮天球的球心，这显然忽略了恒星视差问题。他还认为月亮的大小是黄道十二宫中一宫的十五分之一，也就是 2°，然而实际值是 0.5°。阿基米德也有过类似的做法，在《数沙者》中，他为了方便，将地球周长定为 300 000 斯塔德，这远远超过当时所算得的最精确的值——埃拉托色尼计算出的 250 000 斯

---

① 莫里斯·克莱因：《古今数学思想》（第一册），张理京、张锦炎、江泽涵译，上海：上海科学技术出版社，2002 年，第 118-119 页。
② 劳埃德：《希腊科学》，张卜天译，北京：商务印书馆，2021 年，第 229-232 页。.

塔德。①

　　最近的研究揭示出，埃拉托色尼计算地球周长的方法并没有人们以往所理解的那么简单。人们一般的说法是，埃拉托色尼通过测量夏至日亚历山大里亚和赤道的太阳高度角之差，得出两地纬度差，在已知两地直线距离的情况下，很容易算出地球周长为 250 000 斯塔德，这与当今所测得的真实值相差无几。但是当时埃拉托色尼还计算出了另一个值，为 252 000 斯塔德。两种计算方法所依据的天文学预设不同：计算出前者的条件是假设太阳光是平行直线，这就预设了太阳处于距地球无穷远处；而后者则预设太阳与地球间的距离是有限的。换言之，前者是地球周长的最小可能值，而后者则是在预定日地距离的情况下得出的最大值。这也反映出了同样的问题：在天文学研究中，与天文模型、运动理论相比，观测和计算更为重要；在有些时候，计算甚至比观测还要重要。②

　　比起天文学对实用主义的重视，希腊化时代的机械学显然更胜一筹。所谓"机械学"，实际上就是"力学"，二者在西文中是同一个词：mechanics。阿基米德当然是首屈一指的力学家，他一方面把力学方法引入几何证明中，另一方面他也使力学研究服从于严格的数学证明，把杠杆视作直线，把重物视为有重量的点，从而推导出力学原理。同时，他的那些机械发明，如聚光镜、螺旋提水机等都基于他的数学和力学研究。在希腊化时期，除了已有的亚里士多德传统和阿基米德的纯数学传统之外，主要有两个机械学传统，即理论传统和技术传统：理论传统将所有的机械都归结为杠杆、轮轴、滑轮、楔子和螺旋五种简单机械，而这五种机械又都可以划归为秤，通过这种方式就可以解释为什么可以用较小的力来推动较大的物体。技术传统则不限于学者的研究性著作，一切工匠、技师的机械实践都可以归入其中。③希腊化时期的机械学主要分为五个部分：①制造用于战争的武器；②基于气流、重物或绳索制造产生奇妙效果的装置；③对平衡和重心的研究；④制造球体；⑤"一般意义上关于物体运动的整个主题"④。

　　在希腊化时代的机械制造中，最值得一提的是"安提凯希拉装置"（the Antikythera Mechanism）。1901 年，一群潜水员在伯罗奔尼撒半岛和克里特岛之间的安提凯希拉岛屿附近发现了一艘沉船，安提凯希拉装置便是在此处被发掘的。刚被发掘出来时，安提凯希拉装置不过是一堆锈迹斑斑的碎片，经过百年来的研究，学者们对于它的构造和功能终于得出了结论。安提凯希拉装置是

① 劳埃德：《希腊科学》，张卜天译，北京：商务印书馆，2021 年，第 228 页。.
② Carman，C. C.，Evans，J.，"The Two Earths of Eratosthenes"，*Isis*，2015，106（1）：1-16.
③ 张卜天：《希腊力学的性质和传统初探》，《北京大学学报》2014 年第 3 期，第 132-142 页。
④ 劳埃德：《希腊科学》，张卜天译，北京：商务印书馆，2021 年，第 266 页。

一个构造类似于钟表的手摇天文仪，制造于公元前 150 年—公元前 100 年，由木质盒子、前后表盘和数十个青铜齿轮构成。侧面或有曲柄以供手摇，正面表盘以指针指示一年 365 天，指针尖上有月球模型，可随指针运动而转动以显示月相；背面表盘指示日食与月食交替的沙罗周期和十九年置七闰的默冬周期。表盘上铸有铭文，指示使用方法、月份名称以及奥运会举办年份等信息。①

最近的一项研究从国家安全的视角解释了安提凯希拉装置在古代世界中的作用和功能。毫无疑问，安提凯希拉装置的制造凝结了当时希腊化世界最先进的数学、天文学和机械学知识，以及相当高超的金属铸造工艺，即便是当下的复制品，也很难流畅无碍地运转。像安提凯希拉装置这样复杂、精密的机械，绝对不是供希腊人日常娱乐用的。希腊文明依海而生，地震和海啸是希腊人面临的最严重的威胁，因此对地震和海啸进行预测就成了希腊诸城邦以及希腊化时代希腊本土的一项重要任务。希腊天文学家们发现，地震和海啸的发生周期与天文现象密切相关，通过安提凯希拉装置，天文学家既可以反推，也可以预测某些天文现象的发生时间，从而为灾害预警提供支持。与此相配套，希腊人还在海岸的地质断层处的洞穴中安排专人检测海洋运动所导致的声音现象，以此作为灾害预测的另一个依据。在罗马征服时期，苏拉曾洗劫雅典。根据古籍记载，苏拉船队的船只与发现的安提凯希拉沉船非常相似，而安提凯希拉装置和船舶对罗马的国家安全也有重要意义。罗马城建于内陆，帝国以农业为本，因此地震和海啸并不是国家安全的首要威胁，气象灾害才是罗马人最需要防范的。为了预测气象变化，罗马人也需要安提凯希拉装置这样的计算器来推演天象。同时，罗马建立了国家粮库和圣库，以及庞大而有效的漕运机制，以便在灾害来临时调配物资和救灾。这样，安提凯希拉装置和船只便在罗马的国家安全体系中起到了非常重要的作用。②这种解释在何种程度上成立，仍待今后的研究所验证，但是值得肯定的是，它将安提凯希拉装置放在国家政治的角度下审视，这是希腊科学家和工程师的著作中很少涉及的内容，也是科学史家和技术史家经常忽略的背景。这一视角，使希腊化时代甚至罗马时代的一些科学、技术问题与政治、文化问题同时从一件精密器械中折射出来，也使我们对希腊化时代的天文学和机械学的研究取向有

---

① 关于安提凯希拉装置的基本情况，参见 Moussas, X., "The Antikythera Mechanism: The oldest mechanical universe in its scientific milieu", *Proceedings IAU Symposium*, 2009, 5（260）: 135-148.；宁晓玉：《神奇的古希腊天文计算仪——安提凯希拉装置》，《科学文化评论》2010 年第 2 期，第 125-127 页。关于安提凯希拉装置的制造年代和所用到的天文学理论，尤其是与沙罗周期相关的理论，参见 Carman, C., Evans, J., "On the epoch of the Antikythera Mechanism and its eclipse predictor", *Archive for the History of Exact Sciences*, 2014, 68（6）: 693-774.

② Safronov, A. N., "Antikythera Mechanism and the Ancient World", *Journal of Archeology*, 2016: 1-19.

了新的认识。

四、希腊化时代的解剖学与医学

作为一门经验性科学，解剖学在亚历山大里亚获得了长足的发展，这或许得益于埃及人制作木乃伊的传统习俗。亚历山大里亚解剖学的代表人物是希罗菲洛斯和埃拉西斯特拉塔（Erasistratus，前304—前250），他们将公元前3世纪的希腊解剖学带到了极高的水平，直到文艺复兴时期，西方的解剖学才重新达到他们所达到的高度。[①]

希罗菲洛斯出生于卡尔西顿（Chalcedon），在科斯岛接受了基础医学训练之后来到了亚历山大里亚（科斯岛是希波克拉底学派所在地），在托勒密一世和二世的支持之下进行解剖学的研究和教学工作。他对大脑、眼球、神经系统和血管系统都有精湛的研究，对大脑和小脑进行了区分，展示了神经如何发源于大脑和脊髓并向末端延伸。他还区分了感觉神经和运动神经，认为前者将感觉输送到大脑，而后者将运动从大脑输送到身体末端，如手指。他发现动脉壁的厚度是静脉壁的六倍，还发现如果排空尸体的血液，静脉壁会塌陷，而动脉壁不会。他还将肺动脉称作"动脉状静脉"，将肺静脉称作"静脉状动脉"。他对心脏结构也有所研究，被认为是第一个利用便携滴漏计时器来计数脉搏的人，区分了脉搏的不同类型，并将其用于医学实践。

埃拉西斯特拉塔的解剖学与生理学则体现出不同的特点。或许受到了斯特拉托的影响，他持有一种粒子论观点，认为物质都由极微小的、不可感知的物质性粒子所构成，这些粒子部分地被真空所包裹。以这种粒子论为基础，他进而从机械学的角度来解释生理学问题。例如，在消化问题上，他拒斥了以往将消化理解为物质在胃中经历性质改变的解释方式，而是认为食物在胃中依靠胃部肌肉的运动而被磨碎分解成糜状物质，食糜进一步透过胃壁进入通向肝脏的血管，在肝脏中转化成富含营养粒子的血液，这些营养粒子被输送到毛细血管中，由于自然"拒斥真空"的作用，被填补进缺乏营养的组织中。以此为基础，埃拉西斯特拉塔解释了疾病的原因：由于富含营养的血液在血管中流得过多，四肢因而肿胀、酸痛、僵硬。如果血液进一步增多，就会流入输送"气"（pneuma）的动脉中，影响到动脉的正常功能的发挥。他认为，一些肝脏、脾脏和胃的小病，以及咯血、谵妄、胸膜炎和肺膜炎都是由血液过多而引起的。

希罗菲洛斯和埃拉西斯特拉塔的生理学和医学在当时被称为"理性派"

---

① 关于希罗菲洛斯和埃拉西斯特拉塔的解剖学和生理学的论述，主要来自 Longrigg J.，"Anatomy in Alexandria in the Third Century B. C."，*British Journal for the History of Science*，1988，21（4）：455-488.

（rationalist）或"教条派"（dogmatist），他们受到了所谓"经验派"（empiricism）医学的攻击。经验派者认为，任何不可见的物质都是不可知的、不可理解的，因此对于任何疾病的病因的探索都是徒劳的，理性派者所发展出的解剖学与生理学都是死胡同，医生只应该利用病人的感受、可见的症状和行医的经验来为患者诊断、治疗。经验派医学在哲学上承继了希波克拉底医学中的怀疑主义，而在实践中则表现出实用主义的态度。①

继理性派和经验派之后，在公元前 1 世纪时，又一个被称为"方法派"（methodism）的医学派别出现了。方法派一方面与经验派一致，反对理性派认为医学应该建立在解剖学和生理学理论之上的观点，另一方面又与理性派一致，反对经验派完全不依赖任何理论、只凭医师与患者交流的经验行医的做法。方法派认为不应该研究所谓的"病因"，疾病只跟人的状态有关。人的身体有三种普遍状态（common condition）：干状态（或固定状态、紧绷状态）、湿状态（或流动状态、松弛状态）、混合状态，而每种状态都有对应的疾病，干状态的疾病是四肢肿胀，混合状态的疾病是眼睛、鼻子和口部的疾病等。②和经验派医师不厌其烦地搜集经验以确定治疗方案相比，方法派医师下处方则便捷得多：每一种状态对应一些疾病，每一种疾病包含四个阶段（开始阶段、增长阶段、发作阶段和衰退阶段），每种身体状态和病程阶段都有对应的疗法和药方。医师只要观察病人的症状就可确定其状态和病程，继而直接给出处方，这便是所谓方法派的"方法"。方法派诊断迅速，医师培养成本也很低，因此在希腊化时代后期和罗马时代相当受欢迎，尽管它在本体论和方法论上存在着许多矛盾和难以解释之处。③

五、希腊化时代科学的特点：追求"有效性"

在列举希腊化时代各个学科内的科学成就之后，我们不禁要思考一个问题：希腊化时代的科学到底和希腊古典时期的科学有什么关系？前者对后者有哪些继承，又有哪些背弃和创新？这些变化出现的原因又是什么？

在托勒密王朝，科学是一项官方事业，托勒密一世和二世从希腊世界各处，尤其是从雅典延揽著名学者，缪斯宫就是由吕克昂学园的领袖泰奥弗拉斯特主

---

① Edelstein，L.，"Empiricism and skepticism in the teaching of the Greek Empiricist School"，in Temkin，O.，Temkin，C. ed.，Temkin，C. trans.，*Ancient Medicine：Selected Papers of Ludwig Edelstein*，Baltimore：The John Hopkins University Press，1967，pp. 195-204.

② Edelstein，L.，"Empiricism and skepticism in the teaching of the Greek Empiricist School"，in Temkin，O.，Temkin，C. ed.，Temkin，C. trans.，*Ancient Medicine：Selected Papers of Ludwig Edelstein*，Baltimore：The John Hopkins University Press，1967，pp. 173-191.

③ Webster，C.，"Heuristic Medicine：The Methodsts and Metalepsis"，*Isis*，2015，106（3）：657-668.

持建造的，而埃拉托色尼曾任亚历山大图书馆的馆长。这一时期的科学家，要么是直接从雅典来到亚历山大里亚，要么就是在学术中心雅典或者医学中心科斯岛等学术重镇经受过学术训练后来到亚历山大里亚。因此我们可以看到，公元前 3 世纪的各门科学在基础理论和研究风格上无不承继了雅典科学的特征。

但是随着时间推移，亚历山大里亚的各门科学逐渐呈现了与雅典科学迥异的面貌。荷兰科学史家弗洛里斯·科恩（H. Floris Cohen）认为，雅典科学和亚历山大里亚科学分属两种不同的"自然认识形式"："雅典型"以自然哲学为代表，旨在利用某种第一原理来整体地解释日常经验的实在，其解释是定性的、无所不包的，其最终目的是克服日常经验带来的幻象，并且其哲学与如何组织城邦、如何过有美德的生活、如何符合逻辑地思考等问题密切相关。"亚历山大里亚型"则不在乎"第一原理"，它旨在用数和形，以数学语言严格地、定量地描述和证明科学定理，这种研究方式只关注五个领域的现象：协和音、光线、行星轨道、固体中的平衡状态和液体中的平衡状态。[①]

弗洛里斯·科恩的解释确实说明了雅典和亚历山大里亚的科学研究在研究旨趣和方法上的重大差异，上文的论述已经表明，希腊化时代的数学和天文学的确不关心雅典学者们所辩论不休的形而上学和宇宙论问题，严格的证明、有效的计算才是他们想要解决的问题。但是科恩的说法有两个缺陷：第一，他对"亚历山大里亚型"的解说无法涵盖解剖学和医学；第二，他没有说明这种变化是如何发生的。我们认为，希腊化时代的科学之所以发生这种巨大变化，其基础是文明汇聚与融合的进一步加深，其源头是政治变化带来的价值论转移，其表现是科学从追求"整全性"向追求"有效性"转变。

上文已经提到，希腊化时代数学蓬勃发展的基础是欧几里得《几何原本》的编纂，而《几何原本》乃是建基于古典时代诸多数学家所发现的一系列数学命题之上的。天文学方面，希帕克所做出的精准观测依赖于对巴比伦天文观测数据的使用。解剖学方面，埃及木乃伊制作技术为希罗菲洛斯和埃拉西斯特拉塔等学者提供了经验资料，他们所仰赖的理论则是雅典学者创建的。这些科学资源之所以能够汇聚于亚历山大里亚，则得益于亚历山大图书馆和缪斯宫的建立。这是托勒密埃及的社会政治背景对科学发展的第一重影响。

托勒密埃及的政治社会背景对科学发展的价值论也发生了作用。公元前 3 世纪的科学很大程度上是所谓"宫廷科学"（court science）。美国学者马奎斯·贝利（Marquis Berrey）提出了"宫廷科学"的概念：第一，科学研究的

① 弗洛里斯·科恩：《世界的重新创造：近代科学是如何产生的》，张卜天译，长沙：湖南科学技术出版社，2012 年，第 15-16 页。

目的乃是从社会高级阶层换取资助；第二，为了吸引这些高层的外行人，科学研究要迎合他们的审美和文化需求。①根据贝利的说法，阿基米德、埃拉托色尼、希罗菲洛斯等科学家都有深厚的宫廷科学背景，他们的研究自然会受到托勒密埃及社会上流阶级的价值观的影响。

我们认为，在托勒密王朝宫廷科学和文化专制主义的影响下，亚历山大里亚科学发生了从追求雅典式的"整全性"向追求"有效性"的转变。由于辩论风气不再，皇家支持下科学向专业化方向发展，纯粹哲学思辨不能够继续提供新的思想资源，数学、天文学、解剖学等基础学科因而向定量化、严格化方向发展，即转向"理论的有效性"。实用科学自然会继续向实用主义靠拢，技术发明和医学也更加重视实践中的有效性，因而在国家治理和社会风尚中获得更多重视。可以想见，即使托勒密王朝后期不再重视学术研究，托勒密家族也逐渐衰落，这种价值观的影响却已经成为风气，不会轻易变动，"方法派"医学在公元前 1 世纪以及之后的兴盛就是佐证。

第二节　早期罗马的希腊科学

希腊化时代的科学已经达到了相当高的高度，这一点毋庸置疑。然而，随着托勒密王朝的衰落和罗马的征服，虽然在 1—2 世纪之时出现了托勒密（Claudius Ptolemy，约 100—约 170）和盖伦两位希腊科学的大师，但是希腊化科学的学术共同体已经渐渐消亡，阿基米德著作中所表现出的浓厚的学术研究氛围和热衷于发表作品的风气，到托勒密时已经变成了尊崇古人、冗长不堪、充满宗教神学色彩的陈腐之风。②雅典的自然哲学家、亚历山大里亚的科学家的地位，在踏入中世纪之前的罗马时代，几乎完全被诗人、政治家和演说家所取代了。在这一节中，我们就来审视早期罗马学者对希腊科学到底继承了多少，他们的研究又有着怎样的特点。

一、罗马人对柏拉图和亚里士多德著作的继承

在西方思想史上，柏拉图和亚里士多德当之无愧是希腊思想的两座最高峰，他们各自建立了一套结构完善、层次分明的哲学体系，本体论、宇宙论、认识论、伦理学等各级学说严丝合缝地嵌套在一起，为后代学者的学术研究提供了基本的

---

① Maquis，B.，*Hellenistic Science at Court*，Berlin：de Gruyter，2017，p.5.
② 毛丹、江晓原：《希腊化科学衰落过程中的学术共同体及其消亡》，《自然辩证法通讯》2015 年第 3 期，第 60-64 页。

世界图景和议题。因此，我们可以通过观察罗马人对柏拉图和亚里士多德著作的保存、翻译、传播情况，来一窥罗马文明对希腊文明的继承做出了怎样的取舍。

柏拉图的著作，除去对话录外，还有 13 封书信。对话录均经过柏拉图本人修订，柏氏在世时已以手抄本形式传播，甚至被买卖；而 13 封书信的真伪还有待学者考证。罗马共和国时期，柏拉图的著作应该得到了比较广泛的传播。波西多尼奥斯（Posidonius，约前 135—前 51）曾讨论过柏拉图关于灵魂的构成的观点，也较为详细地考察了《斐多篇》（Phaedrus）和《蒂迈欧篇》的一些片段。西塞罗则翻译了部分《蒂迈欧篇》，并且在他的两部著作中模仿了《理想国》和《法律篇》（Laws）。亚历山大图书馆应藏有柏拉图的全部著作，罗马人应该就是从这里得到它们的。①

至于亚里士多德的著作，问题比较复杂。②亚里士多德的著作分为"外传"（exoteric）和"内传"（esoteric）两部分。外传著作经亚里士多德修订，较为通俗，内容包括亚里士多德模仿柏拉图对话录的作品，供逍遥学派以外的人传看，但并没有流传下来；内传著作则往往是学生的课堂笔记，深奥难解，是亚里士多德未定稿的著作。根据斯特拉波（Strabo）和普鲁塔克的说法，亚里士多德死后，内传著作由其弟子泰奥弗拉斯特继承。泰奥弗拉斯特死后将著作留给其侄子涅琉斯（Neleus），涅琉斯将其带到了他的故乡特罗德（Troad）的斯凯普西斯（Scepsis），并放在了地窖中。一百多年后，阿培利孔（Apellicon）发现了这批著作，但是已经发霉腐烂。公元前 86 年被苏拉作为战利品带回罗马，交给提兰尼翁（Tyrannion）、后又交给罗德岛的安德罗尼柯（Andronicus）加以编纂，此时亚氏著作被分为各卷、冠以标题、按序排列。但是这个传说也不可尽信，比如安德罗尼柯到底是在罗马还是在雅典进行的编纂工作，以及安德罗尼柯的工作到底是在西塞罗之前还是之后[古典学大家乔纳森·巴恩斯（Jonathan Barnes，1942—）认为是在西塞罗之后，因为西塞罗从未提及过安德罗尼柯，但是也有很多不同的意见]，目前还未确知。有学者指出，虽然这个传说在细节上有很多可疑之处，亚里士多德的著作凭空消失，直到西塞罗的时代复又出现，这种说法也难以令人信服。但是，斯特拉波和普鲁塔克认为斯特拉托之后的逍遥学派不再熟悉亚里士多德的思想，这个判断基本上是准确的，

　　① 关于柏拉图著作在罗马时代的传播，参见先刚：《柏拉图的本原学说：基于未成文学说和对话录的研究》，北京：生活·读书·新知三联书店，2014 年，第 22-23 页；Irwin, T. H., "The Platonic Corpus", in Fine, G. ed. *The Oxford Handbook of Plato*, 2nd edition, New York：Oxford University Press, 2019, pp. 69-91.
　　② 关于亚里士多德著作的传播史，参见汪子嵩、范明生、陈村富等：《希腊哲学史》（第三卷）《亚里士多德》，北京：人民出版社，2003 年；Andrea F., *Brill's Companion to the Reception of Aristotle in Antiquity*, Leiden/Boston：Brill, 2016.

也得到了现代历史学家的认同。①

不过在罗马共和国时期，亚里士多德的著作还是有一定的传播的。例如，我们知道西塞罗当时接触过一批亚氏关于修辞学的作品，其中不仅有我们现在所知的《论题篇》（*Topica*）和《修辞学》（*Rhetorica*），根据第奥根尼·拉尔修的记载，还有如下著作：《论修辞》（*On Rhetoric*）或《格里卢斯》（*Gryllus*）、两卷本《论问答》（*On Questioning and Answering*）、两卷本《对〈论定义〉的诸种批评》（*Topics Criticizing the* Definitions）、两卷本《〈修辞〉技艺集》[*Collection of（Rhetorical）Arts*]、两卷本《修辞技艺》（*Art of Rhetoric*）、两卷本《论措辞》（*On Diction*）；这些著作不论是真是伪，西塞罗的老师阿斯卡隆的安提俄库斯（Antiochus of Ascalon，约前 125—约前 68）在物理学、逻辑学、修辞学和伦理学等方面也都受到了亚里士多德的影响。

晚期希腊由于社会生活的巨大变化，哲学逐渐转向伦理学研究。这段时期亚里士多德的哲学在罗马的影响不及柏拉图，柏拉图学园继续发展成为新柏拉图学派。但实际上，亚里士多德的哲学渗透在了各家学说之中，比如斯多亚学派就吸收了亚里士多德的逻辑学。

前 1 世纪到公元 2 世纪初的这段时期，亚里士多德研究留下了一段空白。2 世纪以来，许多哲学家对亚里士多德的著作进行诠释，主要集中在《范畴篇》、《解释篇》（*On Interpretation*）、《前分析篇》（*Prior Analytics*）、《形而上学》、《物理学》、《尼各马可伦理学》（*Nicomachean Ethics*）等，但是大多都已散佚。新柏拉图学派虽然在发展，但是普罗提诺（Plotinus，204—270）等新柏拉图主义者实际上也并未拥有多少柏拉图的原著，而是着力于将亚里士多德的学说与柏拉图的学说融合起来。

476 年，西罗马帝国灭亡；529 年，东罗马帝国皇帝查士丁尼下令关闭雅典学园；古典的希腊罗马时代宣告结束。至 12 世纪大翻译运动兴起，柏拉图与亚里士多德的著作才重获新生。关于自 4 世纪至 13 世纪的柏拉图和亚里士多德著作，克隆比曾列有表格（表 3-1）。②

表 3-1　罗马人对柏拉图和亚里士多德著作的翻译（4—13 世纪）

作者	作品	拉丁文翻译的地点和时间
柏拉图	《蒂迈欧篇》的前 53 章	4 世纪

① 卡罗·纳塔利：《亚里士多德：生平与学园》，王芷若译，北京：北京大学出版社，2021 年，第 136 页。
② Crombie，A. C. *Augustine to Galileo*：*The History of Science A.D. 400-1650*，Cambridge：Harvard University Press，1957.p. 23.

续表

作者	作品	拉丁文翻译的地点和时间
亚里士多德	"旧逻辑"，包括《范畴篇》和《解释篇》	意大利 6 世纪
	《后分析篇》（*Posterior Analytics*，"新逻辑"的一部分）	12 世纪
	《气象学》（*Meteorologica*）第 4 卷	西西里 约 1156 年
	《物理学》、《论生灭》（*Generatione et Corruptione*）、《小物理学论文》（*Parva Naturalia*）、《形而上学》（前 4 卷）、《论灵魂》（*De Anima*）	12 世纪
	《气象学》（1—3 卷）、《物理学》、《论天与世界》（*De Cælo et Mundo*）、《论生灭》	托莱多 12 世纪
	《论动物》[*De Animalibus*，包括《动物志》（*Historia animalium*）、《论动物的部分》（*De partibus animalium*）、《论动物的生殖》（*De generatione animalium*）]	西班牙 约 1217—1220 年
	几乎全部作品	约 1260—1271 年

另外，12 世纪中期，《斐多篇》和《美诺篇》被翻译过来；13 世纪末，《巴门尼德篇》被翻译过来。可见，罗马人对柏拉图和亚里士多德的吸收借鉴是有取舍的。在罗马共和国时期，柏拉图和亚里士多德著作尚能够较为完整地在罗马社会中流传，其中关于政治学、修辞学和逻辑学的著作得到了特别的重视，这无疑源自罗马国家治理中对修辞、辩论的需求。到了罗马帝国时期，之前得到重视的典籍还能够保持部分地流传，而其他著作，包括那些理论性和经验性的科学著作，则渐渐消失了踪影，直到 12 世纪大翻译运动开始，才从阿拉伯人那里翻译回来。

二、希腊科学的普及者和百科全书作家

相比于希腊人创造的希腊科学，罗马人并没有发展出一套罗马人独创的科学体系。"如果我们所说的古代科学就是指希腊人所做的那种事情，那么认为存在某种罗马科学是非常奇怪的。"[①]罗马人在工程技术和社会治理上的成就无须赘言，而他们的科学研究，除了希腊科学的延续，就是实用知识的发展。前者如天文学："天文学构成了希腊-罗马世界更悠久和更复杂的科学传统之一……在罗马帝国时期，天文学是一门卓越的希腊科学。"[②]后者如地图学——许多罗马帝国的地图能够留存至今，是因为负担了三个主要用途：道路管理、

① Keyser，P. T.，"Science" in Barchiesi，A.，Scheidel，W. ed.，*The Oxford Handbook of Roman Studies*，Oxford：Oxford University Press，published online，DOI：10.1093/oxfordhb/9780199211524.013.0055.

② Jones，A.，"Greco-Roman Astronomy and Astrology" in Alexander，J.，Liba，T. ed，*The Cambridge History of Science. Volume I*，*Ancient Science*，Cambridge：Cambridge University Press.2018.p. 374.

土地测量和城市规划。①

可以说，罗马人的志趣并不在科学研究，而在于政治。学问对于他们来说，比起一项值得花费毕生精力而追求的事业，更多的只是消遣。因此，他们并不致力于延续希腊科学的学术研究，而转向了普及希腊科学已经取得的成果，以及撰写各种各样的百科全书。②

斯多亚派学者波西尼奥斯是最早、可能也是最有影响的一位向罗马普及希腊哲学与科学成果的学者。他曾以希腊文撰写了大量著作，其中包括对柏拉图《蒂迈欧篇》和亚里士多德《气象学》的评注。他对瓦罗（Varro，前116—前27）等拉丁作家产生了深远的影响，从而奠定了拉丁文教育和学术的形式和内容。瓦罗最早著成了拉丁世界第一部百科全书——《学科九卷》，在这部书中，他将"自由技艺"确定为九种：语法、修辞、逻辑、算术、几何、天文、音乐理论、医学和建筑。其中前七种后来就慢慢演变成了中世纪的"自由七艺"。

西塞罗是瓦罗的好友，也是希腊科学普及的一位重要人物。他深受柏拉图学派影响，持有一种杂糅了柏拉图学派和斯多亚学派的世界观，认为神就是自然，自然就是火，神、自然、火三者是具有理性和主动性的力量，宇宙因之而存在。他还宣扬大宇宙（神和宇宙）和小宇宙之间的平行对应关系，这种观点后来成为中世纪和文艺复兴时期占星学的核心话题。另一位影响卓著的普及者是卢克莱修（Lucretius，约前99—约前55），他写了一部哲学长诗，即《物性论》（De rerum natura）。卢克莱修持有一种伊壁鸠鲁主义的观点，认为世间万物由原子和虚空构成。这部长诗包罗万象，原子论的世界观只是其框架，在内容上它包含了天文学内容，如太阳运转路径、白昼不等、月相等问题；关于灵魂，它讨论了内在感知觉、睡眠、梦；生物学方面，它探讨了生命的起源和人种的起源等。除了西塞罗和卢克莱修，还有很多学者在各自的领域内撰写了一些百科全书，建筑学有维特鲁威（Vitruvius），医学有塞尔苏斯（Celsus），自然哲学有塞内卡（Seneca），等等。

还有两位值得介绍的百科全书作者。第一位是老普林尼（Pliny the Elder，23—79），他的《自然志》（Natural History）被看作是希腊科学普及化运动的顶峰，他的目的不在于建立一套完整而有体系的自然哲学，而是致力于考察宇宙以及居于其中的自然物，并创建一个无所不包的巨大信息库。一方面，他利

① Dilke, O., "Maps in the Service of the State: Roman Cartography to the End of the Augustan Era" in Harley, J., Woodward, D. ed., *The History of Cartography. Volume One, Cartography in Prehistoric, Ancient, and Medieval Europe and the Mediterranean*. Chicago: The University of Chicago Press, 1987, p. 201.

② 关于罗马时代希腊科学普及者和百科全书作家的论述，参见林德伯格《西方科学的起源》一书第七章"罗马科学和中世纪早期科学"，戴维·林德伯格：《西方科学的起源》（第二版），张卜天译，长沙：湖南科学技术出版社，2013年。

用独特的鉴别力，搜罗了许许多多有趣的奇闻轶事、异国怪物；另一方面，他的著作也保存了许多枯燥平凡的天文学研究成果，许多天文学家的著作早已散佚，我们之所以能够知道它们，多仰赖于老普林尼的工作。另一位百科全书作者是马提亚努斯·卡佩拉（Matianus Capella，约 410—439），他最有影响力的著作是《菲劳罗嘉与墨丘利的联姻》（*The Marriage of Philology and Mercury*），描写了天界的一场婚礼中，七位女傧相分别向在场宾客介绍各自所代表的自由技艺。所谓"菲劳罗嘉"，即"前三艺"之语法、修辞、逻辑，而"墨丘利"则指"后四艺"的算术、几何、音乐、天文。这本著作后来成为中世纪最流行的教科书，与之前的百科全书相比，它借女傧相之口概述了《几何原本》等数学著作的精彩部分，保留了罗马帝国晚期学校中最高超的数学技艺。

三、托勒密与盖伦

在罗马人不遗余力地编写百科全书、普及希腊科学知识的同时，在罗马治下的希腊化城邦以及那里的希腊学者依然在延续希腊科学的研究工作。在公元 1—2 世纪，涌现出了两位科学大师，他们便是托勒密和盖伦。

托勒密生活于亚历山大里亚，《至大论》（*Almagest*）是他最重要的一部著作。在《至大论》中，托勒密以前人研究为基础，结合了自己的天文观测数据，给出了一套相当精密的本轮—均轮宇宙体系，并被沿用千年。这都是些脍炙人口的史实，无须赘言。最近的托勒密研究则将视角转向他的哲学思想。杰奎琳·菲克（Jacqueline Feke）爬梳了托勒密的所有作品，从中还原了托勒密的哲学，认为他属于当时的"中间柏拉图主义"思潮，旨在调和柏拉图主义、亚里士多德主义以及斯多亚主义和伊壁鸠鲁主义思想，并主张哲学家们关于神学和物理学的探索都是玄想，并不能带来知识。[①]另一位科学大师盖伦则出生于帕加蒙，那里以医神阿斯克勒庇俄斯（Aesculapius）的神庙而著称，盖伦在那里接受了不同的哲学学派和医学学派的教育，可以说是精通各门希腊学问，最终选择行医为一生的职业。他既重视亚里士多德学派的解剖学传统，又集希波克拉底传统之大成，发扬了希波克拉底的四体液说和他的大部分医疗方法。与托勒密一样，盖伦的医学和哲学之间的关系也成了目前研究的一个话题。[②]

关于托勒密和盖伦的哲学与科学之间的关系，有学者做过一项十分有趣的

① Feke, J., *Ptolemy's Philosophy*: *Mathematics as A Way of Life*, Princeton: Princeton University Press, 2018, pp. 3-4.
② 例如张轩辞：《灵魂与身体：盖伦的医学与哲学》，上海：同济大学出版社，2016 年。

研究：他们二者的光学/视觉学研究在他们的理论体系中处于什么样的地位。[①]
在他们的时代，看见一个物体并不意味着这个物体所发射或反射的光进入人的眼球中，而是相反，是人眼球的某种物质向外散射并触及了某个物体并反射回来，从而使人看见这个物体。托勒密作为几何学家，研究了从人眼到物体之间的部分，因为人眼散发出"视线"，所以人的视域呈现为锥形，超出锥形的物体不能被看见，这中间的视线则沿直线运行。盖伦作为生理学家，则研究了感觉从眼输送到脑的过程。二者的理论如果合并起来，正好凑成一套完整的视觉学说。托勒密和盖伦研究这一问题的初衷，是为了回应当时所流行的怀疑论哲学，二人利用科学研究的成果为哲学认识论和经验科学研究的合理性奠定了基础。

托勒密和盖伦正好和罗马的科学普及者形成对照：在罗马治下的希腊化城邦里，科学研究的传统没有完全断绝，甚至在面对怀疑论哲学的攻击之时，出现了以总结、复兴古代希腊科学为目标的科学大师；而在罗马文化成为主流之处，科学研究成了消遣，学者以收集奇闻轶事为务，反倒是在基督教神学的笼罩之下，科学研究的合理性和价值才逐渐被确立起来。这足以显示出一个时代、一种文化的价值观对于科学研究的基础性影响。

第三节　拜占庭帝国的希腊科学

在基督教东方，希腊科学在拜占庭帝国缓慢发展。科学史家安妮·提翁（Anne Tihon）这样概括拜占庭科学的历史：4—5世纪，帕普斯（Pappus of Alexandria，约290—约350）、西恩（Theon of Alexandria，约335—约405）、欧多克（Eutocius of Ascalon，约480—约540）、普罗克洛（Proclus Lycaeus，412—485）等对欧几里得、阿基米德、阿波罗尼乌斯、托勒密等数学家和天文学家的主要著作做了大量的编集、评注工作；6世纪，在查士丁尼王朝的统治下，虽然文学、艺术、建筑蓬勃发展，但是科学著作却寥寥无几；7—8世纪，由于阿拉伯人的入侵和圣像破坏运动，拜占庭帝国的学术事业岌岌可危；9世纪学术事业开始复兴，欧几里得、阿基米德和托勒密等科学家的著作被重新整理，但是并没有什么深入的科学研究；10世纪是百科全书的时代，但是留存至今的并不多见；11—12世纪，在科穆宁王朝的统治下，帝国完成了一些重要

---

① Lehoux，D.，"Observers，Objects and the Embedded Eye：Or，Seeing and Knowing in Ptolemy and Galen"，*Isis*，2007，98（3）：447-467.

的科学成就；1204 年，十字军占领了君士坦丁堡，再一次中断了拜占庭的学术研究，学者们纷纷逃往尼西亚（Nicaea），在那里重建学术；1261 年，拜占庭帝国复国，科学手稿被重新抄写、编辑，纸张的引进也使科学文献得到更广泛地传播，到 1453 年君士坦丁堡陷落为止，拜占庭帝国最重要的科学著作都出现于这一时期。[①]拜占庭帝国长期与基督教西方相隔离，其对希腊科学的继承和发展以评注、学校教育和百科全书为主要形式，并没有太多创新；而对于传入的阿拉伯文、拉丁文和希伯来文文献，拜占庭学者并没有足够的能力理解。因此，拜占庭帝国终其超过 11 个世纪的历史上，尽管保存了不少希腊科学的文献资源，但是原创的科学研究罕见，这既是因为许多历史事件总是打断拜占庭帝国学术研究的脚步，或许也离不开基督教意识形态和圣经解释传统对价值观与学术研究形态的影响。

目前国际学界对于拜占庭科学史的研究仍然不够充分，大量拜占庭时期的科学手稿、文集都没有被当代学者系统地翻译、整理，这或许是因为科学史学者大多站在科学革命的高地上辉格式地回望历史，拜占庭科学史的意义因而就被遮蔽了。安妮·提翁这样评价拜占庭科学史的意义：

> 尽管拜占庭学者所深切关心的是保存古代科学的宝贵遗产，对于他们的近邻，尤其是阿拉伯、波斯和希伯来的科学家所做出的成就，他们同样乐于接受。欧洲文艺复兴的发生，得益于拜占庭学者在保存重要的古代科学文本上的努力。但是，他们所做的远不止是在许多手稿中抄写下古人的遗产。他们力求准确地理解文本，编辑新的版本，训练自己的数学推导能力或者几何证明能力，并且不断地评注和解释数学论文、天文星表和音乐理论，从而保持了古代科学的活力。[②]

下面，我们以拜占庭的天文学和医学发展为例，审视拜占庭科学史的概况。

一、拜占庭天文学

天文学对于拜占庭学术来说具有很重要的地位。[③]拜占庭学者多以"通才"为目标，所以他们既能精通修辞、考订文献，又通晓神学和哲学，天文学的理

---

① Tihon, A., "Science in the Byzantine Empire", in Lindberg, D., Shank, M. ed. *The Cambridge History of Science*, vol. 2, *Medieval Science*, New York：Cambridge University Press, 2013, pp. 191-192.

② Tihon, A., "Science in the Byzantine Empire", in Lindberg, D., Shank, M. ed. *The Cambridge History of Science*, vol. 2, *Medieval Science*, New York：Cambridge University Press, 2013, p. 206.

③ 关于拜占庭天文学，参见 Tihon, A., "Astronomy", in Kaldellis, A., Siniossoglou, N. ed. *The Cambridge Intellectual History of Byzantium*, Cambridge：Cambridge University Press, 2017, pp. 183-197.

论与计算当然也在此列。在以"七艺"为内容的教育中，天文以及相关的算术与几何都是基础性内容。尤其是在 14 世纪和 15 世纪，拜占庭学者尤以熟谙古代文献而自豪，也正因此我们今日才得以一窥拜占庭学术之概貌。

拜占庭天文学可以分为理论与应用两个部分。理论部分即"宇宙论"（cosmology），在拜占庭帝国，异教宇宙论与《圣经》宇宙论发生了冲突。异教宇宙论承继自柏拉图和亚里士多德，认为宇宙乃是由多层天球所构成，地球是居于诸天球中心位置的球体。但是这与基督教聂斯脱利派的宇宙论相抵触，他们认为世界形如摩西的帐幕，而居于其中的地球是由海洋所包围的四方形平面。最终成为拜占庭作家的印度旅行者科斯马斯（Cosmas Indikopleustes）在其《基督教地形学》（*Christian Topography*）一书就持有这种观点，并用各种方法论证之。实际上，无论是在希腊时期还是中世纪时期，地圆说都是占有绝对优势的学说，科斯马斯的地平说并没有得到多少拥护，尽管到文艺复兴之前，这种说法仍然还会零星地出现。8 世纪时，大马士革的约翰提出了一套适合基督教的宇宙论，其中包含了关于日月食和月相的正确理论，关于天与地球的形状，他列举了多种说法，但是并没有明确说明哪种是正确的：无论天与地是什么形状，都应遵守上帝的意志。到 11 世纪，百科全书编纂者们基于亚里士多德和普鲁塔克的学说，提供了一套比较粗疏的宇宙论观念。再往后，在梅托基特斯（Theodore Metochites，1270—1322）的努力下，托勒密的宇宙论在拜占庭复兴了。

拜占庭的应用天文学可以分为几个方面：第一，球面天文学，以古代的天文学文献为基础探讨天球问题；第二，数理天文学，即对日月五星的位置、日月食等重要的天文现象的计算；第三，对于星盘和其他天文仪器的研究；第四，对复活节日期的计算；其中，数理天文学的地位最为重要。到 11 世纪为止，拜占庭数理天文学主要依据的就是托勒密的《至大论》和《实用天文表》（*Handy Tables*），一代代学者通过阅读、注释和使用这两部著作来学习、传播、发展应用天文学。从 11 世纪开始，托勒密天文表的误差已经无法被忽视，而由外部传入的阿拉伯天文表和波斯天文表则准确得多，所以实用天文学得以大大丰富，星盘等多种天文仪器也随之出现。在拜占庭帝国末期，普莱松（George Gemistos Plethon，约 1355/1360—1452/1454）创制了一套阴阳合历，但是在牧首詹纳迪奥斯二世（Gennadios Ⅱ）的谴责之下它并没有流行起来。普莱松的历法设计相当精巧复杂，但他生之也晚，没能对拜占庭天文学的发展产生足够的影响。

拜占庭天文学最突出的特征，除了在具体的天文观测和计算中引进了阿拉伯和波斯的天文学和天文表之外，就是对托勒密《至大论》的深入学习和详尽评注。许多学者都在《至大论》的书页边缘留下了大量批注：卡特拉里奥斯（John Katrarios）、卡巴西拉斯（Nicholas Kabasilas）、牧师马拉奇阿斯（Malachias）、尤代默诺优安内斯（Nicholas Eudaimonoioannes）、克塔斯美诺斯（John Chortasmenos）等。这些批注中包含了很多三角学演算，甚至还有一些新的算法。在贝萨里翁（Basilios Bessarion，1403—1472）的自传中，源自《至大论》的三角学演算以希腊文写成，而来自阿拉伯天文学的算法则以拉丁文写成，与托勒密的方法相对照。

二、拜占庭医学

医学在拜占庭帝国也获得了长足的发展。一方面，拜占庭医学水平和古典医学相比有所提高。通过收集古代医学典籍，继承古典医学的理论、医疗体系和诊治方法，拜占庭医学在病理、诊疗、药学方面形成了一批有影响的著作；在实践上，其手术水平达到了惊人的高度。另一方面，拜占庭的医疗制度也呈现出了新的面貌：基督教文明中的第一所医院就诞生于此，它甚至逐渐成了拜占庭文明中不可忽视的重要部分。

拜占庭帝国对古典医学的传承主要表现为对古希腊、罗马的医学典籍进行详尽的收集、保存、汇编、评注，多部古代医学手稿与著作都是靠拜占庭学者的保存才得以流传至今。我们所熟知的"希波克拉底誓言"就保存在一部 12 世纪的拜占庭手稿中，盖伦的全集以及亚里士多德等其他古代医学家的医学著作的汇编、注疏工作也贯穿了帝国历史的始终。同时，拜占庭的修道院和图书馆中所收藏的古典医学著作也流入到了阿拉伯人的手中，扩大了古典医学的影响范围，直到 11 世纪，西欧人才从阿拉伯人手里获得这些资源。

早期拜占庭医学思想基本上建立在希波克拉底主义之上，接受了"四体液说"的生理学，认为人的疾病并不是神的惩罚，而是源自环境因素、饮食习惯和生活习惯，因此疾病是可以预防的。以通过药物治疗来恢复体液平衡是最主要的治疗手段，他们所常用的药物也往往是希腊人惯用的。随着时间进入中古时代，帝国逐渐扩张，帝国领土上的环境多样性增加，阿拉伯人和犹太人越来越多地进入帝国。面对帝国国情的变化，医学也有了新的发展。拜占庭医生开发了新的检测和治疗手段：约翰·阿克图阿里乌斯（Joannes Actuarius，约 1275—约 1328）对尿液和验尿的研究取得了相当大的突破；埃伊纳的保罗（Paul of Aegina，约 625—约 690）建议用蜂蜜、水果和药酒治疗糖尿病，而现代医学证明他的疗法是有效的，他还广泛吸收了埃及、巴勒斯坦、叙利亚等地的临床经验,扩大了拜占庭药学的研究范围。拜占庭医生虽然受到了基督教的影响,时常困惑于身体、精神和灵魂之间的关系,但是在复杂的环境条件和人种条件下,拜占庭医生还是重实用而轻教条,在一些具体的问题上对希波克拉底和盖伦的医学做出了有理有据的批判。也正因为医学和药学的充分发展,拜占庭医学家也基于自己的实践经验编写了许多医学和药学的百科全书,例如埃伊纳的保罗撰写的《医学概略七卷》(*The Seven Books of Paulus Aegineta*)和尼古拉斯·米莱普索斯(Nicolaus Myrepsus)的《药典》(*Dynameron*)。①

拜占庭医学中尤其值得注意的,是手术技术的发展。第一例有记载的连体婴儿分离手术就保留在一篇拜占庭医学手稿中。②根据医学史家的研究,普通外科、皮肤科、神经外科、血管科、耳鼻喉科、胸外科、口腔外科、妇产科、泌尿外科、肛肠科、创伤和整形外科、伤口护理、气管切开术、甲状腺肿切除术、动脉瘤切除术等方面的拜占庭手术以及配套的手术设备都有大量记载留存。这些手术设备大多今日还在使用,其中大约有30%的名字在希腊语中继续沿用,大约10%的名字被英语所继承。③

历史学家一般认为,基督教文明中的第一所医院是由拜占庭主教圣巴西尔(Saint Basil the Great,330—379)在凯撒利亚(Caesarea,现属以色列)所建。公元370年,巴西尔刚当上凯撒利亚主教不久,便在城郊的卡帕多西亚(Cappadocia)建立起了一处机构,他称之为"贫民院"(ptôchotropheion)、"收容所"(xenodocheion)或"休息室"(katagôgion)。圣巴西尔的医院,不仅可以提供基本的医疗服务,还担负了许多社会职能。除了为病人提供的医疗设施之外,它还包括麻风病院、穷人和老人的救济所,以及为旅行者和流浪者准备的旅舍。因而,医院包含了许多建筑,包括诊疗区、各种居住者的居住区、访问者的旅舍,以及一所修道院。规模之庞大,使之获得了"新城"的绰号。圣巴西尔医院的建立,充分体现了基督教起到的作用:它是基督教慈善精神的化身,因为没有基督教在社会动员和经济上的支持,它也是不可能建成的。④

毫无疑问,医院在拜占庭文明中占有独特的地位,这在其他文明中是鲜见的。历史学家蒂莫西·米勒(Timothy Miller)将拜占庭医院的特点和作用总结为五个方面。

①　邹薇:《拜占庭对古典医学的继承和发展》,《世界历史》2017年第3期,第109-122,159-160页。
②　Pentogalos,G. E.,"A surgical operation performed on Siamese twins during the tenth century in Byzantium",*Bulletin of the History of Science*,1984,58(1):99-102.
③　Geroulanos,S. et al. "Surgery in Byzantium",in Michaelides,D. ed,*Medicine and Healing in the Ancient Mediterranean World*,Oxford:Oxbow Books,2014,pp.149-154.
④　Crislip,A.,*From Monastery to Hospital:Christian Monasticism & the Transformation of Health Carein Late Antiquity*,Ann Arbor:The University of Michigan Press,2005,pp.104-105.

第一，拜占庭的医院开始主导医疗行业。它们雇用了帝国的顶尖医生，是医生最大显身手的舞台。它们还为医学生提供了机会，不仅在医学理论方面进行指导，而且最重要的是，在医术的实践方面也进行仔细的指导；它们提倡一种临床教学。第二，拜占庭医院与它们所服务的社区紧密相连。事实上，它们扎根于古代世界的基本单位——城邦。到了 6 世纪，拜占庭社会将医院视为城市生活的基本设施之一。第三，中央政府和地方城市都有责任支持和管理医院，以便它们始终能够为病人提供尽可能好的护理。第四，基督教会既创建了医院，又促进了医院的发展。不仅官方教会的主教，而且东方修道院的领袖也不断为支持医院的热情注入新的活力。最后，私人——帝国的大贵族们——偶尔也会通过建立和维持医院来展示他们的慈善精神。①

公元前 3 世纪，在托勒密王朝统治之下，希腊科学在亚历山大里亚获得了空前的繁荣，在多个领域内都出现了非凡的科学大师以及遗泽千年的科学典籍。可以说，希腊化时代的学术研究奠定了公元前 3 世纪到文艺复兴之前西方科学的基本面貌，无论是早期罗马还是拜占庭，都是在希腊科学的框架之内进行探索。在希腊传统留存较多的地区，科学发展均是以对古代典籍的汇集、评注为基础，而早期的罗马人则将科学看作是玩物与实用知识，基督教的传播与胜利，也为科学的发展带来了一些变化。此外，希腊、埃及的异教学说与基督教教义的冲突，以及阿拉伯、波斯和希伯来的天文学和医学，也为希腊科学的发展注入了新的内容。正是由于希腊思想传统的强大力量，希腊科学的本体论、宇宙论始终没有被打破，随着基础教育的逐步完善和学科专业化的加深，各个文明中的科学最终都只能在实用主义的道路上越走越远。希腊科学在希腊化时代、早期罗马和拜占庭帝国的发展虽然纷繁复杂，很多内容也有待进一步的研究，但是历史的脉络已经向我们展示出，意识形态、价值观念和文化碰撞对科学的发展起到了基础性的作用。

参 考 文 献

戴维·林德伯格：《西方科学的起源》（第二版），张卜天译，长沙：湖南科学技术出版社，2013 年。

---

① Miller，T. S.，*The Birth of the Hospital in the Byzantine Empire*，Baltimore：The John Hopkins University Press，1997，p. 10.

弗洛里斯·科恩：《世界的重新创造：近代科学是如何产生的》，张卜天译，长沙：湖南科学技术出版社，2012年。

郭子林：《论托勒密埃及的专制主义》，《世界历史》2008年第3期，第83-95页。

郝刘祥：《希腊化时代科学与技术之间的互动》，《科学文化评论》2014年第1期，第25-39页。

卡尔·博耶：《数学史》（上），秦传安译，北京：中央编译出版社，2012年。

劳埃德：《希腊科学》，张卜天译，北京：商务印书馆，2021年。

毛丹、江晓原：《希腊化科学衰落过程中的学术共同体及其消亡》，《自然辩证法通讯》2015年第3期，第60-64页。

莫里斯·克莱因：《古今数学思想》（第一册），张理京、张锦炎、江泽涵译，上海：上海科学技术出版社，2002年。

宁晓玉：《神奇的古希腊天文计算仪——安提凯希拉装置》，《科学文化评论》2010年第2期，第125-127页。

汪子嵩、范明生、陈村富等：《希腊哲学史》第三卷《亚里士多德》，北京：人民出版社，2003年。

沃尔班克、阿斯廷等：《剑桥古代史》第七卷第一分册《希腊化世界》，杨巨平等译，北京：中国社会科学出版社，2021年。

先刚：《柏拉图的本原学说：基于未成文学说和对话录的研究》，北京：生活·读书·新知三联书店，2014年。

雅各布·克莱因：《希腊数学和哲学中的数的概念》//雅各布·克莱因：《雅各布·克莱因思想史文集》，张卜天译，长沙：湖南科学技术出版社，2015年，第43-53页。

张卜天：《希腊力学的性质和传统初探》，《北京大学学报》2014年第3期，第132-142页。

张轩辞：《灵魂与身体：盖伦的医学与哲学》，上海：同济大学出版社，2016年。

邹薇：《拜占庭对古典医学的继承和发展》，《世界历史》2017年第3期，第109-122，159-160页。

Alexander, J., "Greco-Roman Astronomy and Astrology", in Alexander, J., Liba, T. ed., *The Cambridge History of Science*, Volume I, *Ancient Science*, Cambridge: Cambridge University Press, 2018.

Berrey, M., *Hellenistic Science at Court*, Berlin: de Gruyter, 2017.

Carman, C. C., Evans, J. "On the epoch of the Antikythera Mechanism and its Eclipse Predictor", *Archive for the History of Exact Sciences*, 2014, 68（6）: 693-774.

Carman, C. C., Evans, J. "The Two Earths of Eratosthenes", *Isis*, 2015, 106（1）: 1-16.

Crislip, A., *From Monastery to Hospital: Christian Monasticism & the Transformation of Health Carein Late Antiquity*, Ann Arbor: The University of Michigan Press, 2005.

Crombie, A. C., *Augustine to Galileo: The History of Science A.D. 400-1650*, Cambridge:

Harvard University Press，1957.

Dijksterhuis，*Archimedes*，Dickshoorn，C. trans.，Princeton：Princeton University Press，1987.

Dilke，O.，"Maps in the Service of the State：Roman Cartography to the End of the Augustan Era"，in Harley，J.，Woodward，D. ed. *The History of Cartography*，*Volume One*，*Cartography in Prehistoric*，*Ancient*，*and Medieval Europe and the Mediterranean*. Chicago：The University of Chicago Press，1987.

Edelstein，L.，"Empiricism and skepticism in the teaching of the Greek Empiricist School"，in Temkin，O.，Temkin，C. ed.，Temkin，C. trans.，*Ancient Medicine*：*Selected Papers of Ludwig Edelstein*，Baltimore：The John Hopkins University Press，1967.

Falcon，A.，*Brill's Companion to the Reception of Aristotle in Antiquity*，Leiden/Boston：Brill，2016.

Feke，J.，*Ptolemy's Philosophy*：*Mathematics as A Way of Life*，Princeton：Princeton University Press，2018.

Geroulanos，S. et al. "Surgery in Byzantium"，in Michaelides，D. ed，*Medicine and Healing in the Ancient Mediterranean World*，Oxford：Oxbow Books，2014.

Irwin，T. H.，"The Platonic Corpus"，in Fine，G. ed.，*The Oxford Handbook of Plato*，Oxford：Oxford University Press，2008.

Keyser，P T.，"Science" in Barchiesi，A.，Scheidel，W. ed.，*The Oxford Handbook of Roman Studies*，Oxford：Oxford University Press，published online，DOI：10.1093/oxfordhb/9780199211524.013.0055.

Lehoux，D.，"Observers，Objects and the Embedded Eye：Or，Seeing and Knowing in Ptolemy and Galen"，*Isis*，2007，98（3）：447-467.

Longrigg，J.，"Anatomy in Alexandria in the Third Century B. C."，*British Journal for the History of Science*，1988，21（4）：455-488.

Miller，T. S.，*The Birth of the Hospital in the Byzantine Empire*，Baltimore：The John Hopkins University Press，1997.

Moussas，X.，"The Antikythera Mechanism：The Oldest Mechanical Universe in its Scientific Milieu"，*Proceedings IAU Symposium*，2009，5（260）：135-148.

Pentogalos，G. E.，"A surgical operation performed on siamese twins during the tenth century in Byzantium"，*Bulletin of the History of Science*，1984，58（1）：99-102.

Safronov，A. N.，"Antikythera Mechanism and the Ancient World"，*Journal of Archeology*，2016，pp. 1-19.

Tihon，A.，"Astronomy"，in Kaldellis，A..Siniossoglou，N. *The Cambridge Intellectual History of Byzantium*，Cambridge：Cambridge University Press，2017.

Tihon，A.，"Science in the Byzantine Empire"，in Lindberg，D.，Shank，M. ed. *The Cambridge History of Science*，vol. 2，*Medieval Science*，New York：Cambridge University Press，2013.

Webster，C.，"Heuristic Medicine：The Methodsts and Metalepsis"，*Isis*，2015，106（3）：657-668.

第四章

为什么阿拉伯文明没有锻造出现代意义上的科学？

提　要

伊斯兰教形成之初的阿拉伯社会发展状况，及其对伊斯兰宗教理念的影响

阿拉伯帝国对古代文明精华的继承

阿拉伯帝国宗教和意识形态政策的演变及其对科学与文化发展的影响

马蒙时代的学术繁荣及其不可持续性

伊斯兰理性主义的兴起：穆尔太齐赖派及其对后来的伊斯兰哲学家的影响

10世纪以后伊斯兰世界学术中心的转移

从学科偏好看古代阿拉伯学术发展的局限性

阿拉伯科学和文化成就的成因及其局限性

阿拉伯人的学术遗产：理性主义、自然神学、双重真理论、实验方法、对新柏拉图主义与亚里士多德主义的发展，以及数学、光学、医学、炼金术等

尽管希腊黄金时代和泛希腊化时代的学者们为科学和理性传统的形成做出了不可替代的贡献，然而他们终究未能迈出通向现代科学和现代科学文化的关键一步。不仅他们没能，通过"百年翻译运动"近乎全盘继承了希腊学术遗产，甚至还将其推进到一个更辉煌阶段的阿拉伯学者们同样未能迈出这一步。理解科学文化在阿拉伯社会的失败，可能比理解它在基督教—日耳曼社会中的最终成功更具有启发意义。

第一节　阿拉伯文明的起源

"阿拉伯"是一个用法比较含混的概念。在谈及"阿拉伯文明"时，人们最经常地是用这个词来泛指整个伊斯兰教文化圈，特别是历史上的阿拉伯帝国曾经直接统治过的地区：从中亚葱岭以西，到伊朗高原、美索不达米亚、阿拉伯半岛，以及整个北非。然而在伊斯兰教兴起以前，这些地区从未作为同一文化共同体存在过，在这些地区生活的是完全不同的民族，拥有各自独立的宗教、习俗和历史传统，文明发展程度也参差不齐：从拥有人类最古老文明的埃及和美索不达米亚，到兼容古印欧人文化、美索不达米亚文化和希腊文化的波斯。狭义的阿拉伯地区，即阿拉伯半岛，恰是所有这些地区中经济、文化和社会发

展水平最为滞后的。而且即便在阿拉伯帝国的历史上，阿拉伯半岛也仅仅是作为伊斯兰宗教、政权和军事集团的起源而辉煌过一瞬。自第四任哈里发阿里将伊斯兰政权的中心迁至美索不达米亚，阿拉伯半岛上除了留有麦加和麦地那等个别宗教圣地以外，整个地区在帝国的经济、军事和政治生活中已不再扮演重要角色。今天为人所津津乐道的阿拉伯帝国的重要历史事件及其文明成就大部分发生于阿拉伯半岛以外的美索不达米亚、波斯、北非等地。并且在这些地区中，除了哈里发直接控制的美索不达米亚、叙利亚等地，中亚、波斯、北非等领土在阿拉伯帝国存续的大部分时间内都处于事实上的割据状态，根本不接受，或有限和有选择地接受来自巴格达或大马士革的政令与教谕。换句话说，阿拉伯文明从来就不是一个铁板一块似的文化统一体，而是由具有一定共同性（即共同信仰伊斯兰教），同时又充满殊异性的众多文化板块组合而成。这种殊异性来自这些文化板块上不同的民族习俗、历史传统、文化与知识积淀，甚至来自对伊斯兰教教义的不同解读（伊斯兰教内部本身也教派林立）。要理解阿拉伯文明及其在科技与文明上的成就，上述事实绝不可忽略。

如前所述，作为伊斯兰宗教与政治—军事集团发源地的阿拉伯半岛在后来阿拉伯帝国的全部领土中实为社会发展最为滞后的一隅。尽管紧邻人类最早的文明摇篮——美索不达米亚和埃及，但直至伊斯兰教兴起的公元 7 世纪初，除了半岛南缘的也门诸政权和北方由东罗马和萨珊波斯两大帝国扶植的加萨尼、莱赫米等闪米特附庸国，阿拉伯半岛的绝大部分——北起叙利亚沙漠、南至鲁卜哈利沙漠的广大地区——都尚处于原始的部落制阶段。

阿拉伯半岛发展滞后要归咎于恶劣的自然条件。由于季风和地形等因素，整个阿拉伯半岛极度干旱。半岛上最早步入文明时代的也门地区也只是依仗拥有高山融水资源，同时又占据了连接红海与印度洋的关键位置，所以才较早建立了文明国家，跻身于巴比伦、希伯来等古国之列。在占据半岛绝大部分面积的内志高原（Nejd）（阿拉伯语意为"高地"）上，条件要恶劣得多。高原上的大部分地区都被沙漠或熔岩戈壁所占据，只是依靠稀疏的地下水脉，才在个别地区形成了星星点点的季节性绿洲。①内志的自然条件根本无法支撑大规模的农业定居社会，高原上的闪米特人只能以部落为单位，在隐现不定的绿洲间勉强地过着逐水草而居的游牧生活。这导致在以农业为最重要经济支柱的古代，这片地区不但无法自发地孕育出拥有复杂社会结构的文明国家，而且也没有被殖民和侵略的价值。虽然自苏美尔和古埃及时代以来，不断有

---

① 伯纳德·路易斯：《阿拉伯人的历史》，蔡百铨译，台北：联经出版事业公司，1986 年，第 16 页。

一批接一批的闪米特部族从半岛出发，涌向文明地区——以阿卡德人的名字、以阿摩利人的名字、以迦勒底人的名字，但这对于半岛内部的文明进步毫无帮助。甚至就连伊斯兰阿拉伯帝国的建立本身，很大程度上也只是在重复上述过程。事实上自哈里发阿里迁都以后，内志就再次沦为了"阿拉伯"领土中无足轻重的边地。甚至直到 18 世纪沙特家族崛起时，内志的基层社会结构与生活生产方式较前穆罕默德时代仍没有明显改进，仍然是一个部落林立的游牧社会。

然而内志地区在伊斯兰宗教-军事-政治集团崛起的过程中却扮演了至关重要的角色。游荡于内志高原上的被称为"贝都因人"（Bedouin）（阿拉伯语本意为"荒漠中的游民"）的游牧者正是穆罕默德和四大哈里发赖以南征北战的基干力量，也是后来的所谓"阿拉伯民族"的核心。伊斯兰教的很多传统、习俗和教规，也是在贝都因风俗的基础上改造而成。

虽然同属闪米特族系，但贝都因人与也门、加萨尼、莱赫米等先发的闪米特国家的居民在体质、外貌和语言、习俗上都有一定差异。这种差异在阿拉伯人自己的民族认同中也有体现。伊斯兰时代的宗谱学家将半岛上的阿拉伯人分为两支：纯阿拉伯人与归化的阿拉伯人。前者主要指以也门人为首的南阿拉伯民族①，伊斯兰宗谱学家认为他们是闪（《古兰经》作"萨姆"）的四世孙葛哈唐（Qahtān，也译作盖哈丹，一说即《圣经·旧约》上希伯的次子约坍）的后裔，自古以来就居住在阿拉伯半岛，因此也称"葛哈唐人"。后者指以贝都因人为主体的、包括古莱什等定居商业部族在内的中部和北部阿拉伯人，据说他们起源于亚伯拉罕（《古兰经》作"易卜拉欣"，按《圣经》同出于希伯一系，为希伯长子法勒以下第六代）庶子——以实玛利（易司马仪）的一位名叫阿德南的后裔，因此也自称阿德南人。所谓"归化"，则是指他们在亚伯拉罕和以实玛利的时代以后才迁入阿拉伯半岛。②这两大族系虽然在半岛上长期共存，往来频繁，并多有混居、通婚之实，却素来不睦，甚至在阿拉伯帝国建立后仍多有纷争，此一事实素为历代历史学家所直言不讳。③这大概是因为葛哈唐人早于公元前 1000 年就已经在也门建立起发达的农耕国家，过惯了安逸的定居生活；且也门在整个上古时代与西亚、北非各大古国一直保持着频繁且持续的交流互动，文化发达，在伊斯兰教兴起前一直是整个阿拉伯半岛的文明发动机。阿德南人，尤其是内陆的贝都因部落，生存条件恶劣、惯于游牧，且交通闭塞，

---

① 加萨尼、莱赫米等王国虽然建立于半岛北端，但其王室被认为来自也门，因此也被归为南阿拉伯人。
② 菲利浦·希提：《阿拉伯通史》，马坚译，北京：商务印书馆，1979 年，第 32-34 页。
③ 菲利浦·希提：《阿拉伯通史》，马坚译，北京：商务印书馆，1979 年，第 34 页。

社会发展缓慢，故而与前者有较深的文化隔膜。按语言学家对包括现存的阿拉伯语与已灭绝的阿卡德语等诸闪米特语言的比较性考察，认为由阿南德人所使用的语言发展而来的阿拉伯语虽然在诸闪米特语言中最晚见诸文字，但其文法结构最为古奥、最接近闪米特语的原型。这可能也意味着阿南德人，尤其是贝都因人，因为社会发展缓慢，且颇与外界隔绝，故保留了更多原始闪米特人的文化元素。

除了内志高原，伊斯兰教崛起过程中的另一关键地区是高原西侧的汉志山脉（Hejaz）（阿拉伯语意为"障碍"），以及山脉以西的沿海低地，伊斯兰教及其创始人穆罕默德正出生于此。因汉志山间多有泉水，常年不绝，足够供行旅取用——这在干旱的阿拉伯半岛是一得天独厚的优势，因此沿汉志山麓延伸的贯穿半岛南北的商路一直是半岛上最重要的商业命脉之一。这条通道的北端连着叙利亚与迦南，南端连着也门，汉志山脉上的众多山口更为内陆的贝都因人融入这一贸易体系预留了通道。在这条商路上穿梭的有也门人、犹太人、阿拉米人，但更多的是汉志本地的商业部族。这些商业部族原本也都是贝都因部族的分支，只不过在商路的影响下逐渐放弃游牧生活而专事商业，进而依托山间的绿洲定居下来，建立起城邦。在城邦中，这些定居者仍然极大程度地保留了贝都因传统习俗。尤其在社会结构上，仍然以部族为单位，并在城邦的政治生活中极大地继承了贝都因部落的军事民主原则，同时也根据城邦生活的特征有所改进。这套城邦制度后来成了伊斯兰社会基层政治组织制度的蓝本。与此同时，他们也保留了与内陆游牧部落的文化与感情纽带。商业部族与游牧部族，双方都仍将对方视为同一个连续的文化共同体中的伙伴，二者间并无绝对的隔阂。

穆罕默德所属的古莱什部就是这样的一个商业部族，这个部族的特异之处只在于这个部族占据的是商路上最重要的中心城市——麦加。就自然禀赋而言，即便以汉志地区的标准来看，麦加也算不上出众，但两大特征使这座城市在整个半岛上占据特殊地位。其一是这座城市刚好位于整条汉志商路的中央，几乎平均地把商路分为南北两段；其二是它特殊的宗教地位——早于穆罕默德诞生至少数百年，被称为"天房"或"克尔白"（al-Ka'bah）的宗教建筑已屹立于麦加。

总之，当穆罕默德出生时，麦加已是阿拉伯半岛上最重要宗教中心——这一地位很可能是由在古莱什部之前控制麦加的、来自也门的胡扎尔部所奠定。

按照伊斯兰教的说法，正是胡扎尔人在克尔白中"引进了偶像"。①其实穆罕默德出生前的麦加及克尔白所代表的是当时半岛居民共同信奉的原始的闪米特多神教。至今仍残存于伊拉克地区的萨比教可能折射出这种原始宗教的部分特征。②带领古莱什人从胡扎尔部手中夺取麦加，并自任麦加行政长官与克尔白祭司长的，正是穆罕默德的直系祖先库塞伊。显然这体现了一种常见于人类文明早期的君神一体传统——一位部落领袖，既是行政长官、军事首长，亦是首席祭司。据称穆罕默德的祖父和父亲也曾兼任这些职务，而在穆罕默德本人以及继承他的"四大哈里发"身上，也明显能够看到这种原始的"祭司王"身份的色彩。穆罕默德在父亲、祖父相继去世后家道中落，至沦为帮工的经历，则暗示当时的古莱什社会正处在这样一个早期的阶段：贫富和阶级分化已初步形成，但基于血统的等级制度尚未完全固化，人们还没有普遍建立"父传子，家天下"的意识。穆罕默德后来建立的伊斯兰社团中的民主传统以及哈里发选举制度，亦体现了这类尚未消失的淳朴民风。其与经历了漫长理性思考和制度试错的古希腊民主的基础全然不同，这是必须要指出的。也正是由于这一被神化的、本质上原始的"先知的传统"与随着社会发展而自然发生并取得优势的"家天下"观念之间的冲突，导致了后来伊斯兰教内部最重大的派系纷争，此是后话。

公元 4 世纪，随着东罗马与萨珊波斯两大帝国在西亚的对抗日益激烈，通过叙利亚和美索不达米亚而东的传统路线不再可行，通过红海或汉志走廊将货物运输至也门，再通过海路运往印度的路线就成了首选的替代方案，自此以后汉志商路更趋繁忙。这一方面促进了半岛上的阿拉伯人，尤其是古莱什人，军事与经济实力的增长；另一方面也促进了半岛的社会进步。后者又表现为两方面：其一是半岛内部整合与统一的倾向，其二是外来文化影响下的宗教改革思潮。

在半岛上建立统一国家的初次尝试是由一个来自也门的王室发起的。这个家族的创始人据说是也门希木叶尔王朝的一位王子，他和他的子孙在公元 5 世纪到 6 世纪建立起肯达王国（Kindah，不同的中文文献有时也翻译成肯德、金达、铿德等），一度统一内志。其最强盛时兵锋曾深入美索不达米亚，建都于幼发拉底河畔。但最终它还是被萨珊波斯支持的莱赫米王国击败，进而分崩离析，使内志高原退回到部族武装不断相互攻击的无政府状态。很多学者把肯达

---

① Martin，R. C.，*Encyclopedia of Islam and the Muslim World*，2nd edition，Farmington Hills：Gale，Cengage Learning，2016，p. 68.

② 蔡德贵：《阿拉伯地区的萨比教》，《文史哲》1995 年第 1 期，第 59-64 页。

王国的建立与扩张视作后来伊斯兰教扩张的一次预演,只是彼时东罗马与萨珊波斯气数未尽,而肯达王国自身亦未能如穆罕默德的社团般通过宗教改革建立起牢固的根基与凝聚力,乃至失败。①尽管持续时间不足百年,且其王室来自南阿拉伯世系,但肯达王国对中部、北部阿拉伯人社会,尤其是对内志高原上的贝都因部族的一体化起到了推动作用,极大促进了阿拉伯人共同语言和共同集体记忆的形成。在肯达王国时期,出现了后来被称为"悬诗"的诗歌传统。这些诗歌被各个部落共同传唱,诗歌所用的语言不是任何一个部落的方言,而是一种以北阿拉伯语言为基础的有着统一规范的语言。即便是肯达王国崩溃后,这种语言仍然继续被作为创作悬诗的标准语言。这就在所有中部、北部阿拉伯人之间建立起一种共同的准官方语言。

宗教方面最重要的动向是哈尼夫运动的兴起。"哈尼夫"在阿拉伯语中是"正统的、正确的"之意。这一教派主张摒弃多神信仰,"回归"易卜拉欣的"正教"。这一宗教思潮显然与犹太教和基督教的影响有关。由于罗马帝国对犹太人的驱逐,以及罗马基督教内部的教派倾轧,自公元2世纪以来不断有犹太人和基督教异端信徒流亡并定居于阿拉伯半岛,故亚伯拉罕系宗教的思想在半岛久有传播。这些成熟一神教的理论化水平显然远非本地的原始宗教可以相比。但由于占人口多数的贝都因人在文化上较为保守闭塞,这些一神教教派也未能很好地本土化,因此除了在也门等发达地区,这些外来教派在半岛内陆的阿拉伯人中影响并不大。然而公元6世纪开始的经济与社会危机加速了阿拉伯人宗教变革的进程。当时萨珊波斯势力逐渐侵入半岛,通过直接占领、军事袭扰和武力威慑等手段破坏通过汉志和也门的商路,以迫使商人们重新转回全程由萨珊波斯帝国控制的美索不达米亚路线,从而为帝国政府增加商税收入。这一策略对阿拉伯半岛造成了灾难性的影响,整个半岛上最富庶的也门和汉志地区的经济命脉遭到斩断,无数依赖商路维生的阿拉伯人破产和失业,社会矛盾空前激化。②人们对现实的不满是宗教改革最好的催化剂,而犹太教和基督教的成熟理论与典籍则为新宗教提供了现成的思想资源,所需要做的只是将其与阿拉伯人的传统文化结合起来,转化为广大阿拉伯平民易于接受和乐于接受的形式。

麦加的独特地位与古莱什祭司王族背景无疑为穆罕默德个人的脱颖而出创造了条件,加之半岛内部的民族整合与宗教变革也早已箭在弦上,横亘亚非的阿拉伯帝国,可谓恰逢其时。

① 伯纳德·路易斯:《阿拉伯人的历史》,蔡百铨译,台北:联经出版事业公司,1986年,第26-27页。
② 许晓光:《天方神韵:伊斯兰古典文明》,成都:四川人民出版社,2002年,第8-9页。

第二节　阿拉伯帝国及其科学与文化

伊斯兰教徒奇迹般的领土扩张主要发生于后来的四大哈里发时期以及帝国时期，其具体过程此处不多赘言，接下来只述及几项影响阿拉伯文化整体走向的事件。

一、阿拉伯帝国的扩张及其对古代文明成果的继承

首先一件最重要的事就是兼并萨珊波斯和夺取东罗马的叙利亚、埃及等行省。这一胜利不仅仅让从荒漠走出来的小小部落联盟一跃成为震烁世界的巨无霸帝国，更使这一新兴政权坐拥美索不达米亚、埃及、波斯等世界上文明最悠久的地区，奄有其人才。巴比伦文化、祆教和摩尼教文化、古希腊—罗马文化、亚伯拉罕教文化在新帝国的领土上被熔为一炉。

上一节曾多次指出穆罕默德的宗教-政治-军事社团在组织形态和文化上的原始、朴素性，但唯因其原始，方能如白纸般不带成见地吸收异文明的文化成果为己所用。早期的伊斯兰教领袖们对自己在文化上的落后颇有自知，故十分鼓励向被征服者学习。穆罕默德本人就为门徒们留下过"学问虽远在中国，亦当求之"的教诲。在社会治理方面，四大哈里发时代与倭马亚王朝早期基本上全面沿用了被征服地区原有的机构与制度——在波斯地区仍然是波斯式的，在原东罗马行省仍然是东罗马式的。在工艺、农业、文艺、行政管理等专业技术领域，更是主要依赖包括战俘在内的被占领区人才。[①]在思想文化与宗教方面，早期哈里发以及倭马亚王朝时代也采取较宽松的政策。除了为稳定后方而在阿拉伯半岛实行严厉的全面伊斯兰化政策以外，在其他新征服的领土上，哈里发政权并不过多干涉人们的宗教信仰。事实上，异教徒改宗入教在当时是不受鼓励的。因为按照穆罕默德留下的传统，穆斯林军队每占领一地，当地的民众若想维持自己原有的信仰，就要缴纳一笔"丁税"，作为接受穆斯林"保护"的代价，而一旦皈依改教，就无须缴纳丁税了。因此皈依者越多，对政府的财政反而越有害。唯有征兵时，哈里发政权才不得不大批接受"新穆斯林"归化。因为按照从穆罕默德时代传承下来的组织原则，只有穆斯林可以参军。讽刺的是，对刚从基督教统治下解放出来的埃及等地区来说，反倒是新统治者的到来中止了宗教迫害、恢复了学术自由，甚至对当地的基督教徒也是如此——在穆

---

① 纳忠：《倭马亚王朝的统治与哈里发王朝的分裂》，《历史教学》1958 年第 4 期，第 29-34 页。

斯林到来前，基督教内部的教派倾轧已在这些地方持续多年了。

知此，也就不会对阿拉伯帝国所取得的科技与文明成就感到匪夷所思了。正如黎巴嫩裔美国学者希提的如下评价：

> 征服了肥沃的新月地区、波斯和埃及的国土后，阿拉比亚人不仅占有一些地理上的地区，而且占有全世界最古老的文明的发祥地。沙漠的居民成为那些古老文化的继承者，渊源于希腊—罗马时代、伊朗时代、法老时代和亚述—巴比伦时代的那些历史悠久的传统，也由他们继承下来。无论在艺术、建筑术、哲学、医学、科学、文学、政体等方面，原来的阿拉比亚人都没有什么可以教给别人的，他们一切都要跟别人学习。他们证明了自己的求知欲是多么旺盛啊！有着经常锐敏的好奇心和从未唤醒过的潜能，这些信奉伊斯兰教的阿拉比亚人，在他们所管辖的人民的合作和帮助之下，开始消化、采用和复制这些人民的文化和美学遗产。在泰西封、埃德萨、奈绥宾、大马士革、耶路撒冷、亚历山大港等城市里，他们看到、赞赏而且模仿了那些建筑家、工艺家、宝石匠和机械制造者的作品。他们到所有这些古老文化的中心来了，他们看见了，而且被征服了。他们是征服者成为被征服者的俘虏的另一个例证。
>
> 因此，我们所谓的"阿拉伯文化"，无论其渊源和基本结构，或主要的种族面貌，都不是阿拉比亚的。纯粹的阿拉比亚的贡献，是在语言方面和宗教的范围之内，而后者还有一定程度的限制。在整个哈里发政府时代，叙利亚人、波斯人、埃及人等，作为新入教的穆斯林，或作为基督教徒和犹太教徒，他们自始至终举着教学和科研的火炬，走在最前列。他们同阿拉比亚人的关系，正如被征服的希腊人同战胜的罗马人的关系一样。阿拉伯的伊斯兰教文化，基本上是希腊化的阿拉马文化和伊朗文化，在哈里发政府的保护下发展起来，而且是借阿拉伯语表达出来的。从另一种意义来说，这种文化是肥沃的新月地区古代闪族文化逻辑的继续，这种古代文化是亚述人、巴比伦人、腓尼基人、阿拉马人和希伯来人所创始和发展起来的。西亚的地中海文化的统一性，在这种新文化里，已登峰造极了。[①]

也就是说，所谓的阿拉伯文明成就，与其说得益于伊斯兰教，倒不如说根源于埃及、波斯和美索不达米亚的文明积淀。其中希腊化的亚历山大里亚文化对阿拉伯的哲学与自然科学发展影响尤其深刻。对伊斯兰"黄金时代"的哲学

---

① 菲利浦·希提：《阿拉伯通史》，马坚译，北京：商务印书馆，1979 年，第 202-203 页。

与自然科学进步有重要贡献的穆尔太齐赖教派（al-Mu'tazilah）正是在亚历山大里亚的新柏拉图主义影响下形成其唯理论主张和自然神学思想的。从希腊化到基督教时代一直在亚历山大里亚秘密流传的赫尔墨斯神秘主义思想更是在阿拉伯人手中发扬光大。据信，阿拉伯人的炼金术、巫术研究正是在赫尔墨斯主义的影响下兴起的。号称诞生于公元前数千年、由大神赫尔墨斯亲授的最早的炼金术原典《翠玉录》，现存的最早版本就收录在一份被判断写作于6—8世纪的阿拉伯手稿中，其是否真的来自更早的古代文本，还是源自阿拉伯人自己的创作，至今仍未可知。炼金术正是现代化学的前身，而用理性的方式去研究巫术、魔法则对科学研究中实验方法的形成有深刻影响。这可能正是以海什木（Ibn al-Haytham，拉丁转写为 Alhazen，"阿尔哈增"，约 965—约 1040）为代表的中世纪伊斯兰学者在发展实验方法和应用实验方法研究自然哲学问题方面取得惊人成就的一个重要原因。中世纪晚期的欧洲人也正是从阿拉伯人手中习得了炼金术和实验方法。前者最终演化为化学，后者更成为科学革命的基石。

　　还有一个不容忽视的方面是伊斯兰的征服过程对伊斯兰教自身的影响。正如伊斯兰学者自己指出的，由于被征服地区各自有各自的文化，"就是许多宗教的术语，如地狱、天堂、魔鬼、天使、末日、先知等等，也是各有自己不同的含意。这些人奉伊斯兰教后，纵然成为虔诚的笃信者，也不可能如阿拉伯人那样去理解伊斯兰教的内容。每一个民族对伊斯兰教的理解，必定掺杂着本族好多古代宗教的传统；每一个民族了解伊斯兰教的术语，必定模拟它，使它近似自己的宗教术语"[1]。伊斯兰宗教原典在理论建构和语言表述上的朴素性无疑加剧了这一问题。从《古兰经》和其他前穆罕默德时代的阿拉伯文本中可以看到，如绝大多数古代民族一样，阿拉伯半岛民族原有的思维方式是以模糊性的类比和譬喻为基础的，缺乏精细的范畴划分、逻辑推理和因果分析[2]（后来肯迪等阿拉伯哲学家的成就已经是很好地吸收了希腊传统之后的事了）。从好的方面说，这一特征促进了伊斯兰教内部的思想多元化。因此当巴格达的学术氛围恶化时，海什木、伊本·西纳（Ibn-Sīna，拉丁转写为 Avicenna，"阿维森纳"，980—1037）和伊本·鲁世德（Ibn Rushd，拉丁转写为 Averroes，"阿威罗伊"，1126—1198）仍然能够在埃及、波斯和西班牙如鱼得水。但是从坏的方面说，这也为后来伊斯兰教内部教派纷起不断埋下了种子。

---

[1]　艾哈迈德·爱敏：《阿拉伯—伊斯兰文化史》（第一册），纳忠译，北京：商务印书馆，1982 年，第 102 页。

[2]　艾哈迈德·爱敏：《阿拉伯—伊斯兰文化史》（第一册），纳忠译，北京：商务印书馆，1982 年，第 44-45 页。

二、倭马亚王朝的世俗统治

影响阿拉伯文明历史和文化走向的第二件事是第四任哈里发阿里与出身倭马亚家族的叙利亚总督穆阿维叶的内斗。内斗最终以阿里遇刺和穆阿维叶篡夺哈里发宝座、建立倭马亚王朝告终。这场政变也导致了伊斯兰教的首次分裂，拉开了绵延千载的逊尼、什叶两派的教派之争。

一如在其他所有文明中发生的，世袭君主制的建立总伴随着世俗王权的上升和神权的下降，而非相反。倭马亚王朝的情况正是如此。倭马亚王朝的世俗性特征已为诸多经典著作指出。事实上，在倭马亚时代，哈里发一职的宗教属性远不如其政治、军事属性重要。

倭马亚统治的世俗性，对被占领的高文明地区的文化成就在阿拉伯时代的继续保存，无疑是大有好处的，特别是为伊斯兰文明消化吸收这些成果提供了缓冲时间。不过，倭马亚王朝虽然实行较宽松的宗教政策，有时甚至对非穆斯林委以重任，但事实上仍对被占领区人民实施种族与宗教双重歧视。倭马亚王朝的开国之君穆阿维叶曾说："在埃及的人分为三等：第一等为'人'，即阿拉伯人；第二等为'半人'，即奉伊斯兰教的'释奴'；[①]第三等为'非人'，即未奉伊斯兰教的'被保护人'。"[②]此番言论固然有讨好和团结作为其统治集团核心的阿拉伯裔穆斯林的意思，但也实实在在地说明，即便是已经皈依伊斯兰教的非阿拉伯人，在倭马亚王朝也是深受歧视的，包括为数众多的学者与工程技术人员——他们正是在倭马亚时代继续传承和发展古代学术的主力。倭马亚王朝后期，因财政日蹙，哈里发政权更疯狂盘剥信仰基督教等异教的人民，以至于引起民众逃亡和武装反抗，造成严重的社会动荡和战火浩劫。[③]因此，只能说在倭马亚时代，非阿拉伯人学者和科学技术人员的处境还不至差到无以为生——至少没有发生过针对他们的大规模、制度性迫害——但很难说这一环境对哲学和科学的发展有何额外的促进作用。

另一方面，倭马亚时代是与伊斯兰教有关的阿拉伯原创学术的源头。伊斯兰的教义学、教法学、圣训学等都起源于这个时代。但这却与哈里发政权的支持没什么关系，而主要来自伊斯兰教士和在政争中失势隐居的阿拉伯贵族们的私人兴趣。这些宗教学术研究从未得到来自哈里发们的支持，更不用说相关的

---

① "释奴"是伊斯兰王朝兴起初期的概念，即指改宗信仰伊斯兰教的非阿拉伯人。因为早期的非阿拉伯人穆斯林多为投降并加入伊斯兰军的战俘和因改信伊斯兰教而被阿拉伯奴隶主赐予自由之身的奴隶，故称之为"释奴"。

② 纳忠：《倭马亚王朝的统治与哈里发王朝的分裂》，《历史教学》1958 年第 4 期，第 29-34 页。

③ 纳忠：《中世纪早期伊斯兰教的传布与发展》，《中国穆斯林》1985 年第 3 期，第 4-10 页。

哲学、文法学等研究了。①倭马亚的哈里发们在思想文化政策方面的一项非常值得赞许的成就是，他们不曾留下大规模镇压、迫害教士和学者阶层的记录——并不是说他们没有谋害过宗教领袖或学者，只是这类极端手段通常都是针对实质性的谋反和叛乱，尚未刑及思想和言论。②这使新兴的伊斯兰学术暂时得以自由发展。可以说，这些发展为后来阿拔斯王朝学术的"黄金时代"提供了基础。但就其本身的成就而言，特别是站在人类思想史而不仅仅是伊斯兰宗教史的角度来看，并没有什么特别值得关注的。

三、阿拔斯王朝前期的成就与局限

公元 750 年，倭马亚王朝被推翻，推翻它的是一个由穆罕默德家的世袭贵族、宗教保守派和因血统而受到压迫的非阿拉伯人（主要是波斯人）组成的联盟。

尽管因为开创了所谓的"阿拉伯黄金 500 年"并为人类的数学、物理学、天文学、地理学、医学进步贡献了诸多成就而备受后世赞誉，但阿拔斯王朝就其专制性而言较其前朝可谓有过之而无不及。与阿拔斯王朝的大多数君主相比，倭马亚的哈里发们，几乎每一位都可算是仁厚之君了。

由于拥有以宗教为武器反对倭马亚并最终取得成功的经验，阿拔斯王朝的哈里发们在处理君权与教权的冲突方面采取了与前者完全不同的策略。他们不尝试对抗教权，而是努力垄断教权。对哈里发进行神化、把哈里发涂饰为安拉在人间的唯一代言人、在礼拜时吟诵哈里发的名字（与安拉和先知之名同列），都是从阿拔斯王朝开始的。③正是控制宗教话语权、加强个人威信、巩固神权统治的需求，促使阿拔斯王朝前期的哈里发们前所未有地关注和支持学术。

阿拔斯王朝在发展学术事业方面最为人所称道的标识性机构是被称为"智慧宫"的皇家图书馆。关于这一机构最初如何起源的史料并不清晰，但其最迟在第五任哈里发哈伦·拉希德时期作为皇家图书馆已经存在。在第七任哈里发——哈伦的庶长子马蒙的时代，这所机构迎来了辉煌的顶点。根据普遍的观点，著名的阿拉伯"百年翻译运动"——即持续百余年的，将来自波斯、埃及，尤其是希腊的古代著作大规模翻译成阿拉伯文的事业，就是以这里为中心展开的。尽管也有历史学家质疑智慧宫的实际规模及其在"百年翻译运动"中所起

---

① 艾哈迈德·爱敏：《阿拉伯—伊斯兰文化史》（第一册），纳忠译，北京：商务印书馆，1982 年，第 175 页。

② 讽刺的是，反倒是在关心学术的、"虔诚"的阿拔斯时代发生了一次又一次针对异端教派和学者的大清洗。

③ 纳忠：《中世纪早期伊斯兰教的传布与发展》，《中国穆斯林》1985 年第 3 期，第 4-10 页。

的作用，①认为最受关注的希腊哲学著作翻译工作其实大部分不是在智慧宫里完成的，而是要归功于民间学者的努力和爱好学术的阿拉伯贵族的私人资助（这倒解释了为什么当新任哈里发对宗教和学术的态度转向保守以后"百年翻译运动"仍能不受影响地维持下去），但阿拔斯王朝前期大量古代学术著作被翻译成阿拉伯语，以及以马蒙为首的哈里发们大都对学术事业极其慷慨，确实是事实。

哈里发马蒙获得的另一项普遍赞誉是他在宗教和学术思想上的开明性。据说他曾多次组织神学家和哲学家就人神关系和神性等形而上问题展开辩论，甚至允许就《圣经》和《古兰经》的教义差异进行讨论。②从此，伊斯兰科学与文化黄金时代的序幕缓缓拉开，巴格达也逐渐成了这个时代最重要的学术中心。9世纪和10世纪的两百年，是伊斯兰科学技术史上人才辈出的一个时代。伊拉克裔英国学者萨利姆·哈萨尼（Salim AL-Hassani）主编的《1001项发明》③是一部尽可能全面地总结古代伊斯兰世界科学成就的著作，书中提到的8世纪到14世纪的穆斯林自然科学家和工程师总计94位，其中崛起于9世纪的（以年满18岁计）就有22位，10世纪25位。这200年只占所统计时间段的2/7，产出的人才却占到了整个700年中的一半。9世纪的22人中又有超过半数的盛年期是在巴格达度过的，10世纪也有28%是如此（比例下降的部分原因是波斯和西班牙学术的崛起增大了计算的分母），其中就包括"代数之父"花剌子密和"第一位伊斯兰哲学家"肯迪（参见章末表4-2）。

在哈里发马蒙与学者相处的故事中，尤其值得大书特书一笔的是他对伊斯兰教穆尔太齐赖派的支持。穆尔太齐赖派又称统一公正派，意即对任何宗教和政治纷争严守中立，凡事仅依理说理。该派被公认为伊斯兰教中第一个理性主义的教义学派，他们最先将新柏拉图主义的理性思辨工具引入宗教研究。如前所述，历数百年后，穆斯林们在不断的社会与宗教实践中遇到很多经上未尝提及的新问题，因而各家各派对于如何理解《古兰经》，以及如何根据《古兰经》的精神解决新问题各持己见，争执不下。穆尔太齐赖派就是试图通过诉诸理性来解决这些问题、给出答案。可以说正是持中守正的追求使穆尔太齐赖派选择了理性而不是任何一派的宗教权威（如所谓的"圣门弟子"们的观点）作为判断问题的最终依据，而这一选择最终在伊斯兰世界掀起了一场意义远超宗教之

---

① Richter-Bernburg, L., "Potemkin in Baghdad: The Abbasid 'House of Wisdom' as Constructed by 1001 Inventions", in Brentjes S., Edis T., Richter-Bernburg L., ed., *1001 Distortions: How（Not）to Narrate History of Science, Medicine, and Technology in Non-Western Cultures*, Würzburg: Ergon, 2016., pp. 121-132.

② 威廉·穆尔：《阿拉伯帝国》，周术情等译，西宁：青海人民出版社，2006年，第384-385页。

③ Al-Hassani, S., *1001 Inventions. Muslim Heritage in Our World*, 2nd edition, Manchester: Foundation for Science, Technology and Civilisation, 2007.

外的认识论、方法论革命。

穆尔太齐赖派的出现不仅仅对于伊斯兰教，而且对于整个世界的文明进程都是一件大事。其开启了伊斯兰理性主义之先河——可以说后来的整个伊斯兰哲学都是以此为起点发展起来的。他们关于"真主"本性和自由意志的讨论不仅引燃了伊斯兰教义学中一系列旷日持久的争论，也为世界哲学提供了经久不衰的论题。直到今天，有关自由意志的论题仍是西方哲学中历久弥新的争论热点。穆尔太齐赖派关于"真主"属性的论述更加意义深远。通过否认"真主"具有除本体以外的任何属性，他们驳斥了一切试图将"真主"人格化的宗教解释，而将其置于纯精神的理性神地位。[①]这既是对希腊哲学家的理性神观念的继承和发展，又开启了后世欧洲基督教的"自然神学"之先河。尽管后来穆尔太齐赖派因宗教迫害而消亡，但上述思想却通过肯迪、伊本·西纳、伊本·鲁世德等的著作传入欧洲。后来欧洲科学革命时期的自然神学思想正是直接在此基础上发展起来的。

穆尔太齐赖派在倭马亚王朝后期已经出现，但直到阿拔斯王朝初期仍被视为异端。直到哈里发马蒙即位，钦定穆尔太齐赖派的理论为官方学说，要求全国一律尊奉，方使穆尔太齐赖派成为影响最大的伊斯兰教思想理论派别，门徒规模也急速扩张。阿拉伯哲学早期的重要人物肯迪、伊本·拉旺迪等都曾受教于该学派，并深受其影响。

马蒙是一位有波斯血统的哈里发，他的母亲是一名波斯女奴。马蒙少年时即受封为管理波斯呼罗珊及其以东领土的长官。正是以此为基地，马蒙踏上了与他身为嫡子的兄弟阿明争夺天下的征程，并最终取得了胜利。因此马蒙一直表现出对波斯文化的狂热偏爱，甚至对在波斯受到普遍支持的伊斯兰什叶派持同情态度。

阿拉伯帝国的学术领域本就带有浓厚的波斯和什叶派背景。当波斯被阿拉伯人所全取，其人口是阿拉伯人征服的所有民族中最多的、文明程度也是全部被征服地区中最高的。阿拉伯帝国初期的学者中，波斯释奴占了相当大的比重，其次才是叙利亚和埃及的基督教徒。而什叶派更是异教学者荟萃之地，什叶派历来是伊斯兰教中思想最多元化、最富活力的一派。阿拔斯帝国后期出现的重要学术团体精诚兄弟会，以及著名的"医圣"伊本·西纳，皆与什叶派中的易司马仪派有深厚渊源。古代伊斯兰世界最伟大的实验物理学家海什木则侍于易司马仪派控制的法蒂玛王朝宫廷。波斯文化与什叶派信仰中浓厚的学术传统无

---

① 蔡德贵：《阿拉伯哲学史》，济南：山东大学出版社，1992年，第104页。

疑对马蒙有深刻影响。

而穆尔太齐赖派更与波斯和什叶派都有极深的渊源。穆尔太齐赖派的创始人瓦绥勒·本·阿塔和阿慕尔·本·欧拜德，以及他们共同的老师哈桑·巴士里都出身于波斯释奴。瓦绥勒还曾追随被什叶派奉为精神领袖的第四任哈里发阿里的孙子伊本·哈奈菲叶学习，自己又教导过阿里之曾孙栽德·本·阿里。穆尔太齐赖派在诸多神学问题上的观点都与什叶派相近，①故颇得什叶派好感。这自然也帮助穆尔太齐赖派赢得了哈里发马蒙的好感。

然而让马蒙不遗余力地支持穆尔太齐赖派的最主要原因还是在于穆尔太齐赖派的"《古兰经》受造说"。这一学说与"真主"除本体以外别无属性的学说一脉相承，认为《古兰经》虽然来自安拉的启示，但终究与其放在天堂中的原型并非同一，而仅仅是"真主"根据原型所造。其与尘世中的其他万物一样，皆是"受造之物"，不同于"真主"本身。如果任何人胆敢将《古兰经》与真主等同起来，那就是教法所严令禁止的"以物配主"，当被裁判为异端。这一学说之所以特别受哈里发喜爱，是因为它有利于扩大王权并进一步神化哈里发本人——既然《古兰经》仅仅是尘世中的受造之物，而哈里发为"真主"在世间的代理人，那么哈里发的权威自然要高过《古兰经》，也高过任何依据《古兰经》所制定的教法的条条框框，则哈里发便可将自己置于整个宗教之上，不受任何来自教权的指责与约束。

为了推广穆尔太齐赖派的"《古兰经》受造说"，马蒙不但强制所有官员宣誓承认这一理论——拒绝宣誓者当即革除职位；而且不惜动用国家暴力，逮捕拒绝接受穆尔太齐赖派观点的学者，威逼利诱，迫其就范。他之后的两个哈里发更变本加厉，对待反对派学者的手段从逮捕发展到酷刑虐待，再到虐杀。②而在此过程中，穆尔太齐赖派的学者们也扮演了极不光彩的角色。他们忘记了自己持中守正、超然世外、钻研学问的信条，热火朝天地充当起了哈里发的斗犬。他们组建起宗教裁判所，大肆逮捕、迫害与他们观点不合的学者。

然而这种建立在暴力手段和哈里发个人好恶之上的学术繁荣是如此脆弱，阿拉伯王朝哈里发母系血统影响力的传统又是如此强烈。终于，在波斯血统的哈里发马蒙，以及其兄弟和侄子——突厥血统的穆塔西姆和希腊血统的瓦希克当政期间受尽恩宠的穆尔太齐赖派，于马蒙的另一个侄子——叙利亚血统的穆

---

① 艾哈迈德·爱敏：《阿拉伯—伊斯兰文化史》（第八册），史希同等译，北京：商务印书馆，2007年，第117页。

② 威廉·穆尔：《阿拉伯帝国》，周术情等译，西宁：青海人民出版社，2006年，第385-395页。

台瓦基勒即位后命运急转直下。"《古兰经》受造说"被斥为异端，正统派神学成功复辟。地牢的大门打开了，曾经被穆尔太齐赖派投入其中的正统派神学家们被请出来，为穆尔太齐赖派的学者们腾出了房间。以前施加于他人的种种，如今全都返诸穆尔太齐赖派自身。不过回想之前马蒙等哈里发的所做作为，穆台瓦基勒及其党羽所做的其实也没坏到哪去。

自阿拉伯帝国建立后，阿拉伯贵族们一直不得不面对一个固有的问题。那就是居于统治地位、作为军事力量核心的阿拉伯人人口少、文化落后；而被统治地区人口多、文化先进。最高统治集团一方面怀着深深的文化自卑，担心比自己文化先进的占领区人民不服自己的统治，不知道什么时候会重新揭竿而起；另一方面又对从半岛带来的阿拉伯"传统"敝帚自珍，担心阿拉伯人被"腐蚀"、同化，"失掉传统"，从而失去核心凝聚力。面对这一处境，哈里发们的应对之策有两种：一种是加强伊斯兰教自身建设，加强理论建构，对其他宗教中的优秀分子进行收买，诱惑其改宗伊斯兰教①，借此将伊斯兰教建设成先进文化的代表，增强伊斯兰教的威望与号召力，招揽人心。这正是以马蒙为首的阿拔斯王朝前期的哈里发们所做的，这一对策建立在对自身实力的强大自信的基础上。另一种对策则是强化保守性，刻意强调"阿拉伯传统"，人为地赋予某些落后文化传统以神圣性，通过高压手段和闭关锁国强制性地阻止改变。这后一种策略正是穆台瓦基勒以后的哈里发们的选择。从此以后，阿拔斯王朝在思想文化上活跃进取的风气不再。不过由于哈伦·拉希德和马蒙等哈里发打下的基础，伊拉克的学术中心地位又持续了一个多世纪。备受打击的穆尔太齐赖派思想也从未彻底消亡，穆尔太齐赖派的哲学家们一直活动到 12 世纪，而他们的思想以及他们开创的伊斯兰理性主义精神存活得更久。在穆尔太齐赖派彻底消亡后，这些思想和精神仍被伊本·图菲勒（Ibn Tufail，拉丁转写为Abubacer，约 1105—1185）、伊本·鲁世德等哲学家延续着，并最终被欧洲的学者们发扬光大。

四、阿拔斯王朝分裂后的科学与文化

除了让学者们人头落地或锒铛入狱，从马蒙到穆台瓦基勒的宗教迫害还带来了另一个副产品，那就是加深了阿拉伯贵族集团内部的裂痕。对于自己的宗教政策以及亲波斯倾向在正统阿拉伯人群体中激起的不满，马蒙心知肚明。而

---

① 如马蒙的宰相法德勒，本为祆教徒，因才学过人、德高望重，被马蒙许以高官厚禄，改宗伊斯兰，一路官运亨通，位极人臣（纳忠：《中世纪早期伊斯兰教的传布与发展》，《中国穆斯林》1985 年第 3 期，第 4-10 页）。

自四大哈里发时代起就盛行的阿拉伯军阀的叛乱传统①更让马蒙对自己的同胞难以信任。唯有他从中亚带回来的突厥族亲兵，一直跟他南征北战，而且决计不可能有觊觎哈里发宝座的机会，因此最可信赖。故从马蒙开始，护卫哈里发和宫廷的重任日益落到了突厥裔雇佣军手上。马蒙死后，本就拥有突厥血统的哈里发穆塔西姆更加强了对突厥裔部队的倚重。镇压穆尔太齐赖派的哈里发穆台瓦基勒，虽然在其他方面尽改前朝遗政，但在重用突厥部队、防备阿拉伯人方面却萧规曹随。数任哈里发的日积月累，导致突厥军阀手中的权力越来越大，最终养虎为患，大权旁落，连哈里发自己也沦为了突厥军阀手中的傀儡。

哈里发自身尚且难保，对地方当然更加无力控制。在叙利亚、在阿拉伯半岛、在波斯和中亚，总督们纷纷拥兵自重，虽然名义上仍然效忠于哈里发，但实际上已经成为割据的独立王国。与此同时，蛰伏已久的阿拔斯王朝的反对势力乘机而动。什叶派中的易司马仪派在北非发动起义，最终占领了整个北非，建立起法蒂玛王朝，自立哈里发，与阿拔斯王朝对抗。逃至西班牙婴城自守的倭马亚王朝余脉也重新打起哈里发的旗号，自称帝国，是为后倭马亚帝国。自10世纪以后，整个伊斯兰世界已四分五裂、支离破碎，哈里发的政令甚至连巴格达都出不去了。

然而这种状况对思想文化的发展而言却并不是什么坏事，尤其是在巴格达的宗教和学术风气日趋保守、理性主义学术派别日渐被哈里发所厌恶的情况下，恰恰是哈里发对帝国控制能力的减弱，才使得正统派教长们的宗教大棒对那些躲避在割据势力羽翼下的"异端"学者鞭长莫及。这些割据诸侯们或者是对"信仰的纯粹性"问题漠不关心（就如很多中亚军阀那样），或者自己就是异端（如法蒂玛王朝）。黎巴嫩裔美国哲学家马吉德·法赫里（Majid Fakhry）在其权威著作《伊斯兰哲学史》②中，按照历史演进顺序和思想派别列举了伊斯兰哲学发展过程中的重要哲学家。其中自肯迪以来可以归入理性主义传统的哲学家——包括作为一个整体被提及的"精诚兄弟会"在内，共18位[不包括受理性主义影响的正统派和神秘主义派（苏菲派）学者]，见表4-1。可以看到，活跃于9世纪和10世纪中前期的5位学者全部聚集于巴格达，而10世纪下半叶及以后的13位学者则全部来自巴格达以外。其中除了以布韦希王朝控制下

---

① 严格地说，马蒙自己就是通过叛乱登上哈里发宝座的，而且他即位初期就曾经遇到过差点儿被自己叔父的叛乱推翻的危险情况。

② 马吉德·法赫里：《伊斯兰哲学史》，陈耀中译，上海：上海外语教育出版社，1992 年。

的巴士拉①为基地的易司马仪派学术组织"精诚兄弟会"，剩下的学者大多活跃于波斯和西班牙，其中前期主要是波斯，从 11 世纪晚期开始则全面地转向了西班牙和北非。

表 4-1　伊斯兰理性主义哲学家的活跃时间和主要活动地区

哲学家	活跃时间	主要活动地区	备注
肯迪	9 世纪	巴格达	肯达王室后裔
伊本·拉旺迪	9 世纪	巴格达	犹太人
拉齐	9—10 世纪	巴格达	波斯人
法拉比	9—10 世纪	巴格达	波斯人
叶海亚·本·阿迪	10 世纪	巴格达	叙利亚雅各派基督徒
伊本·西纳	10—11 世纪	波斯哈马丹	塔吉克易司马仪派教徒
艾布·哈扬·陶希迪	10—11 世纪	波斯设拉子	
米斯卡威赫	10—11 世纪	波斯设拉子	波斯祆教徒
迈季里梯	10—11 世纪	西班牙	
穆加达西	10—11 世纪	巴士拉	
阿布·哈桑·赞贾尼	10—11 世纪	巴士拉	
米赫拉贾尼	10—11 世纪	巴士拉	精诚兄弟会（易司马仪派教徒）
奥菲	10—11 世纪	巴士拉	
宰德·本·里法阿	10—11 世纪	巴士拉	
伊本·巴哲	11—12 世纪	西班牙	
伊本·图菲勒	12 世纪	西班牙、摩洛哥	
伊本·鲁世德	12 世纪	西班牙、摩洛哥	
伊本·赫勒敦	14 世纪	埃及、突尼斯	

有趣的是，在科学技术领域也能看到类似的重心转移现象（参见本章末尾表 4-2）。前文已经提及，在全面总结古代伊斯兰科技成就的著作《1001 项发明》提到的穆斯林科学家和工程师中，来自 9 世纪的人物一大半（12 人）都活跃于巴格达，而到了 10 世纪就只占全部人数的 28%（7 人）了。即便将波斯和西班牙等地区进步的因素考虑进去，也仍然能够看出巴格达的没落趋势，因为不仅仅是比例，绝对人数也出现了下降。在整个 11 世纪，甚至连一名主要活跃于巴格达的科学家都找不到。直到 12 世纪，才有一位巴格达的数学家和一位地理学家重新出现在名单上（也是 11 世纪以后硕果仅存的两人），但已经远不能和来自西班牙的学者在数量上相提并论。在巴格达以外的地区中，表

---

① 作为曾经的阿拉伯帝国波斯行省的首府，巴士拉是美索不达米亚南部与波斯关系最密切的城市。

现最引人注目的地区是波斯—中亚和西班牙。波斯和中亚是原波斯帝国故地，在整个阿拉伯帝国中一直是文明水平比较高的一部分。其在 9 世纪时已经涌现出很多学者，除了留在波斯本地的，巴格达学者圈子里也有很多人是出生于波斯的。但伊斯兰波斯—中亚地区学术上最辉煌的时期还是在 10 世纪。当时这一地区科学技术人才云集的盛况仅次于巴格达，占到了《1001 项发明》提到的同时期人物的 1/4，其中还包括了伊本·西纳这样的划时代人物。在 11 世纪，波斯和中亚地区的学术繁荣程度仍然可观，但风头已被西班牙盖过。到 12 世纪，波斯和中亚的学术事业也归于沉寂，直到 13 世纪才略有复兴，这可能与逊尼派突厥人势力在中亚的崛起以及随之而来的军阀混战有关。

西班牙是继巴格达和波斯—中亚地区以外古代伊斯兰世界第三重要的学术中心，并且在巴格达和波斯地区的学术事业衰落后一枝独秀达两百年。代表伊斯兰理性主义哲学最高峰的伊本·鲁世德就生活在 12 世纪的西班牙，他也是对欧洲中世纪经院哲学影响最深的伊斯兰哲学家。从 10 世纪起，西班牙开始进入其学术发展的黄金时代，而 11、12 世纪巴格达和波斯的没落更凸现出西班牙在伊斯兰世界中的独领风骚。值得玩味的是，伊斯兰西班牙学术事业最繁荣的这 200 年，反倒是发生在后倭马亚哈里发王朝灭亡之后的泰法割据和穆拉比特王朝时期。

13 世纪，蒙古大军横扫欧亚大陆，从中亚到美索不达米亚的广阔土地上哀鸿遍野。而在西班牙，穆斯林势力也在基督教徒的"收复失地运动"中丧师失地，节节败退。穆斯林中的优秀人才不是命丧疆场，就是在战火逼迫下举家逃亡。14 世纪的伊斯兰历史哲学大师伊本·赫勒敦（Ibn Khaldun，1332—1406）的家族就是在此时从西班牙迁居突尼斯的。伊斯兰学术在西班牙的光辉岁月从此告终。在这个世纪，阿尤布王朝统治下的北非和叙利亚成了动荡岁月中伊斯兰学者最后的乐土。至 14 世纪，能够见诸《1001 项发明》的穆斯林科学家仅余 3 人。然而此时，欧洲的基督教学术已然崛起，伊斯兰文明至此不再拥有领跑人类科学与文明进步的能力。

从以上分析可以看出，尽管伊斯兰科学与文化的辉煌时代直至 13 世纪才告落幕，但这绝不是说阿拔斯王朝后期的伊斯兰保守主义趋向对科学与文化的发展没有损害。事实上恰恰是阿拔斯帝国实质上的分裂状态，使得枯坐于帝国中央的哈里发与正统派神学家们对遥远诸侯国中发生的情况束手无策，这才使科学和文化得以在这些边塞之地苟延残喘。而且伊斯兰学术中心在巴格达、波斯与西班牙之间的转移绝不是简单的新学术中心取代旧学术中心的问题。事实上这些衰退的学术中心的作用无可替代，它们的衰落所造成的损失也从来没有被弥补。以《1001 项发明》中提到的科学家和工程师们来说，在巴格达与波斯先后走入衰退的 11、12 世纪，200 年间被提到的人数加起来才顶得上 9 世纪或 10 世纪时 100 年内的水平。在损失了最重要的学术中心以后，伊斯兰科学与文化的进步潜力已遭腰斩。

学科偏好也能透露一些很有价值的信息。容易看出，在整个中世纪，伊斯兰学者们的学术偏好高度集中于数学、天文学、医学，以及地理学这几个领域。在上面提到的 94 名伊斯兰学者中，主要以数学家或几何学家著称的就达到 24 人（几乎全都同时精通天文学），再加上 12 名被记载为天文学家但没有被称为数学家的，合计超过了全部被研究对象的 1/3。另有 2 人虽然主要因医学和物理学研究而著名，但也有明确的证据指出他们从事并精通数学研究（伊本·西纳和海什木）。医学是除了数学和天文学之外的另一个热门领域，94 位参与过科学技术活动的伊斯兰学者中有名医之称的高达 29 人，在其他研究之外兼通医学的也有 3 人。地理学的情况比较复杂，因为既包括了古代常见的地志和游记传统，又包括传承自托勒密的数理测绘传统。被明确记载为地理学家或旅行家、探险家的 19 人大部分属于前一种传统，尤其以亲身涉远并记录成书的游记作家为多；另有作为数学或天文学家同时从事地理学研究的 4 人，皆属于托勒密传统。在物理学或自然哲学方面，虽然有好几位数学家和医学家都同时有在自然哲学方面发表论著的记录，但将物理学或自然哲学当作主要研究方向的只有 4 人。其他如生物科学（包括农学）、工程技术和炼金术，就都只有个位数的研究者了。

不同地区在学科偏好上也有细微区别。活跃于巴格达的学者半数以上都是数学和天文学家；波斯和中亚的情况类似，但比例不像巴格达那样悬殊。仅这两个地区就提供了名单中全部数学家和天文学家的半数以上，其中巴格达独占 1/3（图 4-1）。数学与天文学的繁荣是容易理解的。无论在苏美尔、埃及还是古代中国，天文学都是今天被称为"科学"的各种知识领域中少见的能够得到古代帝王持续关注和持续资助的学科。前文已经讨论过以马蒙为首的前期阿拔斯哈里发们大力支持学术事业的动机。对马蒙这样一位急于提升自身威望，甚至不惜神化自己，以便在与包括伊斯兰正统派在内的各种潜在反对者的斗争中占据主动权的哈里发来说，获得控制天体运行的能力——或者至少给人民这样的错觉——无疑是非常重要的。上文已经指出的数学家和天文学家的高度重合性也暗示，所谓"巴格达学派"辉煌的数学成就与来自神学和政治目的的天文计算需求密切相关。这同时解释了为什么在巴格达的宗教氛围转向严酷后，其学术繁荣仍然延续了一个多世纪——无论哈里发的宗教倾向是什么，天文学始终是他所需要的。波斯和中亚的数学和天文学繁荣显然也出于类似原因，只不过这里的天文学家服务的对象是各种割据政权的大小可汗们。

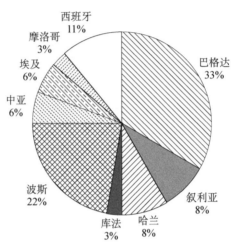

图 4-1　伊斯兰数学家和天文学家按活动地区分布

　　当然，也并不是所有地方的人们都只偏爱数学和天文学。在西班牙，最受重视的是医学和药学，以这两方面成就著称的学者在这个地区占到了将近半数。当然，医药学在波斯—中亚、北非和叙利亚的受关注程度也都很引人注目，在中亚还出现了有"医圣"之称的伊本·西纳。但是没有一个地方的医生数量像西班牙这样具有压倒性优势。考虑到西班牙学者在所有穆斯林学者中的另一项独特偏好——农学和植物学（材料中涉及的全部三位植物学家或农学家都来自西班牙），并参考古代中国的情况，也许可以用源自倭马亚家族统治者的世俗性传统解释上述情况。正如我们熟悉的，在古代中国，最受儒家知识分子关心的两门自然科学知识也是医学与农学——前者活人，后者养人。另外特别值得一提的是，无论在西班牙还是在波斯、叙利亚和巴格达，资料中提及的名医们绝大多数都是各地哈里发、苏丹、可汗、埃米尔的御医或由哈里发和王公大臣们资助建立的医院的负责人，包括伊本·西纳、伊本·图菲勒和伊本·鲁世德等最引人注目的人物皆是如此。

　　还有一个值得关注的问题是，在所有知识领域中，医学似乎尤其与中世纪伊斯兰自然哲学的发展联系密切，特别是在物质论方面以及在对亚里士多德主义的复兴上。这一点在法拉比、伊本·西纳和伊本·鲁世德等身上表现得尤为明显。这大概是因为天体运行的规律固然可以诉诸数学和理性去理解，但行医用药却不得不接触实实在在的物质——无论是人体还是药物，必须动用自己的五感，去看，去听，去尝，去嗅，去触摸，然后去分析。当对医学规律的思考深入到原理层面，这些医生们不得不去思考：构成人体和药物的物质本原究竟是什么？它们之间是如何相互作用从而使得疾病被治愈的？这些问题绝非仅凭形而上的思考就能解决，不得不诉诸亚里士多德的方法，即经验。而随着经验认识的提高，早期基于蒙昧和臆测而写就的宗教学说中的漏洞逐渐浮现，与来自科学经验的知识针锋相对起来。正是在这样的矛盾之下，伊本·西纳最早提出了"双重真理论"，试图以此调和宗教与理性认识之间的矛盾。伊本·鲁世德进一步将其系统化，提出"哲学通过理性思维和逻辑推理得到的真理和宗教通过天启和经传得到的真理'都是真理'，两者矛盾时应相信哲学的判断"[①]。这也就是伽利略等科学革命早期的学者借以为科学研究辩护的观点。

作为伊斯兰世界受关注程度排名第三的学术领域，地理学的热度在各地都差不多。普遍认为，是阿拉伯帝国广阔的领土、浓厚的商业传统，以及关于朝觐和礼拜的教规（每人一生中必赴麦加朝觐一次、日常礼拜中必面向麦加方向而拜）成就了阿拉伯人的地理成就。在大部分人一辈子连自己出生的村庄都不曾离开过的中世纪，阿拉伯人却因为以上几项原因而对漂洋过海的洲际旅行司空见惯，甚至每个人只要有条件，一生都会进行一次这样的远行（赴麦加朝觐）。对商人们而言，横穿大洲或大洋的旅行更是习以为常。事实上，在欧洲人开始大航海运动以前，阿拉伯商人早已是印度洋航线的主宰者了。阿拉伯人对船只的设计、他们的航海术（包括牵星术以及对来自中国的磁针导航技术的创造性发展），以及他们对地理和水文资料的积累，都深刻影响了后来的欧洲大航海运动。事实上15世纪时达·迦玛（Vasco da Gama，约1460—1524）正是在一名来自内志的阿拉伯领航员引导下，才开通了绕过非洲抵达印度的航线。不过必须看到，欧洲的大航海运动只是在与大规模的商品生产相配合以后，才发挥出它塑造新世界格局的惊人潜力，而阿拉伯商人们的航海运动显然不具备类似背景。以和中国之间的贸易为例，来华阿拉伯商人的货物清单上最多的是珠宝、香料、药材等高价值但低附加值的商品，其中最大宗的制造业产品也就是手工编织的地毯和挂毯；反倒是在归程时，会装满由中国人大批量生产的瓷器和丝绸。这样的贸易对于海商这一群体来说当然大有"油水"，但对于伊斯兰世界内部产业结构的优化进步却不会有什么促进作用。

---

① 纳忠、朱凯、史希同：《传承与交融：阿拉伯文化》，杭州：浙江人民出版社，1993年，第277-278页。

第三节　阿拉伯文明的学术遗产及其局限性

一、阿拉伯文明的遗产

近代以来,对阿拉伯文明所取得的文化成就,及其在人类文明进步的大历史进程中的作用的认识,经历了一个漫长而曲折的过程。尽管阿拉伯帝国的学术成就曾在中世纪晚期经十字军东征和其他渠道流入欧洲,并强烈涤荡了欧洲思想界,促成了基督教经院哲学的诞生,但这些记忆随着阿拉伯帝国的灭亡和欧洲学术自身的进步而很快为人所淡忘。14 世纪以来,广义的阿拉伯人以及整个伊斯兰教的形象发生了戏剧性的变化。首先是随着作为阿拉伯帝国继承者的奥斯曼土耳其对欧洲的步步紧逼导致阿拉伯人成了凶神恶煞与邪恶敌人的形象;随后,伴随着欧洲经济与文化起飞和殖民主义世界秩序的形成,伊斯兰文明又同包括中国、印度在内的其他很多古老文明一起,成为欧洲人眼中落后、野蛮、不开化的象征。

对伊斯兰文明的重新发现主要是 20 世纪以来的事,首先就是从科学技术史领域开始的。尽管最初,研究者们只是把阿拉伯帝国当成是古希腊哲学与科学的避难所,以及东方科学技术向欧洲传播的中转站(如印度的数学和中国的火药、造纸术、印刷术、指南针),但近些年来的研究表明,情况绝非仅此而已。在汇集和传播古代知识的同时,穆斯林们自己也做出了不可替代的创新。

(一) 炼金术、代数、医学和光学

以化学史为例,几乎所有炼金术学说的可考证源头都来自阿拉伯世界。科学史研究早已证实,古希腊时代产生了古代化学理论——主要是元素论(可视为亚里士多德化学)和原子论,但没有诞生真正意义上的炼金术。尽管古希腊哲学中的有些概念可以理解为后来炼金术的理论基础,但没有任何证据表明古希腊时期就存在过炼金术的实验室操作。几乎可以确信的是,炼金术起源于 3 世纪以后的埃及(尤其是亚历山大里亚),而且主要是在阿拉伯人控制这一地区后才蓬勃发展起来的(现存最早有关炼金术的记载和论述都来自阿拉伯语文献)。

阿拉伯帝国时代的学者们在数学、医学,以及物理学中的光学等方面的历史性贡献人们同样耳熟能详。除了以著名的花剌子密(al-Khwārizmī,约 780—约 850)的名著命名的 "代数学"(algebra)以外,阿拉伯数学家们在圆锥曲线、

数列、三角函数、方程等方面都有惊人的贡献。事实上今天的科学史研究已经揭示了，曾经被认为在 14、15 世纪由意大利数学家们独立发展起来的各种数学方法和理论，几乎全都有来自阿拉伯的基础。法拉比（Abu Nasr Al-Farabi，872—950）、伊本·西纳、伊本·鲁世德等的医学著作自传入欧洲以后就被欧洲的各大医学院奉为经典，一直到塞尔维特（Michael Servetus，1511—1553）和哈维（William Harvey，1578—1657）掀起"小宇宙革命"。其中伊本·西纳的《医典》影响尤其广泛。

以海什木为代表的古代伊斯兰学者的光学研究尤其值得大书特书。伊斯兰学者在光学和视觉原理方面的认识远远领先于当时的其他世界，其中包括在当时的欧洲人看来简直如同巫术或神迹的眼科治疗技术（尤其是能令盲人复明的白内障摘除术）。海什木是阿拉伯光学的集大成者。光学由于其在物质论研究和认识论研究方面的双重重要意义，是欧洲科学革命时代最重要的研究热点之一，而目前的研究已经证实，包括牛顿在内的 17 世纪欧洲学者们从事光学研究的大部分思路和论题，都可以通过一条传承有序的线索追溯到海什木的著作上。凡此种种，难以悉数。实际上，今天在拼写上有前缀 al 的英文名词——"炼金术"（alchemy）、"代数"（algebra）等，基本上都来自阿拉伯语。

（二）理性主义与双重真理论

然而这些具体学科中的具体知识还不是伊斯兰学者最重要的贡献。从前文的讨论中可以看到，在后来的欧洲科学革命中起到最关键作用的那些思想要素和学术方法——理性主义、自然神学、双重真理论、实验方法，以及调和新柏拉图主义与亚里士多德主义的尝试，在伊斯兰学者们的工作中都已经出现过了。并且有充分的证据证明，这些宝贵的思想财富并没有被遗失，而是通过法拉比的著作、通过伊本·西纳的著作、通过伊本·鲁世德的著作以及通过精诚兄弟会的著作，被一样不少地传入了欧洲，直接开启了欧洲的相关思想传统。[①]可以这样说，这些伊斯兰学者们的工作才是科学革命的真正源头。

这些至关重要的哲学进展之所以在伊斯兰学者手中得以完成，绝非偶然的运气所致，也并非古希腊哲学思想自然演进的逻辑必然，而是与阿拉伯-伊斯兰文明独特的文化传统和宗教传统直接相关。

前文已论及伊斯兰理性主义兴起的背景。尽管以希腊哲学成果充实和改造自身宗教理论，使其精致化，并不是穆尔太齐赖派的独创，早期的基督教教士们亦曾做过类似工作，但二者的出发点存在明显区别。无论亚历山大的斐洛

---

① 马坚：《伊斯兰哲学对于中世纪时期欧洲经院哲学的影响》，《历史教学》1958 年 2 月号，第 32-34 页。

（Philo of Alexandria，约前 20—50）还是奥古斯丁（Augustine of Hippo，354—430），他们最先都是从一个虔诚的犹太教徒或基督徒的立场出发的。对于他们来说，"真理"并不存在任何的不确定性，他们并不需要另引其他依据来证明它，而只需要进一步对其进行精细化的诠释和解释，补足"上帝"没有"明示"的部分。理性和哲学是释经的工具，而非判断的依据，自然也就不存在什么理性与信仰的矛盾，因为双方根本就不是对等的。

　　然而对穆尔太齐赖派来说，其面临的首先是伊斯兰教内部的观点纷争。而其持中守正的理想又促使其试图从诸派权威之外找到一种超越于所有权威之上的、客观的判断依据。而只要完成了"真主"就是理性本身的论证（这一论证早已被希腊人完成），那么无论下述结论多么古怪，人们都不得不接受它：理性是判决信仰问题的最高权威。

　　然而一旦将理性奉为最高权威，则经文与理性的矛盾必然凸现。由此，伊斯兰的学者们最早地暴露于理性与信仰的矛盾之下。自穆尔太齐赖派以后，包括正统派的艾什尔里、安萨里，以及苏菲派的神秘主义者们在内，伊斯兰学者们的一个首要的努力方向，就是尝试调和理性与信仰之间的矛盾，这一努力最终持续到新罕百里派以彻底拒斥理性、回归信仰的方式重塑伊斯兰正统神学才告终结。穆尔太齐赖派的"《古兰经》受造说"正是解决这一矛盾的策略之一——《古兰经》既然是"受造之物"，自然就不是天堂中的原型，从而也就必然是不完美的，是可能出错的——尽管这些错误同样值得去认真参悟，因为其必然也是"真主"有意留下的"启示"之一。而伊本·西纳和伊本·鲁世德的双重真理论则是由此衍生出的另一种解决策略。

　　（三）自然神学

　　穆尔太齐赖派的另一重要贡献是自然神学。通过研究自然，即如伽利略所说，通过阅读那本"打开的大书"，去体悟"上帝"的真理，这正是科学革命时期自然科学研究赖以获得正当性的核心辩护词。这一套神学理论的始作俑者正是穆尔太齐赖派。

　　应该承认，《古兰经》本身的一些词句确实为通过研究自然来理解"真主"这一神学方法论预留了可能性。如伊斯兰学者指出的：

　　（《古兰经》）鼓励人们观察宇宙万物的现象："难道他们没有看到天地万物，及安拉所造化下的东西！""叫人看看他们的衣禄！我降下沛雨，然后炸开地面；我在地面上滋生谷物、葡萄、苜蓿、橄榄、椰枣树、密茂的花园、各类鲜果和草场，供你们及你们的牲畜享用。""太阳绝不能追上月亮，黑夜决不致在白昼之先，它们各浮于太空。""天地的创造，昼夜的往复，都是对有智慧者的征兆。立着、坐着、卧着赞念安拉及参悟造化的人说：'我的主啊！你未尝无意识地创造天地。受赞颂的主啊！求你让我们得免于火狱！'""天地的造化，你们言语、肤色之不同，都是安拉的征兆。"这一类的例子很多。[①]

但是仅凭这些将自然现象与神灵联系到一起的文字，并不能构成产生自然神学的充分条件。事实上，将一切自然现象归功于神灵的"造化"，乃是自然神崇拜阶段的早期人类的普遍倾向。其后随着生产力的发展、人类对自然控制能力的提高，以及社会复杂程度的增加，关系到一个人类社群生死存亡的最重大问题逐渐从如何面对大自然的挑战转移到如何有效地组织和调动人力资源、如何维系社群稳定、如何理解和处理社群成员之间的关系这类问题上，随之而来的是伦理、法律、政治等议题的受关注程度渐渐高过关于自然的知识，有助于凝聚社群认同的祖先神也就渐渐兴起，逐渐完成了对自然神的取代。阿拉伯人只是因为长期困于阿拉伯半岛，社会和文化发展比较缓慢，故当伊斯兰教兴起时其仍处于自然神崇拜向祖先神崇拜过渡的过程中，因而尚能保存较多关注自然、崇拜自然物和自然现象的遗风。但应该承认，这一事实确实提供了一个先决条件，降低了自然神学被伊斯兰学者接受的难度。

然而将原始状态的自然崇拜引向理性主义色彩的自然神学，最关键的一步还是穆尔太齐赖派迈出的。这首先是穆尔太齐赖派"真主独一性"命题的一个逻辑推论：既然"真主"除了其本体以外不应具有任何属性，那么"真主"就必然不可能是人格化的，则斯宾诺莎式的理解也就成了必然。其次这也是"《古兰经》受造说"的推论：既然《古兰经》与万物相同，都是"受造之物"，那么反过来说，万物自然也全都具有与《古兰经》同等的启示效力，由此，通过研究自然中的"受造物"去领悟"真主"的真理，也就具有了与通过参悟《古兰经》去领悟真理同等的效力和正当性。

（四）实验

在伊斯兰学者对科学思想史的贡献中，最具独特性的要数实验方法。现代科学实验方法建立在理性思辨与经验归纳这两条认识论进路相互批判性融合的基础上。直观地说，也可以理解成柏拉图主义与亚里士多德主义的融合。古希腊人开创了理性主义，也系统地建立了归纳法。但以柏拉图为首的理性主义者蔑视可感世界，认为其充满了假象，无法提供真理，因此致力于通过理性思

---

①　艾哈迈德·爱敏：《阿拉伯—伊斯兰文化史》（第一册），纳忠译，北京：商务印书馆，1982 年，第 153 页。

辨去直接认识隐藏在虚无缥缈的"理念世界"中的真理。开创经验主义传统的亚里士多德又固执地相信人力的介入会扰乱事物的本真状态，因而只主张无碰触的被动观察。直到希腊黄金时代结束，希腊的学者们也没有能够发展出通过理性指导下的行动去剥除包裹在可感对象上的假象，从而获得对真理的经验认识的实验方法；而在整个希腊化时期，被指具备实验思想并进行过相关实践的，也只有西西里锡拉库扎城的阿基米德这一个孤例。但阿基米德的工作是否应该被解读为以认识真理为目的的有意识的科学实验，还是仅仅是其工程技术工作的一部分，目前还有模糊不清的地方。

阿拉伯帝国时代的情况与此不同，在这里，实验不再是孤例，而是具有相当的普遍性。在思想上，这要求打通柏拉图主义与亚里士多德主义之间的壁垒，而对于伊斯兰学者来说，这一过程竟是以一种奇异却又顺理成章的方式完成的。首先，由于传播中造成的信息损耗和扭曲，柏拉图本人的著作、新柏拉图主义的著作和亚里士多德的著作在传入伊斯兰世界时就是混淆在一起的。因此伊斯兰学者对柏拉图和亚里士多德思想的批判性融合，反而是从把亚里士多德著作从柏拉图、新柏拉图主义著作中区分出来开始的。继而，在不同派别的伊斯兰学者中爆发了一系列的针对柏拉图、新柏拉图主义和亚里士多德主义的批判与反批判。有趣的是，这些批判中最具见地且最深刻的反而是来自第三方的批判，即站在信仰主义立场上同时反对这二者的正统派学者的批判。正是在这些批判的过程中，柏拉图主义和亚里士多德主义在认识方法论上的分歧以及各自的局限性逐渐清晰起来，最终共同汇集于伊斯兰理性主义传统。

解决了形而上的方法论问题，实验传统的最终形成还必须落实于实践。在阿拉伯帝国时期，承载实验传统的主要是炼金术。上文已经谈及炼金术的埃及起源，然而炼金术之所以兴起于伊斯兰文化控制下的埃及（尤其是亚历山大里亚），而不是其他地方，这并不是理性主义的作用，而恰恰是看似与理性主义背道而驰的神秘主义传统。

早在被阿拉伯人征服以前，理性主义和神秘主义两种思想传统早已在亚历山大里亚扎根。埃及学者爱敏这样评价亚历山大里亚的文化：

> 亚历山大城是调和东方之宗教和西方之哲学的地理中心。亚历山大城从前是博物院、图书馆、文学批评、学术都很发达的著名都市，现在却变为各派哲学、各种宗教荟萃的区域；因为交通便利，所以虽然是思想派别不同的人，都得相逢于尼罗河畔。各方的人，聚于亚历山大城，不惟可作贸易的交往，且可为人类思想的交换。于是，思想的领域扩大，人们各较

所长，各显所知；结果，信仰与怀疑两大背驰，矛盾的原则之互相溶合，便产生出一种新的精神。东、西（希腊）文化在亚历山大城接触之后，东方的想象与冥索，和西方（希腊）的科学与思考的溶合，便产生了哲学的新学说和宗教的新系统。因为西方本其敏锐、精细之理智，明白畅达的解释等等优点，一触东方的火花，自然便呈现光明灿烂、活泼新鲜的景象。同样，东方虽有长思冥索、倾向虚玄的特长，若无希腊科学之助，也不会产生连贯的系统及有条理的思想。因为东方思想之零乱，全赖希腊科学的整理，才产生出一种宗教的信仰及哲学的系统……东方有倾向冥索虚玄、探求神迹、追求自然的习惯。西方有长于精细的研究、深刻的探求的精神。这两种文化的融合贯通，便产生了亚历山大流行的特殊的思想，这种特殊的思想，不但有冥索、幻想的意味，且有科学探求的色彩。于是那时代的哲学含宗教的精神，宗教有哲学的趋向。[①]

亚历山大里亚的理性传统直接继承自希腊，神秘主义传统则来源于希腊文化（尤其是希腊自然哲学）和本土宗教思想的碰撞、交融。这二者尽管一直并行不悖，然而在阿拉伯征服以前，其社会影响力却完全不同。在希腊化的背景下，理性主义一直是亚历山大里亚思想界的主流传统，官办的亚历山大里亚图书馆和缪斯宫是其研究与传播基地。神秘主义则表现为一种来自民间的自下而上的思潮，主要以赫尔墨斯秘密宗教的形式低调活动。只是在阿拉伯人控制这一地区以后，来自赫尔墨斯教派的神秘主义传统才得以发展壮大。

首先，阿拉伯文化的原始性为神秘主义学说提供了绝佳的土壤，这种支持并非来自正统的伊斯兰教教义（事实上正统教义与基督教一样，都是反对神秘主义思潮的），而是来自更底层的阿拉伯人的原始信仰传统。也正因为如此，伊斯兰的实验传统反而是在不那么遵奉正统教义的地区（如海什木在开罗）发展得更为昌盛。

其次，作为一种刚刚完成一神教化改革的新兴宗教，刚刚控制埃及时的伊斯兰教不像之前控制这一地区的基督教那样高度政治化，其教义尚未得到正统宗教学者系统、严格的教条化规范，从而为神秘主义思想的泛滥留下了较多余地。倭马亚王朝的世俗化政策进一步为此提供了保护。事实上，中世纪的伊斯兰学者普遍把炼金术在阿拉伯世界的兴起追溯到倭马亚王朝早期的王子哈立德身上。尽管一般认为这只是古代学术史著作中常见的将事物的起源附会于某

---

① 艾哈迈德·爱敏：《阿拉伯—伊斯兰文化史》（第一册），纳忠译，北京：商务印书馆，1982 年，第 134-135 页。

个特定历史名人的又一案例①，但从中也可以看出当时的伊斯兰学者们对炼金术兴起的时代背景的认识。

在神秘主义思想的指导下，物质元素、天体、神灵与人的灵魂被普遍地联系和对应起来，继而形成了通过巧妙运用各种手段，借取神灵之力，来改变或操纵物质，以及影响人体的炼金术思想。然而尽管源起于神秘主义，当亚里士多德的经验主义在伊斯兰学术中得到复兴后，从炼金术中获得的关于物质世界的经验立即就被同时接受了柏拉图和亚里士多德双重影响的伊斯兰理性主义学者们接纳，并诉诸理性，使其成为建构伊斯兰理性主义自然哲学的坚实"砖块"。脱胎于神秘主义的炼金术由此被置于理性的指导之下，成为后世实验科学的原型。

二、伊斯兰学术的优势与局限性

本章讨论了阿拉伯文明在世界科学与文明发展史上的成就与贡献。阿拉伯文明之所以能够取得这些成就，得益于以下几个重要优势：

首先，阿拉伯文明继承并汇聚了它以前的几乎所有古代文明思想成果的精华。阿拉伯帝国兴起后，美索不达米亚和古埃及两大人类世界最古老的文明摇篮尽为其所有，成为继古波斯帝国（阿契美尼德帝国）和亚历山大帝国后第三个达成此成就的统一政治实体。除了美索不达米亚文化和埃及文化，波斯文化、东罗马—正统基督教文化、叙利亚和埃及的基督教异端文化、犹太教文化，经波斯、埃及与东罗马间接传入的古希腊文化，以及作为古希腊文化升级版的亚历山大里亚文化都在阿拉伯帝国的旗帜下被熔为一炉，经过理性的批判与论战，最终在伊斯兰教这张白纸上有序地交织在一起。这一文化汇聚过程并不仅仅局限于阿拉伯帝国领土内。由于横跨欧亚大陆的地缘优势，对于古代近东文明而言鞭长莫及的中国和印度文化，阿拉伯帝国也有密切接触。伊斯兰教势力的东陲已与印度和中国唐朝、辽朝的势力范围重叠。因此中国和印度的文明遗产也成了伊斯兰学术茁壮成长的饵料。

其次，《古兰经》"一字不易"的宗教教条，造成了"欲入伊斯兰教，则必读《古兰经》，欲读《古兰经》，则必学阿拉伯语"的局面。而随着伊斯兰教在阿拉伯帝国境内的广泛传播，阿拉伯语也就成了整个阿拉伯帝国境内的一种通用性语言。自古以来，从未有人能够把这样一片广大的领土统一在一种语言之

---

① 菲利浦·希提：《阿拉伯通史》，马坚译，北京：商务印书馆，1979年，第296-297页。

下。波斯学者、希腊学者、埃及学者、犹太学者、基督教学者第一次使用同一种语言辩论和写作，加速了学术思想的碰撞与汇聚。甚至即便是后来阿拉伯世界分裂了，生活在不同哈里发国、苏丹国、可汗国、埃米尔国之内的学者们，仍然相互交流和学习，可以无障碍地相互理解。

最后，得益于阿拉伯—伊斯兰文化中的某些独有特质，滋养了一系列独特的精神遗产。独特的民族发展史和宗教思想发展路径造成的理性与信仰之间的紧张关系、理性主义与神秘主义之间的紧张关系，引领了双重真理论、自然神学、实验方法的形成。

然而阿拉伯文明取得的成功也带来了本章开始的那个问题：拥有如此多便利条件，并且几乎已经为科学革命提供了一切必要的哲学和方法论元素的阿拉伯文明，为什么自己没能实现科学革命的突破？这个阿拉伯版本的"李约瑟难题"甚至比中国版本的更有价值。

埃及学者爱敏将伊斯兰学术的衰退归结为五大原因。

第一，阿拔斯王朝灭亡后，早已支离破碎的伊斯兰世界连精神上的统一领袖也失去了。土耳其人、波斯人等非阿拉伯人崛起或重新崛起，在伊斯兰世界占据了优势。这些新政权的统治者在民族主义情绪下排斥阿拉伯学术甚至阿拉伯语。一直依靠上层贵族资助的阿拉伯学术也逐渐失去了资助的来源，荣光不再。

第二，理性主义与宗教虔信在本质上的冲突无法调和，阿拉伯人最终选择了信仰而非理性。以穆尔太齐赖派被镇压为转折点，伊斯兰文化逐渐对理性主义关上大门，转向封闭、保守，转向以解经、释经为全部的圣训学，从此再无思想创新和对真理的探寻。[①]

第三，蒙古入侵造成了巨大浩劫，巴格达的图书馆（智慧宫）及其藏书被蒙古大军彻底捣毁，在伊斯兰学术史上起到过重要作用的易司马仪派在中亚被蒙古大将旭烈兀举族屠杀，后来瘸子帖木儿席卷中东时更变本加厉地大肆诛戮当地学者。经此打击，整个伊斯兰世界的学术从此一蹶不振。

第四，伊斯兰教的学术派别与宗教派别往往是密切结合在一起的，而宗教派别又深入到社会生活中。故学术之争最后总转变为教派之争，最终体现于社会的撕裂、互不相容。在这种社会背景下，无法提供能够允许思想和学术自由

---

① 尽管爱敏将理性主义在伊斯兰文化中的失败与穆尔太齐赖派被镇压联系在一起，但正如前文指出的，当9世纪后期哈里发穆台瓦基勒下令镇压穆尔太齐赖派时，肯迪等深受穆尔太齐赖派思想影响的哲学家的事业才刚刚起步，此后直到13世纪，理性主义哲学在波斯、埃及、西班牙取得了惊人的发展，这其实大部分是在穆尔太齐赖派被镇压甚至消失以后的事。但最终，伊斯兰理性主义哲学未能抵抗住宗教神学的反扑，这是事实。

发展的宽松环境。

第五，经历以上种种挫折仍然硕果仅存的伊斯兰学者，其进取之锐气也已被消磨殆尽。"过去在学术上求新的抱负，变成了赞美真主能让他们保住以往旧有的东西。这就是所谓的'创制之门的关闭'。"于是伊斯兰学术仅存的卓越人才不再思想，而是转身钻进故纸堆，一股脑地投入编纂百科全书之类的工作中去了。"因为百科全书的性质就是收集零散之说，这需要更多的勤奋和毅力，而不是大智慧、大头脑。"①

应该说，这五条原因确实从技术层面为伊斯兰学术的衰退给出了一个自圆其说的解答，但我们还是要追问，如果阿拔斯王朝时代的伊斯兰学术代表着一种有生命力的学术传统，那么即便王朝更迭、语言变换（就如阿拉伯人崛起时将境内说波斯语、拉丁语、希腊语和科普特语的学者全部变成了阿拉伯语人口一样），为什么在阿拔斯王朝灭亡后，并没有一个继起的伊斯兰政权能够继承其先进的学术遗产呢？事实上，欧洲人的成功足以证明，对阿拉伯帝国学术遗产的继承并不取决于使用哪一种语言和文字。

再有，阿拉伯人在理性和信仰间的抉择是随机的吗？他们为什么最终选择了信仰而非理性？类似地，伊斯兰教的教派分歧对学术进步的阻碍是必然的吗？基督教的教派纷争并不比伊斯兰教少，其激烈和血腥程度也未必更弱，那么欧洲人最后的成功真的只是取决于"上帝"的眷顾吗？

最后，如果说蒙古入侵打断了伊斯兰学术的发展进程，那么假设没有蒙古入侵这一不可预知的外部干扰项，伊斯兰学术是否会继续进步下去，最终自己触发科学革命呢？

答案恐怕仍然是否定的。这首先取决于伊斯兰学术的社会基础。容易看到，伊斯兰学术从未摆脱古代学术的普遍顽疾，即单一地以贵族集团，尤其是王室的支持为支点。前文已指出，名显于阿拔斯王朝的绝大多数伊斯兰自然科学学者，都来自哈里发或地方诸侯座前的宫廷天文学家和御医。②与此同时，伊斯兰教的早期历史使得即使在实行世俗统治的倭马亚时代，教义、教法理论的发展还是与统治集团最高层的权贵们密切联系在一起，并没有如基督教那样形成具有一定独立性的教会系统。这一特征正是穆尔太齐赖派在得到哈里发马蒙支持的情况下得以煊赫一时的基础。然而其兴也勃焉，其亡也忽焉，一旦政治风

---

① 艾哈迈德·爱敏：《阿拉伯—伊斯兰文化史》（第八册），史希同等译，北京：商务印书馆，2007年，第178-182页。

② 15—16世纪的意大利学术同样没能完全摆脱这一局限。只是从17世纪的英国开始，罗马教廷、国教会、王室和贵族集团之间的微妙张力，尤其是代表资产阶级和新兴地主阶级的新贵族的崛起，才为科学的发展提供了更加多元化和更加广泛的社会基础。

向有变，则万马齐喑的局面也只在瞬息之间。

甚至对于以马蒙为首的"开明"哈里发们对学术的支持也不宜高估。固然，这种支持带来的效果在客观上是显而易见的，但应该清醒地看到，这种支持并不是在奖赏学者们对真理的探索，而是在奖赏学者们对哈里发的帮忙或帮闲。同样的道理，当穆尔太齐赖派遭到镇压时，他们也不是因为探索真理而受到惩罚，而是因为他们妨害了哈里发的帝王之业。总之，学术研究和思想争鸣确实是哈里发所乐于支持、鼓励甚至资助的，只是其成果必须符合哈里发的政治需要。

其次，从穆尔太齐赖派到伊本·鲁世德的伊斯兰理性主义运动也是不彻底的。正如匈牙利学者伊格纳兹·戈尔德戚厄（Ignác Goldziher，1850—1921）评价的："对于伊斯兰教，朴素信仰的动摇，既有科学思维的侵入，同时又不是科学思维的结果，就是说，不是理性主义萌芽的结果，毋宁说是由于更深入地开拓其信仰而产生的，即不是由自由思想而是由虔诚之心所产生的。"[1]与此同时，伊斯兰的理性主义者们本身也未能在已经开启的新柏拉图主义和亚里士多德主义的道路上完成最终的突破，即用简单的几条原理将宇宙中的规律统一起来——尽管伊斯兰学者们在天文学和数学上都达到了如此引人注目的高度，但这一伟业最终直到牛顿才得以完成。这使得理性主义者在最后关头无法拿出压倒性的武器去应对神学的诘难。在认识论和方法论层面上，伊斯兰学者们虽然开创了实验方法并继承了希腊的理性思辨传统，但最终没有能够整理出一套系统的以理性探求真理、用实验检验理性的认识论方法，更未能使实验和理性超脱于信仰之上，成为衡度真理的唯一标准。总而言之，伊斯兰理性的萌发既起于对信仰的追寻，那么一旦其无法完成最终的突破，也就只能沉寂于对信仰的回归。

最后，伊斯兰的哲人们为调和理性与信仰之间的矛盾发明了双重真理论，即希望能在不触动宗教体系的情况下为基于实验和理性思辨的真理探索活动争取到一线生机。在传到欧洲以后，双重真理论确实为中世纪末期的自然科学复兴撬开了一条缝隙。[2]但无论阿拉伯人自己的实践还是后来在欧洲发生的故事都显示，双重真理论最终是行不通的。只不过在欧洲，是写在天上的大书战胜了写在纸上的那本，在伊斯兰世界则相反。

---

① 转引自井筒俊彦：《伊斯兰教思想历程》，秦惠彬译，北京：今日中国出版社，1992年，第30页。
② 事实上，直到今天仍有一些西方学者试图借用双重真理论来调解科学与宗教间的矛盾，尤其是在进化论等一些特定的科学问题上，只是攻守之势已易。

表 4-2　著名伊斯兰自然科学学者和数学家①

人物	活跃时间	学科/职业	活跃地区	备注
Jabir ibn Hayyan	8 世纪	医学、化学		西方称为 Geber
Al-Fazar	8 世纪	数学、天文学、哲学	中亚	
Masawayh	8、9 世纪	医学、地球科学	巴格达	
Masha'Allah	8、9 世纪	数学、天文	埃及	
Al-Jahiz	8、9 世纪	动物学、哲学	巴士拉	
Al-Khwarizmi	8、9 世纪	数学、天文、地理	巴格达	花剌子密
Abi Mansour	9 世纪	天文	巴格达	
Ibn Musa，Jafar Muhammad	9 世纪	几何、天文	巴格达	
Ibn Musa，Ahmed	9 世纪	力学	巴格达	穆萨三兄弟
Ibn Musa，Al-Hasan	9 世纪	几何	巴格达	
Hunayn ibn Ishaq	9 世纪	医学、翻译	巴格达	
Ibn Khurradadhbih	9 世纪	地理学家	巴格达	
Al-Yahoudi	9 世纪	天文	巴格达	
Ziryab	9 世纪	天文、音乐	巴格达	
Thabit ibn Qurra	9 世纪	数学、天文	哈兰	
Al-Kindi	9 世纪	数学、天文、医学、地理、音乐	巴格达	肯迪
Al-Dinawari	9 世纪	植物学	西班牙	
Ibn Firnas	9 世纪	化学、技术	西班牙	
Ibn Sarabiyun	9 世纪	医学	叙利亚	
Sabur ibn Sahl	9 世纪	医学	波斯	
Al-Tabari（Omar Alfraganus）	9 世纪	天文	波斯	
Al-Farghani	9 世纪	天文学、医学	中亚	
Al-Battani	9、10 世纪	数学、天文	巴格达	
Al-Masudi	9、10 世纪	地理、探险家	巴格达	
Ibn al-Thahabi	9、10 世纪	医学、百科全书编辑者	阿曼	
Ibn al-Jazzar	9、10 世纪	医学	突尼斯	
Al-Farabi	9、10 世纪	医学、哲学、音乐理论	巴格达	法拉比
Al-Razi	9、10 世纪	医学、化学	波斯	拉齐
Abu al-Wafa'	10 世纪	数学、天文、几何	巴格达	
Ibn al-Faqih	10 世纪	地理学、旅行家	巴格达	
Ibn Fadlan	10 世纪	旅行家	巴格达	

① 根据《1001 项发明》（Al-Hassani，S. *1001 Inventions*：*Muslim Heritage in Our World*，2nd edition，Manchester：Foundation for Science，Technology and Civilisation，2007.）整理。

续表

人物	活跃时间	学科/职业	活跃地区	备注
Ibn Isa	10 世纪	医学	巴格达	
Al-Kuhi	10 世纪	数学、天文	巴格达	
Ibn Yunus	10 世纪	数学、天文	埃及	
Al-Muqaddasi	10 世纪	地理	耶路撒冷	
Ibrahim ibn Sinan	10 世纪	数学、天文	哈兰	
Ibn Hawqal	10 世纪	旅行家	尼西比斯	
Al-Mawsili	10 世纪	医学	摩苏尔	
Ibn Juljul al-Andalusi	10 世纪	医学	西班牙	
Ibn Samajun	10 世纪	医学、植物学	西班牙	
Maslama al-Majriti	10 世纪	数学、天文	西班牙	
Al-Zahrawi	10 世纪	医学	西班牙	西方称为 Abulcasis
Ibn Rustah	10 世纪	地理、探险	波斯	
Al-Khujandi	10 世纪	天文	波斯	
Al-Majusi	10 世纪	地理	波斯	
Al-Sufi	10 世纪	天文	波斯	
Muwaffaq	10 世纪	药学	中亚	
Al-Baghdadi（Ibn Tahir）	10、11 世纪	数学	巴格达	
Al-Karaji（al-Karkhi）	10、11 世纪	数学、工程	巴格达	
Ibn al-Haytham	10、11 世纪	物理学、数学	埃及	
Al-Biruni	10、11 世纪	数学、地理、药学、医学、物理学和地球科学	哈兰	
Ibn al-Saffar（Ibn al-Salfar）	10、11 世纪	数学、天文	西班牙	
Ibn Sina	10、11 世纪	医学、数学、天文学、哲学	中亚	西方称为 Avicenna
Abu Abdullah al-Bakri	11 世纪	地理	西班牙	
Ibn Badis	11 世纪	化学	突尼斯	
Al-Zarqali	11 世纪	天文	西班牙	西方称为 Arzachel
Ibn al-Wafid	11 世纪	医学	西班牙	西方称为 Abenguefit
Ibn Bassal	11 世纪	植物学、农学	西班牙	
Ibn Khalaf	11 世纪	药学、天文学	西班牙	
Al-Jurjani	11 世纪	医学	波斯	
Al-Kashgharli	11 世纪	地理	中亚	
Ibn Bajja	11、12 世纪	物理、哲学	西班牙	西方称为 Avempace

续表

人物	活跃时间	学科/职业	活跃地区	备注
Al-Ghazali	11、12 世纪	哲学	波斯	西方称为 Algazel
Umar al-Khayyam	11、12 世纪	数学、天文	波斯	
Al-Samawal	12 世纪	数学、天文	巴格达	
Al-Bitruji	12 世纪	天文	摩洛哥	西方称为 Alpetragius
Al-Ghafiqi	12 世纪	医学（眼科）	西班牙	
Ibn al-Awwam	12 世纪	农学	西班牙	
Ibn Jubayr	12 世纪	旅行家	西班牙	
Ibn Rushd	12 世纪	医学、哲学	西班牙	西方称为 Averroes
Ibn Tufail	12 世纪	医学、哲学	西班牙	西方称为 Abubacer
Ibn Zuhr	12 世纪	医学	西班牙	西方称为 Avenzoar
Jabir ibn Aflah	12 世纪	数学、天文	西班牙	
Muhadhib ad-Din ibn an-Naqqash	12 世纪	医学	叙利亚	
Yaqut	12、13 世纪	地理	巴格达	
Al-Jazari	12、13 世纪	工程	迪亚巴克尔	
Ad-Dakhwar	13 世纪	医学	叙利亚	
Ibn Abi Usaybi'ah	13 世纪	医学	埃及	
Ibn Nafis	13 世纪	医学	埃及	
Al-Qibjāqī	13 世纪	地理学、探险家	伊斯坦布尔	
Ibn al-Baytar	13 世纪	医学、植物学	西班牙	
Ibn Sa'id al-Maghribi	13 世纪	地理、旅行	西班牙	
Ibn al-Quff	13 世纪	医学	叙利亚	
Al-Rammah	13 世纪	工程	叙利亚	
Al-Qazwini	13 世纪	旅行家	波斯	
Qutb al-Din al-Shirazi	13 世纪	天文	波斯	
Al-Tusi，Nasir al-Din	13 世纪	数学、天文、哲学	波斯	
Abu al-Fida'	13、14 世纪	天文、地理	叙利亚	
Al-Dimashqi	13、14 世纪	旅行家	叙利亚	
Al-Hamawi	13、14 世纪	几何学、天文	叙利亚	
Kamal al-Din	13、14 世纪	数学、物理	波斯	
Ibn Battuta	14 世纪	旅行家	摩洛哥	
Ibn al-Shatir al-Muwaqqit	14 世纪	天文学	叙利亚	
Al-Kashi	14、15 世纪	数学、天文	波斯	

参 考 文 献

艾哈迈德·爱敏：《阿拉伯—伊斯兰文化史》（第八册），史希同等译，北京：商务印书馆，2007 年。

艾哈迈德·爱敏：《阿拉伯—伊斯兰文化史》（第一册），纳忠译，北京：商务印书馆，1982 年。

伯纳德·路易斯：《阿拉伯人的历史》，蔡百铨译，台北：联经出版事业公司，1986 年。

蔡德贵：《阿拉伯地区的萨比教》，《文史哲》1995 年第 1 期，第 59-64 页。

蔡德贵：《阿拉伯哲学史》，济南：山东大学出版社，1992 年。

菲利浦·希提：《阿拉伯通史》，马坚译，北京：商务印书馆，1979 年。

井筒俊彦：《伊斯兰教思想历程》，秦惠彬译，北京：今日中国出版社，1992 年。

马吉德·法赫里：《伊斯兰哲学史》，陈耀中译，上海：上海外语教育出版社，1992 年。

马坚：《伊斯兰哲学对于中世纪时期欧洲经院哲学的影响》，《历史教学》1958 年 2 月号，第 32-34 页。

纳忠：《倭马亚王朝的统治与哈里发王朝的分裂》，《历史教学》1958 年第 4 期，第 29-34 页。

纳忠：《中世纪早期伊斯兰教的传布与发展》，《中国穆斯林》1985 年第 3 期，第 4-10 页。

纳忠、朱凯、史希同：《传承与交融：阿拉伯文化》，杭州：浙江人民出版社，1993 年。

威廉·穆尔：《阿拉伯帝国》，周术情等译，西宁：青海人民出版社，2006 年。

许晓光：《天方神韵：伊斯兰古典文明》，成都：四川人民出版社，2002 年。

Al-Hassani，S.，*1001 Inventions：Muslim Heritage in Our World*，2nd edition，Manchester：Foundation for Science，Technology and Civilisation，2007.

Martin，R. C.，*Encyclopedia of Islam and the Muslim World*，2nd edition，Farmington Hills：Gale，Cengage Learning，2016.

Richter-Bernburg，L.，"Potemkin in Baghdad：The Abbasid 'House of Wisdom' as Constructed by 1001 Inventions"，in Brentjes S.，Edis T.，Richter-Bernburg，L. ed.，*1001 Distortions：How（Not）to Narrate History of Science，Medicine，and Technology in Non-Western Cultures*，Würzburg：Ergon，2016，pp. 121-132.

von Grunebaum，G. E.，*Classical Islam：A History，600 A.D. to 1258 A.D.*，Piscataway：Aldine Transaction，2005.

第五章

宗教改革与现代科学的产生

提 要

韦伯的"韦伯论题"和默顿的"默顿论题"能够合理解释基督教和科学的关系吗？

从"自然哲学—自然神学—科学"的视角理解宗教与科学的关系

从制度化视角审视现代科学的诞生

英国皇家学会："实验哲学"纲领的构建和科学制度化的开启

　　宗教改革在何种意义上贡献于现代科学的产生？韦伯（Max Weber，1864—1920）、默顿（Robert King Merton，1910—2003）、巴特菲尔德（Herbert Butterfield，1900—1979）等学者均强调宗教改革对现代科学的兴起起到了特别重要的作用，然而，天主教护教学者却不愿意承认韦伯论题以及与之相关的默顿论题，而认为天主教同样贡献于科学革命乃至现代世界的形成。但是，从人类文明发展的总进程上看，探讨现代科学的产生绝不只是需要考虑基督教的两大派别的作用。更全面的看法是，现代科学的产生以及现代世界的出现是多元人类文明在长达两千多年的历史长河中长期互动的结果。试想，古希腊—罗马文化、希伯来文化、阿拉伯文化以及远在东方的汉字文化圈，哪一种文化不曾以某种方式参与人类文化的互动？在此视角下，我们才可以进一步去探讨，基督教文化——无论是天主教还是由宗教改革而致的新教——对理性与科学因素的成长，起到了何种作用，才有可能就宗教改革对现代科学产生的作用形成较为适当的理解——如果说宗教改革以及由此而致的新教对科学的作用胜于天主教，那也只是说，在现代科学得以孕育的最后阶段里，在新科学制度及其研究纲领开始浮现的过程中，起到更重要作用的是前者而非后者。

　　我们既需要强调多元人类文明长期互动共同使得现代科学产生，也需要承认，在此进程中，基督教文明起到了较为突出和重要的作用——毕竟现代科学首先诞生于西方社会之中。因此，在这一章，我们将现代科学的产生理解为一种新型的子文化制度，即"科学制度"，作为从以宗教制度为基本制度、以宗教文化为母文化的西方社会中逐渐形成和发展的结果。我们将从清教论题开始我们的探讨。①

————————

　　① 在研究这一时段的科学发展问题时，仅仅强调清教伦理对科学的促进作用只是问题的一个方面。实际上，文艺复兴、宗教改革和科学革命是西方先行现代化，也是全世界进入现代化快车道的直接原因，此前两千年多元人类文化的互动才是现代科学和现代世界产生的根本原因。

第一节 清 教 论 题

一、韦伯论题

最先提出清教论题的是社会学家韦伯。他在《新教伦理与资本主义精神》①中把世界各地资本主义思想的萌芽过程进行了对比，认为美国和欧洲的资本主义是一种独特的资本主义，这种资本主义在中国、印度和其他国家是观察不到的，是一种理性的资本主义。韦伯所提的问题在形式上类似我们所熟悉的"李约瑟难题"——为什么中国没有爆发科学革命，而科学革命只在西方发生？韦伯认为这种理性的资本主义具有独特的意义和独特的原因，所以他要在当时欧洲文化中找出一些特殊因素为之负责。资本主义刚开始兴起的时代仍然是宗教文化作为主导文化形态的时代，所以韦伯将视线投向了宗教。

当资本主义精神开始兴起的时候，整个社会文化的节奏会加速，在资本主义精神的激励下，一种高节奏、勤奋劳作的生活方式替代了以前的那种闲散的生活方式。②韦伯认为清教伦理助推了资本主义精神的上升。这种助推力主要体现在清教伦理所推崇的禁欲主义、虔信上帝和财富观等方面。禁欲主义节制了人们的消费，这有助于资本的积累和再生产；在虔信上帝方面，加尔文创立的加尔文教派将尘世的成功看作是每个信徒内在的宗教义务，要求他们不停地劳作并要专注于某一项事业，这本身即是教徒宗教生活的一部分；清教伦理特殊的财富观认为，为发财而发财是可耻的，但由于虔信的劳作行为而致富则被看作是上帝的恩赐。韦伯认为这种财富观与资本主义精神正好是相一致的，可能助推资本主义精神的上升。这是韦伯对宗教与资本主义之关系的看法，即所谓清教伦理论题。由于默顿的继承和发展，韦伯的观点在科学史、科学哲学、科学社会学界引起了广泛的重视和回应。

二、默顿论题

默顿把韦伯的思想吸收到他的科学史和科学社会学研究中。他所研究的问

---

① 马克斯·韦伯：《新教伦理与资本主义精神》，于晓等译，北京：生活·读书·新知三联书店，1987年。
② 韦伯的论证是：假设一个人每天可以挣 3.5 元，需要工作 8 个小时；再假设生产力提高了一倍，那么，他工作 8 个小时就可以挣 7 元钱。对中世纪的人来说，他们会觉得每天只要挣 3.5 元就够了，所以他们就只干 4 个小时的活，而用剩下的 4 个小时去干别的（譬如美美地睡上半天）。但是，在资本主义精神驱动下，人们会同样干 8 个小时，以挣到更多的钱。

题是：何以 17 世纪后半叶英国科学能够加速发展？[①]

日本科学史家汤浅光朝（1909—2005）在论述科学中心转移现象时指出，英国从 17 世纪下半叶开始，在相当长的一段时期里是世界科学中心；如果把科学和技术合在一起进行计算的话，则可以认为，直到整个 19 世纪结束，英国始终是世界科学技术中心[②]。但是，如果用更翔实的材料（如《科学时间表》）来统计的话，我们将会发现，放弃科学中心的概念[③]可能有助于我们理解世界科学技术发展的整体历程。譬如，英国学者戴维斯（Mansel Davis，1913—1995）根据自己的统计和研究提出，可以用"马拉松"比赛来形容世界科学发展的历程。[④]就英国而言，它始终处于第一集团，而且自 17 世纪中期以来，它始终位于世界第一或第二的位置上，从未滑落到第三及以下位置。20 世纪下半叶，英国依然是世界第二，美国是绝对的世界第一；美国在世界重大科学技术成就中所占的份额是 60%，第二位的英国则只有 10%左右，第三位的都在 10%以下，中国前些年还不到 1%。[⑤]21 世纪以来，中国的科学成果数在迅速上升，但是能够被载入史册的重大科学成果依然不是很多。如果以更长时段的视角来看英国科学发展的现象，我们可以将默顿问题扩展为这样一个更值得关注和回答的问题：为什么 17 世纪以后英国科学长盛不衰？

默顿论题涉及 17 世纪后半叶这 50 年间英国科学的发展状况，实际上是要从英国当时特殊的文化氛围找出当时科学加速发展的某些内在的特殊理由来解释这个问题。如果我们把问题扩展为"为什么 17 世纪中期以后的 300 年里英国科学长盛不衰"，那么回答问题所必须涉及的背景也必然会更开阔，所涉及的时段也会更久远。默顿对其问题的回答可以用两个子题来归结，一个是清教伦理，一个是培根主义。清教伦理这个子题实际上源于韦伯对清教伦理与资本主义精神之间的一致性的分析，默顿以此来分析清教伦理与科学之间的关系。他认为科学的精神特质和清教伦理所提倡的某些信条是非常一致的，所以清教伦理推进了科学的发展（特别是在英国这样一个新教国家里）。第二个子题说的是培根主义，培根比较重视功利、经验和实验技巧，并且重视利用人类的知识去改造社会。这与英国固有的经验主义传统是有关系的。近代科学刚开

① 罗伯特·金·默顿：《十七世纪英格兰的科学、技术与社会》，范岱年、吴忠、蒋效东译，北京：商务印书馆，2004 年。
② Yuasa, M., "Center of Scientific Activity: Its Shift from the 16th to the 20th Century", *Japanese Studies in the History of Science*, 1962, 1（1）：57-75.
③ 汤浅光朝对"科学中心"的定义是：当一个国家在一定时段内的科学成果数超过全世界科学成果总数的 25%，则称该国家在此时段内成为科学中心，该国家保持为世界科学中心的时段为其科学兴隆期。
④ 戴维斯：《科学和科学家的一千年：988—1988》，袁江洋、罗兴波译，《科学文化评论》2005 年第 2 期，第 76-91 页。
⑤ 袁江洋：《科学中心转移规律再检视》，《科学文化评论》2005 年第 2 期，第 60-75 页。

始起步的时候，经验科学的特色是非常显著的，而理论科学（比如理论物理学和现代宇宙学）等理论特征强烈的学科是后来才出现的。在 17 世纪，牛顿的工作是当时理性化程度最高的，但他还是从经验论的角度解释自己的成就和方法论。

默顿利用多方面的统计来论证他的见解，譬如，他对英国 17 世纪的科学家的宗教取向、专业和成就等因素进行了统计，了解当时科学家群体之中清教徒所占的比例（这个比例肯定比较高，因为英国是清教国家）。他研究了当时研究热区的变化或同一门学科里研究重点的变化，譬如，在前一时间段可能科学家们更为关注天文学，投入较多的时间并取得较多成果，而在后一时间段则可能更关注数学、物理学、化学或其他领域的研究。他还研究了不同领域科学成果的分布和变化，主要涉及《哲学汇刊》（*Philosophical Transactions*）以及当时出版的科学著作。默顿正是基于这些统计给出了他的两个子题。

在社会学理论和方法上，默顿综合吸收了韦伯开创的两种不同的社会学传统，然后形成了以下结论：17 世纪下半叶英国科学迅速发展从精神层面上看与清教伦理和培根主义哲学的盛行有关系。清教伦理中默顿最关注的方面就是虔信上帝的信条，新教伦理认为上帝创造了世界，上帝在他的创造物之中，所以要尊重和重视这些创造物，这是和科学一致的地方。当时的自然哲学家基本上都是宗教徒，他们把《圣经》和自然看作是上帝所写就的两本大书，《圣经》是上帝的启示之作，它以某种形式直接传授给古代的先知；而自然则是上帝的创造之作。按照上帝的教诲来行动是宗教徒应做之事，阅读《圣经》是为了获得上帝的启示，而研究自然是要在观察和实验之中找到上帝留存于他的创造物中的各种暗示。实验和观察的重要性正是在于其中蕴藏着来自上帝的可靠信息，故可以之校准人类易谬的理智。

三、不同角度的质疑

默顿论题的两个子题后来都受到质疑，也引发了大量后续研究。

首先，人们注意到，清教伦理中固然有一些信条与科学的精神气质相合，但也有一些信条甚至是更多的因素与科学的精神气质不合甚至相抵触，如宗派主义、狂热与偏执等。更重要的是，如果仅仅将目光集中在 17 世纪后半叶的英国，人们的确会发现，清教较之于天主教确实更利于科学的发展，但从整个欧洲范围来看的话，自经院哲学确立，天主教制度内也有很多教士在修道院和神学院里研究自然哲学；如果没有在基督教文化框架之下或者说基督教神学框架之内给予自然哲学研究以某种正当的地位——哪怕是婢女的地位，那么自然哲学或科学理性均是无法成长的。

　　基督教是从古犹太教演化过来的，犹太教的经典是《旧约》，《旧约》后来传入了不同的民族、不同的文化圈。它在传入拉丁世界的时候，演变为基督教，同时出现了《新约》；至古罗马社会晚期（4世纪），基督教获得了国教的地位。古犹太教为基督教提供了《旧约》，提供了信仰的力量，却没有提供神学和哲学，也没有提供理性批判的精神。理性精神导源于古希腊哲学传统。古罗马帝国晚期的新柏拉图主义对基督教神学的产生有着重要影响。在基督教创教时期，古希腊的文化遗产就开始为基督教教义学服务，首先是柏拉图主义为罗马教父用作构建教父神学的概念工具，这促进了奥古斯丁教父神学体系的构建；13世纪，亚里士多德主义被阿奎那用作经院哲学的概念工具，由此经院哲学"基督教神学↔自然神学↔自然哲学"知识体系的构建与确立。在此意义上，可以认为，正是在经院哲学的框架之下，科学或者说自然哲学获得了一个正当的地位，尽管这个地位在当时并不高。这种正当的（合乎教义的）、合法的地位可以使之服务于神学，也正是在这样的宗旨下，科学研究有了它生存和发展的余地或空间。如果没有经院哲学的支撑和来自修道院和神学院的制度化支持，就不可能有后来的自然哲学复兴过程，就没有现代科学。

　　因此，即使承认清教伦理曾刺激科学发展，也不能认定天主教就反过来阻碍了科学的发展。天主教国家在西方也不少，如意大利、西班牙、法国。在科学史家中也不乏天主教护教士，如迪昂（Pierre Duhem，1861—1916）、霍伊卡（Reijer Hooykaas，1906—1994）等。譬如，霍伊卡在其《宗教与现代科学的兴起》一书中提出过一个概念，即"科学的基督教化"，认为基督教为当时的人们提供了世界观和方法论，而且这些世界观和方法论会影响到科学的发展，正如人的荷尔蒙能够影响人的成长过程一样。[①]

　　科学对基督教诸民族来说本来是舶来品，这些民族是经由两种不同的渠道学到了古希腊和阿拉伯文化的科学技术，其一是阿拉伯文化渠道，其二是古罗马文化和地下的考古发现。在意大利，尽管出现了伽利略受审并被幽禁的悲剧，但科学革命毕竟兴起于此而非英国、荷兰等清教国家。在此，需要强调的是，社会学的共时分析虽然有助于呈现社会变化的方方面面，但若要真正追寻社会变化发生的原因，还须诉诸历时分析。简言之，人类历史上的重大思想突破是必须要有文化积淀的，没有充分的、漫长的文化积淀过程，突破是不可能的。

──────────
　　① 霍伊卡：《宗教与现代科学的兴起》，丘仲辉、钱福庭、许列民译，成都：四川人民出版社，1999年。

意大利位于天主教文明的中心地带，有着至深的文化积淀，文艺复兴和科学革命运动均兴起于此无足为怪。

现代科学兴起于欧洲是人类文明长期演化的结果，而不是由短时段历史事件所引起的现象。既然科学复兴是长时段历史运行的结果，那么，清教在 50 年之内的短期爆发或一个世纪之内的发展也只能对科学的发展起到一种短程作用，而不是作为长时段的持续的动因一直推动自然哲学或科学的发展。用历史学的观点来看，长时段的作用恰恰是最根本的。①

对默顿论题的第二类质疑来自科学思想史家。科学思想史实际上是一种观念史，是与 20 世纪哲学史界盛行的新康德主义哲学史相平行的史学研究。柯瓦雷科学思想史学派将科学看作是一种相对自主的学术事业，坚信在科学知识成长过程中起主要推动作用的力量来自科学内部，而与外部的、社会的影响没有必然关联；坚信是科学发展带动了社会的发展，而不是社会发展带动了科学的发展。

英国科学思想史家霍尔（Alfred Rupert Hall，1920—2009）专门研究过默顿论题并对其提出了一种非常极端的观点，他认为，默顿的清教子题所探讨清教伦理和现代科学之间的相互呼应关系只是一种无关紧要的共时现象。他打了这样一个比方：当一个科学家完成了一项重大科学成就，譬如说，当牛顿证明了万有引力定律，他在证明这个定律时穿的是灯笼裤还是马裤与他完成证明没有任何关系。②在科学思想史学派看来，人物研究需要对人物的思想进行完整的理解，因为每一个思想者都在追求内心世界的完整、统一和理智的自洽。因此，科学创新从根本上讲发端于思想上的变革。

默顿论题遭到了多方面的质疑，其中有些质疑是带有偏见的，但都具备一定的合理性。从长时段史学的视角来看，天主教并非天生压抑科学，如果天主教与科学之间的关系从来就是血与火的冲突，那么，人们就有理由问：为什么中国和其他一些非天主教国家也没有产生现代科学，反倒是在基督教世界里产生了现代科学？在世界历史的广角镜头下，在长时段的历史视角之中，可以看到，韦伯论题以及默顿论题仅仅强调清教伦理刺激资本主义、刺激科学成长很可能是片面之见。③

---

① 长时段是年鉴学派提出的一种基本理论，它把历史现象、历史过程分为三类，它认为长时段的历史是最稳定的，虽然跨度很长，有时甚至长达数百年，但正因为时间长，长时段中观察到的东西就体现着人类社会最基本的变化和运动，通过长时段研究可能把握历史最坚硬的内核，把握人类思想与价值的深层结构。长时段、中时段和短时段研究都是历史研究所需要的，而没有长时段的视角肯定是一种缺陷。

② Hall，A. R.，"Merton Revisited，or Science and Society in the Seventeenth Century"，*History of Science*，1963，2（1）：1-16.

③ 默顿对此批判的辩解是：不是说只有清教能推动科学的发展，而是说在当时的英国，清教的确推动了科学的发展。

第二节 科学与宗教之间的关系

一、早期见解

在默顿之前，人们对科学与宗教的关系的理解也是非常片面的。20 世纪早期的流行见解是，科学与宗教之关系犹如血与火的冲突，如德雷伯（John William Draper，1811—1882）的《科学与宗教冲突史》[①]和怀特（Andrew Dickson White，1832—1918）的《科学—神学论战史》都是专门论述宗教与科学之冲突的[②]，而且这两本书在早期科学史界和科学界都产生了很强烈的影响。

的确，历史上有很多关于科学与宗教相互冲突的著名案例：古希腊女数学家希帕蒂娅（Hypatia，约 370—415）被占领亚历山大里亚城的狂热的基督教徒残害；布鲁诺（Giordano Bruno，1548—1600）被烧死在罗马鲜花广场；伽利略受审；帕斯卡放弃科学；达尔文（Chales Robert Darwin，1809—1882）的进化论在提出后受到了护教士的指责，进入 20 世纪，美国又爆发了相关论战，直到 20 世纪 80 年代后期才废除反进化论的法案。但反过来看，宗教和科学和平共处的时候也很多，甚至彼此之间起相互促进作用的时候也很多。无论是清教还是天主教都有与科学冲突的时候，也都有和平共处的时候。不能单单看到上述列举的案例，就认定科学与宗教无时无刻相互冲突。

二、三个案例

（一）布鲁诺之死

过去人们一直把布鲁诺看作是捍卫科学的殉道士，认为他是为捍卫哥白尼学说而死。但是布鲁诺之死更真实的原因在于他持有在当时教廷看来是宗教异端的见解：他持有反三位一体的教义学，信奉阿里乌主义（带有基督教原教旨主义特征的宗教教义）。反三位一体在正统教义学上被认为是最危险的异端，比无神论、泛神论、自然神论更可怕。布鲁诺被看作是宗教内部的敌人，是最凶恶的、隐秘的、可怕的敌人，所以一旦被发现且不肯悔过，结局自然很惨。布鲁诺主要是因这个原因受审，尽管他确实是赞成哥白尼的日心说的，但是赞成哥白尼的日心说不至于置他于死地，他被处死的根本原因是宗教异端，而当

---

① Draper, J. W., *History of the Conflict Between Religion and Science*, London: Kegan Paul, Trench, Thrübner & Co. Ltd, 1910.

② 安德鲁·迪克森·怀特：《科学—神学论战史（两卷本）》，鲁旭东译，北京：商务印书馆，2012 年。

时的宗教裁判所对宗教内部异端以及巫术是毫不留情的。

（二）伽利略受审

伽利略受审也不像人们想象得那么简单[①]：他公开的罪名是宣扬哥白尼学说，其实他没有犯下宗教上的罪恶。伽利略深谙人际关系之道，在年轻的时候就赢得了很多支持，甚至赢得了很多宗教界的朋友，如红衣主教贝拉明（Roberto Francesco Romolo Bellarmino，1542—1621）和教皇乌尔班八世（Pope Urbanus Ⅷ，1568—1644）。但是，由于他与亚里士多德经院哲学派的哲学家有很大冲突，因而有很多潜在的敌人。正是这些人最后让教皇相信，伽利略在他的《关于托勒密和哥白尼两大世界体系的对话》中所说的那个辛普利丘（头脑简单的人）所暗指的正是教皇本人，于是，愤怒的教皇下达了逮捕令。

伽利略的科学见解确实为那些试图将他投入监狱的人提供了借口。他从科学上所看到的东西与圣经所说的或教廷所认可的东西在字面上是冲突的。譬如，他用望远镜看到了木星的卫星，看清楚了月亮，发现月亮根本就不是水晶天球，不是一个完美的星体，它上面有深谷和高山！但是伽利略本人却是一位虔诚的天主教徒，在他看来，解决这些问题只有两种办法：一是把宗教和科学分开，这是当时完全不可能做到的，科学和宗教的完全分离是 19 世纪之后的事情，那时，欧洲大学里出现了去宗教化、世俗化的进程，整个西方文化也发生相应的去宗教化的进程；二是从《圣经》诠释学的角度去做文章，即按比喻说[②]对《圣经》另作解释——对《圣经》中那些在字面上出现的与科学认识相悖的说法另作解释。因此，他致信红衣主教贝拉明，探讨另解《圣经》的可能性，而贝拉明当即警告他不要这样做。伽利略受审时，贝拉明的信函被人翻出来，成为他被定罪的铁证。

由此可见，伽利略受审有着复杂的原因，这一事件并非简单的科学与宗教的冲突——即信奉科学的一方与信奉宗教的一方之间的冲突。这是在特定历史条件下发生的理性与信仰之冲突，而且这种冲突首先发生在伽利略的内心世界，然后才发生在他与经院哲学家及神学家之间。三百年后，教廷终于明白了伽利略的用心并为之平反，相信伽利略之言，他要求另解《圣经》，恰恰是为了维护宗教信仰。

[①]　de Santillana，G.，*The Crime of Galileo*，London：Heinemann，1958.

[②]　阿拉伯神学家在西方思想家之先发明了比喻说，即对于那些与自然哲学知识明显冲突的经文，采用比喻说解释，认为相关经文是为了让缺乏自然哲学知识的世人更容易理解而写就的。说到底，用比喻说解释宗教经典，是以自然哲学为依据另解经典。

（三）帕斯卡放弃科学

帕斯卡是他那个时代杰出的数学家和物理学家，他研究过大气压、真空和离散数学，在这些方面均取得过很高的成就。他在 24 岁之后放弃科学，是因为在他内心深处也经历过伽利略曾经历过的那种情况——在内心世界里理性思想与宗教思想之间发生了冲突。

帕斯卡从小体弱多病，并经历过落水而不亡这样的特殊事件，这使得他天性中怀有至深的宗教情愫。①当他明确意识到他的科学工作与他的宗教信仰之间出现了明显的偏离，他痛苦不已，痛定思痛之余，终而决定必须在两者之间有所选择且有所放弃，并最终选择了宗教，放弃了科学。

类似的案例还有很多，但在许多情形下，用科学与宗教之间血与火的冲突关系来进行解释是不适当的。我们应该在更宽阔的文化视角下观察问题，在世界史的框架中理解基督教对科学的作用。基督教分为天主教和新教两大类②。现在人们在日常生活所说的"基督教"是小写的，指的是新教，与天主教相对应。

不论默顿的工作引起了多少诟病，不论有多少人对他的看法提出了异议，此前流行的宗教与科学之间的血与火的冲突的历史观由于他的工作而被彻底改变了。然而，默顿的工作也存在两大盲区。其一，清教伦理是一个复杂的伦理学系统，其中除了那些可能有益于科学发展的伦理要素之外，还有一些其他要素：譬如，清教伦理作为一个整体，其中还包含着狂热、偏执、不宽容和宗派主义的因素。譬如，加尔文教派对天主教以及清教的其他教派的教徒多有屠戮之举。这些因素显然不利于科学的发展。如果把清教伦理看作是一个完整的系统，其中的一两条原则有助于科学的发展，并不能说明整个清教系统有助于科学的发展。其二，默顿完全忽视了个人意义上的神学，他正确地区分了神学与宗教，但他在肯定清教伦理对科学的助推作用的同时，断然否认神学与科学之间可能存在任何积极关联。他认为，要寻找宗教与科学之间的一体性，必须把目光转向一般的宗教活动，而不是神学。但是，宗教改革强调的原则是，每个信徒都可以因信称义，直面《圣经》，自己思考神学问题，都可以拥有自己的神学思想。既然是每个人都可以自己去思考获得拯救之道，都有权自己行动，那么，神学就应该有教廷的和私人的这两大类型之分。恰恰是在私人的神学中可以看到，有很多伟大科学家的神学思考都与其科学思考是密切相关的，甚至

①　这样的例子有很多，比如路德（宗教改革的发起人）曾遭受雷击而不死，是以他决心全身心投身于宗教研究。玻意耳亦有类似经历。

②　新教包括路德教、清教和英国国教，在俄罗斯和东欧部分地区的东正教也可视为新教的一种。

可以说是一体化了的。每一个思想家都会追求内心世界的独立、完整和谐和。如果追求不到的话，他可能就会选择一边并放弃另一边（如帕斯卡），也可能会选择另解《圣经》并因此而受审（如伽利略）。但是，历史上也并不缺乏能够将科学与宗教共融一炉的科学家兼思想家，如玻意耳，再如牛顿。

的确，如霍伊卡所说的那样，科学史及欧洲历史上出现过一场"科学的基督教化"运动，这场运动正是在玻意耳、牛顿的自然神学工作到达顶峰时，他们通过自然神学的论证和述说，将其实验哲学建立在基督教唯意志论神学世界观的基础之上，发展出了理智膜拜论并以之替代在当时已失去辩护效应的双重真理论，这样的神学-科学本体论极大地有别于伽利略、开普勒等的数学实在论，在当时起到了消除科学与宗教之冲突的作用，从而为新实验哲学为世人认同奠定了基础。当然，到 18 世纪 30 年代，也就是牛顿去世后不久，自然神论——上帝在创世之后即不再干预世界——兴起，玻意耳、牛顿所建立的"基督教唯意志论神学—自然神学—实验哲学"思想体系亦随之解体。

无论如何，如果我们看到了默顿工作中的第二个盲区的话，就不得不对古往今来的自然神学研究投以格外的关注，因为自然神学恰恰是介于自然哲学（科学）与神学之间的桥梁。从基督教历史来看，每当自然神学发达时，科学与宗教之间的关系便十分融洽，便为科学发展开拓了空间，如阿奎那提出自然哲学可以服务于神学之后，再如中世纪末期双重真理论初现之际，还如玻意耳"自然哲学—自然神学—唯意志论神学"思想体系初现之时。

三、如何理解科学与宗教之间的关系？

自然神学领域的兴衰，为我们了解科学与宗教之间的历史关联提供了一个很好的视角：以自然神学作为自然哲学与神学的中介，并以此理解整个科学和宗教之间的关系。当自然神学发展的时候，科学与宗教可以相安无事并且相互促进；当自然神学的领域非常贫乏并且陷入空白状态时，科学与宗教就可能发生冲突。这类见解的思想先驱是新康德主义哲学家文德尔班，他说其《哲学史教程》就是为了探索人类智力内在永恒的结构[①]，他把自然神学作为一个介于自然哲学（科学）与神学之间的中间领域来加以研究。

科学思想史学派的先驱柯瓦雷对哥白尼、伽利略、开普勒和牛顿都进行过较系统的研究。他的思想对第一代职业科学史家比如科恩（Ierome Bernard Cohen，1914—2003）、霍尔等，也对库恩产生了巨大的影响。柯瓦雷的思想与

---

① 文德尔班：《哲学史教程》上卷，罗达人译，北京：商务印书馆，2007 年，第 28 页。

新康德主义哲学史的思想有很多并行之处，譬如，他强调科学思想史要理解人类思想的统一性，他把科学与宗教之间的冲突、对抗和互渗都看作这种统一性的不同表现。之所以会对抗，说明它们在更深层次的思想系统中是相关的、统一的。这是一种带有张力结构的统一性概念。

对上述思想加以拓展，我们就可以得到"自然哲学↔自然神学↔神学"的分析构架。我们用"K↔M↔V"来代表，K 是 scientific knowledge（科学知识或自然知识）；M 是 metaphysics（形而上学，包括基督教世界中的自然神学在内），在探讨更具体的科学发展情形时，可以理解为元物理学、元化学（科学学科中的基本信念及方法论信念）[①]；将神学上升到更广阔的文化史研究背景中理解时，就可以用 value（价值及价值论）来替换，事实上，基督教世界中的神学也是关于人生价值的反思。当现代化进程开启、神学文化退居次要地位之时，文化传统的作用就会浮现出来。近三百年来，新的文化传统，如科学文化的传统，创新的传统，正是在此进程中逐渐产生、传播。这样一种分析模式不但适用于分析西方科学史中科学与宗教的关系，也同样适用于世界上其他国家和地区的现代化进程及相关的现代科学发展历程。在此分析模式中，最深层次的冲突往往不在于科学知识层面，也不在于形而上学和方法论层面，而在于价值论层面。

第三节　宗　教　改　革

宗教改革是西方历史上很重大的事件，跟文艺复兴、科学革命并称为三大运动，这三大运动通常被视为开启现代性的闸门。宗教改革略早于科学革命，因此，许多研究者相信，在某种意义上它为科学革命铺平了道路，对科学革命有一种引导作用。

但是，文艺复兴、宗教改革、科学复兴、启蒙运动、工业革命、社会革命乃至西方扩张是一连串发生的前后相叠的历史过程，均是西方文明现代化进程的重要组成部分，说时间稍早的思想变革或社会变迁引发时间上稍后的思想变革或社会变迁，断定前者必定是后者的原因，在本书作者看来，却是不适当的。所有这些彰显着西方社会现代化进程的不同维度的思想变革或社会变迁，作为一个完整的社会转型进程，其所以发生的深层原因，在于长时段历史中不同人

---

① 袁江洋：《重构科学发现的概念框架：元科学理论、理论与实验》，《科学文化评论》2012 年第 4 期，第 56-79 页。

类文明之思想成就和物质成就的汇聚和整合，在于在这种汇聚与整合的基础上的创新。

一、宗教改革的对象——天主教制度

宗教改革的对象是天主教。天主教实行主教制，其基本结构可以用"上帝—教士—信徒"这种金字塔结构来描述。在此结构中，教士阶层（教皇、主教、牧师）被认作是上帝与信徒之间必要的中介。基督教传入罗马世界，起初数百年间主要流行于社会底层民众，出现早期教会组织。4世纪后期，罗马帝国为拯救摇摇欲坠的帝国统治，奉立基督教为国教并废除罗马文化自身所固有的罗马神教，力图以这种二次文化认同来凝聚罗马民众，重振帝国信心。此时，罗马教会在四大首牧区脱颖而出，其主教升任为教皇，并建立罗马教廷。

5世纪中后期，日耳曼诸蛮族不断入侵西罗马世界，促使统一的罗马世界解体，入侵蛮族控制并瓜分西罗马世界，形成大大小小的封建王国，而罗马教廷趁势而起，并先后建立诸多王国。此时，天主教迎来了最好的发展良机。罗马天主教在随后的数个世纪大行于天下，入侵的日耳曼酋长们连同他们的将士先后皈依天主教。应该承认的是，正如历史学家汤因比（Arnold Joseph Toynbee，1889—1975）所述的那样，当前一代文明崩溃，统一的教会就如同蚕蛹将罗马文化遗产凝聚于其中，并以化蝶的方式传递给下一代文明。也就是说，在欧洲诸王权获得长足的成长之前，罗马教会堪称罗马文化遗产的守护者和传承者。但是，随着教皇国因丕平献土而出现，随着教皇们开始追罗马式的权力和统治，譬如，1075年教皇格列高利七世（Gregory Ⅶ，1020—1085）颁布《教皇宣言》，发动"教皇革命"，基于"使徒统绪"理论，宣称教皇和主教们的权力直接获之于基督，宣称教权高于一切世俗王权。教皇们热衷于从君王们手中夺取宗教乃至世俗权力，而彼时仍显弱小的欧洲王国大多无力抗衡教权，从此，天主教制度就不再只是归化人心的宗教制度，而逐渐蒙上鲜明的政治色彩。于是欧洲出现了漫长的神权高于王权的时期（法国王权可算是一个例外），直至16、17世纪强大的欧洲近代民族国家先后崛起为止。

社会学制度化研究表明，一项制度若长期僵化，将必然导致高度腐败，并最终导致制度崩溃和重组。至14、15世纪，天主教制度在中世纪以来的数百年间不断僵化，引发了很多严重的社会问题，其中最主要的问题就是宗教腐败，而最严重的腐败行为就是贩卖赎罪券。

罗马教廷在欧洲诸侯国里横征暴敛，设置什一税以及形形色色的苛捐杂税。德国因在三十年战争蒙受惨痛损失，长期处于高度分裂的格局之中，成为受教廷压迫最深的地区。也正是在这片土地上，宗教改革首先爆发。

遍及欧洲的宗教改革运动之所以爆发并能够在一定意义上取得成功，有着多方面的原因。

其一，制度僵化和宗教腐败，这是天主教内部改革和新教改革的导火索。

其二，教权与王权之争为宗教改革的成功提供了可能。没有王权的逐渐崛起，宗教改革很难发生，或者纵有发生也会很快被镇压，不会取得成功。当王权发展达到绝对君主专制制度以后，政治革命和社会革命也随之而来。王权的兴起在欧洲从来没有达到天主教一统天下的高度，正是欧洲教权和王权之间的对立和高度分化，最终使西方民主制度以及学术自主制度得以确立。

其三，长时段的人类文明物质成就与思想成就的汇聚为宗教改革提供了前提条件和深层次的动因。一方面，没有由阿拉伯渠道传来的中国造纸术和印刷术，"直面《圣经》、因信称义"就没有可能。另一方面，没有基督教思想家的不断涌现，没有路德（Martin Luther，1483—1546）、加尔文，以及在英国宗教改革完成以后出现的事后理论解释者培根，宗教改革乃至欧洲整体文化就会失去发展方向，就会沦为简单的权力争斗或更替。

如何看待宗教改革呢？简言之，宗教改革是欧洲社会摆脱前现代而走向现代的一个重要环节，是对天主教金字塔等级制度的扁平化重组，也是每一个基督教徒勇于追求自由、渴望分享上帝自由的实践。

二、新教

新教的最基本教义是因信称义，直面《圣经》。在宗教制度方面，它要求废除或改革主教制，改用长老制（每一教区由数名长老共同执行教务管理和决策，而非由主教一人负责），反对偶像崇拜，不需要整个教士阶层作为中介，人们可以自己研读《圣经》，自己思考上帝的存在与作用问题，思考如何生活、如何行动、如何获得拯救。

新教的基本派别有三大类，分别是路德教、加尔文教（即清教）和英国国教。其中较为特殊的是英国国教，它一方面主张因信称义，但另一方面保留了主教制，这与英国国王自己出任教会的最高首领，实行政教合一的君主专制有内在关联。三大教派之下，又分化出许多小教派。譬如，在17世纪下半叶至18世纪初这一时期，英国国教下的小教派有数百种之多。

在宗教改革的过程中，不只涉及教义的改变，还涉及社会背景的重大变迁，如王权的兴起与更迭，如英国王位继承人的宗教取向时常直接影响着王位的继承和巩固，甚至牵动着政治革命，譬如，玛丽女王在临终前因宗教原因考虑过处死伦敦塔中妹妹伊丽莎白一世（Elizabeth Ⅰ，1533—1603）；清教背景的伊丽莎白一世在登位后因政治原因改宗国教；詹姆士二世（James Ⅱ，1633—1701；1685—1688 年在位）力图恢复天主教的雄心和努力构成了光荣革命的直接起因。

宗教改革过程总是伴随着大规模的财产转移和重新分配，伴随着战争和流血事件。譬如，在英国，天主教徒、清教徒、国教徒之间经常相互迫害，在英国还属于罗马天主教麾下的时候，清教徒遭到了迫害；而当国教奉立之后，天主教徒遭受多方面的迫害，财产和人格均得不到保障；玛丽女王在位时，她甚至将国教领袖、坎特伯雷大主教劳德（William Laud，1573—1645）凌辱并处死。即使是国教徒与清教徒之间，也存在长期争斗和相互迫害。即使是英国所谓"光荣革命"也不那么光荣，在英格兰虽然只处死了在查理一世死刑宣判书上签过字的十余位革命家，但在苏格兰，却因此爆发了宗教战争。一直到 19 世纪快结束的时候，对天主教的限制才在英国解除。

（一）路德教

马丁·路德是神学家兼思想家，1517 年 10 月 31 日，他在他所就职的维腾堡城堡教堂的大门上贴出《九十五条论纲》，没想到它 4 个星期内飞传整个基督教世界，好像天使在传送它们。路德在王权和神权相互对立的背景下主张"惟信称义（后弱化为'因信称义'）"，他深入研究了功德箱的由来，证明其不合真正的宗教拯救之道，他将教皇的教谕和赎罪券当众焚烧，以示对整个罗马天主教廷的不满，并且宣称教皇也是人，他也有罪并需要赎罪。但是路德是尊重王权的，他在一系列著作中公开提出，教皇是不能干预世俗政权的。他还宣称如果教会已经腐败，就必须进行改革，如果不改革的话，国家或世俗政权应该出面进行改革。他把罗马教会直指为打着神圣教会和圣彼得旗帜在人间行恶的巨贼和大盗。

1521 年，在罗马教廷将路德逮捕归案的过程中，支持路德宗教改革的萨克森选帝侯弗里德里希三世（Friedrich Ⅲ der Weise，1463—1525；1486—1525 在位）以武力方式将他"绑架"并保护起来。在这种对峙情形下，路德挺过了宗教审判，并在选帝侯的保护下安然著书立说，进一步阐述其宗教改革主张和理论。路德甚至结婚生子，不守教规却安然无恙。最终，神权与王权形成了妥协，达成了《奥格斯堡合约》，妥协的结果是，在所有地区，路德教和天主教是平等的，由地区领主决定地区宗教派别，不从者、不愿意改宗者须迁移他乡。很明显，在宗教改革斗争的过程中并不是每一个人都真正享有了自由（即自由决定自己的宗教类型），决定着人们宗教取向的人是各地区的大公或侯爵。《奥格斯堡合约》也维护了神权的一部分利益，在天主教教廷里兼职的人可以私下里信路德教，若公开改宗，则必须放弃在天主教名下的财产。从此，路德教在德国逐渐兴起。

在德国，还发生了由闵采尔（Thomas Münzer，1489—1525）领导的激进形式的宗教改革。闵采尔是德意志平民宗教改革家、农民战争领袖、空想社会主义的先驱者之一，当然他也是一位神学博士。

闵采尔以路德为师，但很快发现路德改革是中途半端的、不彻底的。1521年11月，闵采尔发表《布拉格宣言》，第一次阐明自己的宗教、政治观点，同路德分道扬镳。闵采尔相信，天堂不在来世，就在今生；信徒的使命就是在现世建立天堂。1525年他来到缪尔豪森，与再洗礼派合作建立"永久议会"和革命政权，但遭到天主教和路德教势力联手镇压。同年5月闵采尔战败被俘，在刑场上他慷慨陈词，视死如归，壮烈就义。

（二）加尔文教

在瑞士，首先上场的宗教改革也是以急风暴雨的形式展开，瑞士宗教改革家茨温利（Huldrych Zwingli，1484—1531）以苏黎世为中心，领导东北各州展开了宗教改革活动。1520年他放弃教廷俸金。1522—1525年，他在苏黎世先后提出各种政治和宗教的改革主张，其中最著名的是他于1523年提出的《六十七条论纲》，得到市民阶层和市议会的支持。茨温利与路德探讨过合作事宜，但会谈因路德在宗教教义解释上不肯作丝毫让步而告吹。最终，天主教诸侯联军进军苏黎世，茨温利在战场上阵亡。

在瑞士取得最终成功的是由加尔文（John Calvin，1509—1564）领导的清教（Pure Religion）运动。加尔文是法国人，是饱学的神学思想家、宗教改革理论家，因受法国天主教派迫害而于1535年逃往瑞士巴塞尔。1536年出版其神学巨著《基督教原理》，提出预定论。加尔文教预定论是强调人能否得救是由上帝预定的，不取决于人自身的行为，更不取决于罗马教廷。上帝选中的人就可以得救，这与个人的操行没有什么关系；而个人必须虔信上帝并且好好生活，个人所要做的就是，用辛劳、汗水和成功证明自己是上帝选中的人。

加尔文教在新教阵营中是非常极端的宗教教派，严禁教徒个人自由地选择教会和研究宗教教义，甚至公开支持教会与国家共同镇压异端思想。在此方面，加尔文的所作所为丝毫不比罗马天主教会逊色，罗马教廷烧死过持反三位一体宗教立场且支持哥白尼日心说的布鲁诺（Giordano Bruno，1548—1600），加尔文亲自批准处死或放逐许多持不同宗教立场的思想者，其中最典型的是加尔文于1553年10月27日将西班牙人文主义者、自然科学家塞尔维特处以火刑烧死，其罪名是他反对三位一体教义。

（三）英国国教

英国国教的产生从史书上看是一种偶然。罗马天主教廷因国王亨利八世（Henry Ⅷ，1491—1547）的离婚问题欲处分他并开除他的教籍，开除教籍对宗教徒来说是最严重的惩罚，对于一位统治基督教徒的国王来说，这种惩罚很可能直接影响到他的统治。但是，在这个偶然背后也存在着必然，这就是，亨利八世看中了英国天主教会的权力和财产，特别是税收权。宗教改革前，天主教会在欧洲诸国里均持有超过三分之一的不动产和其他财产，而宗教改革后在新教国家里这些财产的产权均发生了变动。

当德国爆发路德改革时，亨利八世出于当时英国与西班牙战争的需要，发表了一组辩护文章，为教廷涂脂抹粉。一旦战争结束，他便宣布英国宗教独立，成立英国国教，自任国教首领，并指定坎特伯雷大主教为全英格兰主教长，他没收拍卖英格兰天主教会的财产，并且杀掉很多反对改革的人士。

亨利八世自任国教领袖，实现政教合一，所以他保留了主教制。与此同时，英国国教也将两所著名大学——牛津大学和剑桥大学——改造为国教的人才培养系统。

三、培根的事后理论构建

英国国教改革没有诸如路德、加尔文这样的宗教理论家做思想上的引导者，相应的宗教改革进程又因英国王位的不断变动——亨利八世逝世后其三个子女先后继位为王——而出现反复波动。玛丽女王继位后恢复天主教并镇压清教和国教，而伊丽莎白一世继位后选择国教正统。

是培根对英国宗教改革进行事后的检讨和反思，当这位早早退役的政治家兼思想家反思英国乃至欧洲宗教改革进行时，他目光所及，已远远超出宗教体系，他将宗教复兴置于整个欧洲文化重建与复兴之下加以重审，将宗教问题、政治问题和科学认识问题连接在一起，将道德哲学问题的解决与自然哲学问题的解决连接在一起，构建其完整的思想体系和知识社会乌托邦蓝图。培根的思考是如此深刻、如此富于远见，在很大程度为中世纪之后的欧洲文化发展指示着方向和道路。

培根清楚地指出，仅凭经过宗教改革的基督教信仰并不足以为整个基督教西方文明的发展开创新的未来，要真正找到欧洲文化发展的新出路，不仅需要充分吸纳中世纪基督教文化遗产，需要理解其他文明的文化成就，还需要对整个欧洲文化的思想传统进行再整理和革新，需要重整自然哲学和道德哲学的关系问题并在此基础上重构欧洲的思想传统。培根意识到，他的思想使命就在于此。为此，培根著书立说，写下由《论学术的进展》（*Advancement of Learning*）和《新工具》（*Novum Organum*）两卷名作构成的《伟大的复兴》（*Great Instauration*），还写下了他的乌托邦构想《新大西岛》。

区别强调以君王权术解决政治问题并写下《君王论》的马基雅维利（Niccolò Machiavelli，1469—1527），也区别于重视以教育解决现实宗教生活之弊端并写下《愚人颂》（*In Praise of Folly*）的伊拉斯谟（Erasmus von Rotterdam，1466—1536），培根坚信，只有通过发展自然哲学才能为真正理顺上帝、自然与人之间的关系奠定基础。为此，培根立足于基督教文明乃至全部人类历史，站在他那个时代人类文明思想成就汇聚的顶峰，重审理性与信仰之关系问题，从基督教文化视角再现了苏格拉底"知识即美德"、亚里士多德"明辨即美德"的人性学说和社会发展理想。

培根对亚里士多德金字塔式的知识结构进行了扁平化处理，构建出"知识的海洋"图景，相信任何勇于探索知识海洋的智慧之士，均有权利扬帆驶过海格立斯柱，航行于知识海洋之上。在培根看来，发展知识和新大西岛式的知识社会，是人类改造自然重返伊甸园的正确通道；掌握知识，是每一位公民分享上帝之权利、分享上帝之自由的正确方法。

如何掌握真正的知识？培根在前人基础上发展出其经验论探索方法，并自豪地认为他的《新工具》胜于亚里士多德《工具论》，他推崇的自然哲学更远胜于古罗马人的自然志。

第四节　重审宗教改革与现代科学之关系

一、全球史视角下审视人类知识生产制度

现代科学的产生就其路径而言得益于宗教的助力，但并不能说有了宗教改革就有了现代科学，没有基督教就没有现代科学。因为在基督教产生以前，就有由雄伟的亚里士多德提出的包容着自然哲学和道德于一体的知识体系出现，

并且这种知识体系也再现于阿拉伯文化之中。

现代科学的制度化进程是非常复杂的，无疑，科学制度是从已有的社会文化制度的母体结构中产生的，必然会受到母体文化制度的调适，但是，随着科学的发展和科学文化的壮大，科学制度也可能反过来作用于原有的母体文化制度。譬如，当科学文化发展到 19 世纪后期，理性精神在西方社会里不断升华，使得宗教文化从统治地位上退出。此外，科学的制度化进程是一个逐步展开的进程，制度化之后还有再制度化，没有绝对的终点。一旦现行科学制度不能适应时代的要求，就可能发生相应的制度改革或再制度化。

知识生产的制度化在古代就有，在东方社会也有。在中国古代，即存在着一个持续存在并且一直主宰着知识分子心灵的官学体系。这个官学体系可称为"儒学体系"，分设有经学、算学、天文、农科、工部乃至医科等科目，今天我们看起来像是科学的内容，均以儒学的编码方式融汇于其中。譬如，技术类知识，如冶金知识，均置于工部之下。但是这些科目的知识生产规模都不算大（尤其是在与今天相较时），并且主要存在于中央一级的体制之内。更重要的是，这种官学体系受制于大一统王朝的政治体制，它并不以不断追求新的知识作为其直接目标，而以服务王朝统治，以致用为宗旨。简言之，它是以皇权而非以真理概念作为最高的准则。譬如，中国早在南北朝时祖冲之（429—500）即计算出了圆周率的约率和密率，将圆周率的精确值锁定至小数点后第七位，但是，中国数学家没有由此构建出无理数概念，祖冲之之后，中算史上再无人致力于推进圆周率计算，此外，由于实际应用不需要很高的精度，中国的木匠在两千年中一直使用"周三径一"。

在日本德川幕府时代，除存在着以朱子学为核心的官学外，还出现了另外一种学术制度化形式，即艺道模式的学术制度化。日本艺道模式要求不断追求极致，追求更高境界，这便使得由此而致的制度化进程更富有创造活力。譬如，在德川幕府时期，幕府设立了天文坊，这相当于我们中国的钦天监，但是，日本算学却未能被列入官学系统，由此，日本数学不得不走上了艺道制度化发展道路，这是一种脱胎于日本家学传承和艺道传承的制度化进程，它采取"家元—免许"制度，家元的继承采用在二子二徒中择优选任的做法，"免许"则是指通过颁发段位进行资格认证，使和算家在社会上有谋生之道，由此，日本出现了以关流算学为主导的四大算学流派。各流派自行招收门徒、钻研算学，这些流派存续了近三百年之久，最终因西方数学的全面输入而终结。就和算发展整体历程而言，这种官学之外的制度化发展结出了官学体系内不可能结出的硕果：和算源于中算，它建基于古代至明代中国算学的传入，但它超越了中算，譬如，在牛顿发明微积分七八十年后，日本算家建部贤弘（Takebe Kenko，1664—1739）、安岛直圆（Ajima Naonobu，约 1732—1798）也发展出了有"东方微积分"之称的"圆理"，建立微积分演算规则；又如，不同流派的和算家围绕圆周率计算展开了一场智力角逐，很快便将有关计算推升至小数点一百多位的精度，而且，在此进程中，和算家发现了有关的级数计算方法及级数收敛条件。

在西方，科学的制度化走过了漫长的历程。柏拉图学园传授希腊七艺，存世达 900 年之久，直至罗马帝国奉立基督教为国教方被取缔。学园按柏拉图数学实在论理念设立教授四门精确学问，即算术、几何、天文、音乐，在此，我们可将前二者视为纯数学、将后二者视为应用数学。在公元前 3 世纪—前 2 世纪的埃及亚历山大里亚，亚里士多德的弟子建立了缪斯学园，按照亚里士多德知识体系设置学科，其中包括光学、力学、位置运动研究等物理学学科。正是在亚历山大里亚的这一百年里，古代科学达到顶峰，它自成体系并以追求自然真理为目标，堪称后世自然哲学和科学的真系祖先。

在基督教文化图景中，罗马人即使是皈依基督教后也没有按照亚里士多德知识体系来设置自己的教育框架，而是传承了柏拉图的知识范畴和教育框架。教父神学的奠基者奥古斯丁素有"受洗的柏拉图"之称，他保留了希腊七艺，强调理性的精神内省有助于提升宗教意识、领悟上帝的存在和作用，但他并没有认真地关注自然哲学。所以，罗马教父神学体系中容纳着七艺，但不包括亚里士多德意义上的自然哲学诸学科。譬如，在奥古斯丁看来，炼金术操作只属于上帝，人不应妄行其事。事实上，罗马文明并没有产生任何杰出的自然哲学家。

13 世纪经院哲学兴起之后，尤其是自阿奎那构建起"基督教神学↔自然神学↔自然哲学"的知识传统之后，自然哲学便在基督教神哲学框架中、在宗教制度之内找到了一席之地，虽然其发展步伐并不快，但自然哲学家们却从此有了一个明确的方向，并在此方向上持续努力着。至 16、17 世纪，欧洲的自然哲学家们开始组建一些早期的科学学会。

科学学会的出现，使得自然哲学家们可以凭借集体智慧来进行自然哲学探索。当时成立的学会有的存在时间并不长，但也有诸如英国皇家学会这样一直延续到今天的科学学会。譬如，最早出现的、包括伽利略在内的意大利山猫学会（Accademia dei Lincei），由喜爱自然哲学的切西大公（Federico Cesi，1585—1630）创立，但切西大公离世，其继承者则停办学会。

近代早期科学学会的构建构成了现代科学制度化的第一层次。第二层次是指科学进入大学而言的，这一阶段也可称为科学各学科的专业化进程，其目标是在大学教育系统内建立专攻各门科学的系和研究机构。第三层次是科学的国家化进程，这一进程一直延续到今天，其结果是国家科学系统的产生。20 世纪中期以来，科学制度化进程还出现了第四层次，即出现跨国层面的科学，譬如欧盟科学以及以前出现过的苏东阵营里的科学实体。[①]中国也曾受惠于这种特殊形式的跨国科学合作事业，人类历史上国家与国家之间最大的技术转移就是在新中国成立后苏联向我国提供的大批技术支援。欧洲的一体化进程带动了跨国层面的科学的出现，出现了众多欧洲科学实验室，如欧洲核子研究中心（CERN）、欧洲分子生物学实验室（EMBL）；出现了欧盟框架计划，出现了欧洲研究区。所有这些层次的制度化进程相互交错，织就了现代科学制度化发展的整体画卷。

宗教和医学是人类历史上较早获得制度化发展的事业，在西方，跨国跨文化的宗教制度化发展进程一度导致了教权高于王权的格局，而当 11 世纪以降，欧洲开始出现大学时，大学类型只有三类，即神学院、法学院和医学院。

一般说来，制度化的动机可分为以下两类，一是像宗教和医学的制度化进程，是为了"致用"而制度化；还有一种是科学和学术的制度化进程，是为了"认知"而制度化，或者说是为了一种基于认知的"致用"，以"认知"为直接目的。这种区分有助于我们理解为什么医学很早就制度化了，但它不一定有一个独立成熟的研究纲领。但是对现代科学学科而言，其制度化得以成功的内在理据在于研究纲领或传统的构建，就是说必须有一个能够不断产生出新的成果的研究传统或研究纲领，如果没有这种研究传统或研究纲领的话，现代科学或学术的学科化进程是不可能成功的。

相对而言，物理学的学科化发生得比较早，特别是天文学，天文学原本就属柏拉图自由七艺之一，在此模式下，它的研究传统建基于柏拉图数学实在论，希腊天文学家相信行星运动是完美的，必定按正圆轨道运行，因此他们以正圆轨道建立行星运动模型并以之拟合经验观测数据，在面对两者之间的偏差时，他们先后引入了偏心圆和本轮—均轮概念，以此拯救现象；而在亚里士多德知识体系中，个体具体事物的实在性强于由个体集合而形成的类的实在性，天文学与力学、光学、运动学一样同属于探究自然的自然哲学，同属物理学的分支学科。

在通常所谓之欧洲科学革命时期，天文学的学科地位得到了加强，以致在当时大学里或是在国家体制内设立了专门的天文学职位或机构。概言之，物理

---

① 高洁、袁江洋：《欧盟科学技术制度化进程之始端：欧洲核子研究组织的创建——关于欧洲核子研究组织创建初期核心成员的一项群体志分析》，《中国科技史杂志》，2009 年第 4 期，第 465-481 页。

学的学科化进程始于天文学、光学、力学，恰恰是因为在那个时代，伽利略、牛顿等的工作使这些学科找到了一个行之有效的现代研究纲领，按照这个纲领前进，就会不断发现新的研究成果，从而不断产生出新的成果又会促使物理学乃至整个科学研究赢得广泛的社会认同。在更长远的意义上，可以看到，在伊斯兰文化中，天文学、光学和力学也是先行得到发展的学科，譬如，伊斯兰光学家首先正确地解释透镜成像的原理，其光学研究曾领先欧洲达四个世纪之久。

科学，作为一项相对独立的人类事业，从原有的母体文化中产生，需要有强有力的辩护。就西方社会的情形而言，这种辩护就表现在通过发展自然神学来弥合自然哲学与基督教神学之间的张力。在 17 世纪英国，玻意耳，作为英国皇家学会的无冕之王，将新自然哲学——他称为"实验哲学"——建基于基督教自然图景之上，由此赢得了广泛的社会认同并使实验哲学大行于天下。在玻意耳之前，伽利略等曾利用双重真理论——自然真理与神学真理同为上帝之真理——为发展科学事业而辩护，但当科学迅速发展致使自然真理与神学真理迎头相撞时，这种辩护便失去其原有的效力，伽利略本人也受到了宗教法庭的审判。

在科学制度化的第二个台阶上，科学学科化的内在理据在于研究纲领的构建，只有在研究纲领行之有效的前提下，才能赢得普遍的认知认同和社会认同。所以一个学科开始发生学科化之时往往就是一份成熟的学科研究纲领诞生之时。所以，在 17 世纪，物理学的某些分支学科就开始出现学科化的趋势，而化学则需要等到 18 世纪末 19 世纪初才开始发生学科化，由以往的"技艺"上升为科学学科。人文学术在欧洲大学里获得学科地位，时间要更晚一些，譬如，历史学，是由于德国著名历史学家兰克（Leopold von Ranke，1795—1886）的历史学科学化纲领而于 19 世纪中期开始发生学科化，在大学体制内获得一席之地。

认知认同是学术界对学科认知纲领的认同，随之而来是学科学术共同体的形成以及整个学术界对学科学术价值的承认；进一步的认同则是社会认同，随着社会认同而来的是社会对科学学科的支持和投入，是学科的职业化。

在西方，科学的制度化进程又有两种基本的方式：一种是自下而上的，一种是自上而下的。严格地说，这两种机制只是描述了真实进程的两种极端方式，真正的制度化进程往往是以介于这两者之间的某种综合方式进行的。最早的科学原发国，如英国，恰恰走过了一条最难的道路——自下而上的制度化发展道路。

科学的制度化进程，对于很多后发国家来说，譬如中国，主要是采取自上而下的方式进行的。此时，社会认同先于认知认同发生，后发国家在经历西方扩张的苦痛历程之余，欲求生存求发展，就不得不引进西方科学和学术制度，但认知认同这一课，迟早还是要补上的。

科学的发生发展肯定需要相当强的社会文化条件，否则社会认同是无法完成的。奥地利社会学家兼哲学家齐尔塞尔（Edgar Zilsel，1891—1944）曾专门探讨科学发生的社会学条件问题。他提出，科学产生的一个必要条件是，科学须建基于高度发展的人文文明之上；但是他未能找出充分条件，而只是根据欧洲科学发生的案例给出了一个似充分条件，即，工匠传统与学者传统的汇聚与整合，是欧洲科学兴起的起点。①

在长时段历史研究视角中，必须看到，如果人类智力的发展达不到一定的高度，学科化也是不可能出现的。智力的长期发展，是科学制度化的智力基础。科学就是要用人类的理智处理经验，这既包括人类的思维能力，又包括人类的实验观察能力，其中会涉及实验技术的发展，惟其如此，科学学科化才具备必要的智力基础。对于一个人类文明而言，要使社会理智长期持续进步、提升，最重要的步骤是，该文明须将真理探索纳入其价值体系之中，也就是说，一个文明要发展出高度系统化的理性的知识体系，就必须发现自然，发现自然与人及人类社会之间的关系，就必须将财力和智力投向自然研究。

默顿等社会学家无不强调，科学的发生发展需要有一个适宜科学发展的社会文化氛围。的确，科学制度化进程只能发生于在一个赞许科学的社会—文化氛围中。人们通常会问：为什么现代科学产生于地中海沿岸而不是别的地方？社会学家每每将现代科学兴起归因于基督教西方社会的社会结构的制度，但是，我们的看法是：地中海沿岸在公元前 5 世纪—1900 年一直是欧亚大陆人类文明思想成就和物质成就汇聚的中心地带，在长时段历史进程中，我们看到古巴比伦、古埃及文明的兴起，看到波斯文明对东南地中海地区古文明的征服，看到希腊海洋文明与陆地农耕文明之间的冲突，看到亚历山大大帝的东征以及其帝国的解体，看到罗马人与迦太基人之间的布匿战争，看到罗马对环地中海文明的征服，看到基督教的崛起，看到日耳曼诸蛮族对西罗马世界的入侵以及由此而来的西方封建社会的降临，看到阿拉伯人冲出阿拉米亚半岛征服地中海西南岸，看到阿拉伯的西征、十字军的东征和蒙古人的西征，所有这些，包括战争、贸易、宗教传播与文化交流，共同使得地中海沿岸成为世界文化的汇聚

① Zilsel, E., "The Sociological Roots of Science", In Edgar Zilsel, Diederick Raven, Wolfgang Krohn, et al（eds.）, *The Social Origins of Modern Science*, Dordrecht: Springer Netherlands, 2003, pp.7-21.

之所。所以，任何一种单纯的文化，均不足以担负起科学革命的重任；所以近代欧洲文明的卓越并非因为他们的日耳曼祖先将他们奉行的原始军事民主制度带到基督教西方世界并在此基础上发展出了民主制度，而是因为他们在恰当的时间把握住了人类文明汇聚的节奏，并勇于在此基础上展开了文化创新，最终将亚里士多德知识体系推升到现代科学技术与现代学术的高度。

今天的内生经济学史研究也为我们的论题提供了佐证，譬如，英国在 1270 年至 2000 年人均 GDP 的稳定增长，只与科学技术与教育的发展呈现正相关关联，而与制度变革无关，更谈不上与宗教制度改革直接相关[①]。人类社会在某种意义上走出曾经的马尔萨斯陷阱，工业革命的发生，以及大分流现象——人均 GDP 上扬且人口下降——的出现，均与科学技术和教育的提升存在正相关关联。[②]

二、超越默顿论题

默顿论题问世至今已有 80 余年。关于宗教与科学之关系、清教或天主教是否促进科学精神成长之探讨，仍是今天科学史家需要正视的问题。默顿通过对于 17 世纪英格兰自然哲学家群体的宗教背景以及当时自然哲学家研究兴趣发生转移的统计学和社会学分析，引出其结论。默顿将现代科学的兴起视为一种"有目的的社会行动之无意识后果"，也就是说，宗教改革，说得更具体些，清教伦理虽然并非为着科学的目的而出现并被确立进来，但它在无意之间促进了 17 世纪英格兰科学的发展。然而，这种隔靴搔痒式的研究方法和结论远未能真正切中 13 世纪以来欧洲文化圈内自然哲学复兴或者说科学复兴的真正原因。

宗教改革进程中出现的宗教领袖，路德、闵采尔、茨温利、加尔文乃至亨利八世和劳德大主教，非但未曾给予自然哲学研究以任何特别的支持，甚至反过来迫害过许多持不同宗教立场的自然哲学家。如果说要从 14 世纪以来欧洲历史中找出那些曾对科学与人文的发展起过重要作用的宗教领袖，那么，罗马天主教廷倒是出现过许多支持文艺复兴和自然哲学复兴的教皇，譬如美第奇家族中诞生的那些教皇们——庇护四世（Pope Pius Ⅳ，1499—1565）、利奥十世（Pope Leo Ⅹ，1475—1523）、克莱门特七世（（Pope Clement Ⅶ，1478—1534）、利奥十一世（Pope Leo Ⅺ，1535—1605），他们均镇压过新教，但他们均承续

①　Madsen, J. B., Murtin, F. B, "British Economic Growth Since 1270: The Role of Education", *Journal of Economic Growth*, 2017, 22（3）: 229-272.

②　Perrin, F, "Unified Growth Theory: An Insight" *Historical Social Research*, 2011, 36（3）: 362-372.

了美第奇家族赞助科学与艺术的传统。再如保罗三世（Paul Ⅲ，1468—1549），他年轻时即博览群书，爱好希腊文化，成为教皇后则支持和赞助意大利科学与艺术的发展；作为天主教教皇，他于1545年召开特伦托宗教会议，实施天主教内部改革，同时成立专门用于对抗、镇压新教的耶稣会。须知，耶稣会除严酷镇压新教外，还大办教育，宣扬改良的天主教文化，以此与新教竞争教众，此外，保罗三世还解除了到中国传教的禁令，指示耶稣会士到中国传教——这次传教历时超过半个世纪，正是圣方济各·沙勿略（St. Francis Xavier，1506—1552）、利玛窦（Matteo Ricci，1552—1610）、汤若望（Johann Adam Schall von Bell，1592—1666）这些分别来自西班牙、意大利、德国以及欧洲其他国家的耶稣会传教士让远在世界东方的中国士人和民众第一次接触到西方的宗教、科学和文化。即使是审判伽利略的乌尔班八世，年轻时也是山猫学会和伽利略自然哲学的拥趸和支持者。

再说一遍，亚里士多德知识体系在基督教文化中的确立才是科学复兴之始，自然哲学在基督教西方社会的真正复归始于13世纪经院哲学的建立。如果说宗教改革曾对科学复兴起过任何正面作用，那么，我们就必须将视线转向个人意义上的神学研究的合法化和普遍化过程。也只有在此意义上，我们才能理解所谓文艺复兴和宗教改革（包括天主教内部改革在内）在科学复兴进程中所起的以及可能起过的助推作用。

应该承认的是，宗教改革因信称义、直面圣经的宗旨允许每一个思想家均可以在教会认可的官方神学之外独立地思考上帝、自然与人之间的关系问题、思考信仰与理性的关系问题，其中既个人如何获得拯救的问题，也包括社会如何发展的问题。但是，同时也应该注意到，早在宗教改革之前，早在13世纪，勿论天主教制度允许还是不允许，欧洲思想家和神哲学家已开始重新思考上帝、自然与人的关系，譬如，但丁在遭受罗马教廷迫害、在颠沛流离之际写下《神曲》和《帝制论》。宗教改革的确从形式上打开了一些思想禁区，但我们并不能由此认为，宗教改革之前没有勇于突破思想禁区的思想者。

从制度化理论来看，宗教改革是欧洲宗教制度化重组进程，在此进程中，天主教和诸多新教均需要重新整理、重组它们各自的思想传统、思维方式和行动模式，因此，最终也会触及"基督教神学↔自然神学↔自然哲学"这一自13世纪确立起来的深层思想传统，触及自然哲学纲领的重建。

重新审视信仰与理性之关系，重新审视上帝、自然与人之关系，是基督教思想家重建思想传统的前提。事实上，完成这项伟大使命的人并非宗教改革的领袖们，而是培根、笛卡儿、玻意耳、牛顿这样的在宗教改革之后才涌现出来的思想家兼自然哲学家。是他们将自然哲学研究提升到价值论的高度，是他们重新定义了上帝、自然与人的关系，也是他们构建出了多种不同自然哲学辩护理论和研究纲领。

英国著名的历史学家巴特菲尔德说过，文艺复兴、宗教改革与科学革命这三者形成了一种合力，它们的汇聚铸造了一个新的传统，这个新的传统使西方人与基督教—罗马传统决裂，最终与基督教的价值传统决裂，它铸造了一个新的世界，而且这种传统无论传到哪里都会有一种斩钉截铁的效应或力量，它传到美国和日本，都引起了大变革①。在 20 世纪传入中国后，也引起了中国社会和文化的巨大变革，第二次世界大战以后，它传入非洲，非洲国家也开始讲民主和科学，这都说明文化的碰撞与思想的汇聚引起了全球文明现代性转型。

将巴特菲尔德式的思考进一步推展到长时段全球史的界面，我们就会得出不同于巴特菲尔德的结论：人类社会发生现代化转型的深层原因在于人类古代及中古时期思想成就和物质成就的汇聚与整合；因此，文艺复兴、宗教改革与科学革命只是这场现代性转型最初的几个台阶，而且科学的复兴是人类社会现代性转型进程中最为关键的环节。通常所谓的科学革命学说将分析问题的视野压缩在欧洲文明之内，同时将科学复兴的时段压缩在 16、17 世纪，这样一种抹杀完整的思想汇聚进程和其他文明的贡献并以此彰显欧洲文明之卓越的做法，其实不过是西方独特论和西方中心论思维的一种体现。

第五节　为新自然哲学奠基

一、为新自然哲学辩护：理智膜拜论的构建

欧洲自然哲学的复兴始于对亚里士多德知识范型的接纳，从思想史看，阿威罗伊（即伊本·鲁世德）双重真理论的传入、修正并为欧洲自然神学接纳，是基督教西方世界将自然哲学研究纳入其经院哲学框架的关键。

阿威罗伊版的双重真理论是说，宗教真理来自天启，哲学真理来自理性的探索；天启真理是神启的，是"指示性的、辩证的、合修辞学的"，而哲学真理是后天的，是通过哲学认知而到达的；两者从根本上讲是谐和的，因为哲学家可通过认知宇宙秩序而领悟真主的存在和作用。哲学真理是真理的最高形

式，当天启与理性未尽一致时，可用比喻说诠释经文①。

阿威罗伊双重真理论在传入欧洲以后于 13 世纪中期遭受过阿奎那的批判，阿奎那批判阿威罗伊，是因为他强调神学真理高于哲学真理，拒绝对圣经作隐喻解释，但他接纳了阿威罗伊关于双重真理的划分以及两者谐和之说。正如亚里士多德主义在 13 世纪曾数度遭受罗马教廷谴责而浴火重生一样，阿威罗伊双重真理论在那以后也流行于意大利和欧洲，在当时意大利诸城邦的大学里产生重要影响，由此，自然哲学研究在意大利大学体系中被认可和接纳。②

然而，随着自然哲学研究的推进，越来越多的哲学认识与圣经的说法发生冲突。伽利略的悲剧就由此而生。伽利略先后在比萨大学和帕多瓦大学任教，研究数学和物理学，写下两部《关于两大宇宙体系的对话》和《关于位置运动和力学这两门新科学的对话》。在此提请读者注意的是，伽利略称他当时所研究的"位置运动和力学"为当时兴起的两门新科学。前已说过，科学复兴需要充分的文化积淀，伽利略，作为柯瓦雷科学思想史研究中的科学革命标志性人物，成长于天主教文明的中心、推进自然哲学研究于意大利的大学和宫廷里，是无足为怪的，同样无足为怪的是，伽利略受审及意大利科学的陨落也是出于同样的原因，即，意大利是天主教文明的中心，当伽利略的科学探索越出双重真理论的辩护范围，当他向红衣主教们明确提出，为着宗教的利益，需要引入比喻说来解释圣经——即按科学结论另解圣经时，他的悲剧就无法避免了。

当约翰·威尔金斯（John Wilkins，1614—1672）、约翰·沃利斯（John Wallis，1616—1703）等于 17 世纪 40 年代即英国内战时期于牛津以无形学院的形式探讨自然哲学，当他们试图为自然哲学研究开辟出新的社会文化空间，他们所面临的两项重要任务就是为新自然辩护使之获得社会认可并锁定新自然哲学的研究方法。

面对伽利略的悲剧，面对帕斯卡放弃科学的先例，是玻意耳担起为新自然哲学辩护的使命。

玻意耳生于贵族家庭，其父亲是科克伯爵，在英格兰和爱尔兰均拥有大量财产，玻意耳是他父亲的第十四个孩子，在他之下还有一个妹妹，少时他在伊顿中学接受教育。玻意耳自幼体弱多病，视力甚弱，但他性情沉静而高贵，智力聪慧，博学而慎思；他善待朋友和弱者，一生甚少与人争执，唯一的论争是为捍卫实验哲学并且是在哲学家霍布斯（Thomas Hobbes，1588—1679）的极

---

① Wolfson，H. A，The Double Faith Theory in Clement，Saadia，Averroes and St. Thomas，and Its Origin in Aristotle and the Stoics"，*The Jewish Quarterly Review*，1942，33（2）：213-264.

② Wahba，M，The Paradox of Averroes，*Archives for Philosophy of Law and Social Philosophy*，1980，66（2）：257-260.

度挑衅下才发生。

玻意耳在英国国教教堂里接受洗礼，14 岁时，他所居住的房屋曾遭雷击坍塌而他幸免于难，由此，他产生了献身宗教事业的念头。玻意耳在其家庭教师的陪伴游历欧洲，到过法国，又在日内瓦停留了两年，然后到意大利；1642年伽利略辞世时，玻意耳在佛罗伦萨。看到宗教四分五裂，教派纷争不已，玻意耳开始思考何以出现此种宗教乱局而苦苦得不到答案，为此甚至想要轻生。20 岁左右时，玻意耳即开始撰写宗教题材的论文，后来他支持将《圣经》翻译成威尔士语、爱尔兰语、土耳其语和马来语等多项工作，1662—1689 年，玻意耳担任新英格兰福音传播公司的第一任董事。

是培根的著作唤起了他对自然哲学的兴趣。23 岁时，他和他的炼金术老师合作开展了第一次炼金术实验，在实验中他体验到一种从未有过的愉悦，不久他即开始撰写《怀疑的化学家》（*The Sceptical Chymist*）最初的手稿。1654年移居牛津后随即介入无形学院的活动。在牛津，玻意耳撰写了大量的自然哲学和自然神学论文的著作，他完成并发表空气泵实验、《怀疑的化学家》、《形式与质料的起源》（*Origin of Forms and Qualities according to the Corpuscular Philosophy*）和《关于实验自然哲学之作用的思考》（*Considerations touching the Usefulness of Experimental Natural Philosophy*）①。

要为新自然哲学奠基，就需要先解决信仰与理性之间的冲突问题，在当时的英国，有三条道路可供选择，一条是自然神论的道路，这是近乎无神论的选择；第二条是剑桥柏拉图主义的道路，这是以唯理智论的神学方式解释世界，并且最终也将导致对上帝意志绝对自由的否定；第三条路是承认上帝的意志是绝对自由的，上帝是全能的，人只能问上帝在我们这个世界做了什么，而不能问他能做什么不能做什么——这是玻意耳和牛顿所选择的道路。正是这条道路为英国科学开辟了前进的方向。

《关于实验自然哲学之作用的思考》全面陈述了玻意耳的自然神学信念。玻意耳将自然哲学安置于唯意志论神学世界图景中，他将世界视为一所大教堂，将自然哲学家视为这所教堂里的牧师，自然哲学家是以理智膜拜上帝而非以理性认知上帝，上帝意志绝对自由，上帝自由意志设定着自然律，故自然哲学所要做的是，通过实验哲学来了解上帝在此自然中做了些什么，以实验获得上帝隐藏于自然之中的暗示，以此校正自身易谬的理智，而不是像笛卡儿那样凭人类理智妄测上帝所为。因为实验具有训导、校正人类理智之用，故他将新

---

① Boyle，R.，*The Works of Robert Boyle*，London：Pickering and Chatto，1999.

自然哲学又称为实验哲学。

二、玻意耳对实验哲学研究纲领的重构

玻意耳不但致力于发展自然神学，将自然哲学建立在可靠的宗教世界图景之上，而且致力于新实验哲学的方法论的建构，他对培根基于观察和实验的归纳哲学进行了重构。

培根的归纳法脱胎于其自然志式经验研究，其主要步骤是：收集事实，然后加工、整理、分类、归纳，由此发现定律，在定律的基础之上再去构建理论。16、17世纪是自然哲学的重构之期，几乎当时所有的自然哲学大师都曾从各自的角度考虑过重建自然哲学的问题。在此意义上，玻意耳的名字须与培根、笛卡儿并列，前者提倡经验论和归纳法，后者提倡唯理论并提出宇宙漩涡说来囊括整个世界，而玻意耳既提倡人类理智的运用，又提倡要以实验为人类理智纠偏、指明方向。在此，我们可以以下述短语来表述玻意耳的自然哲学纲领——"以理智衡度真理，以实验校准理智"。

玻意耳在《关于实验自然哲学之作用的思考》（*Considerations touching the Usefulness of Experimental Natural Philosophy*）等一系列著作中专门论述了自然哲学的价值、作用和方法论，对自然哲学做了系统的阐述。他将整个世界比喻为修道所，将自然哲学家喻为自然这所修道所中的牧师，他是以研究自然的方式来颂扬上帝，研究自然本身就是在颂扬上帝。自然哲学家不可能洞悉上帝及其创造物的本质，上帝的本质对人来说永远是不可知的，自然哲学家只能凭经验和实验去了解上帝在自然和历史中已经做了些什么，因为自然律是上帝设计的。而且，上帝的意志是全能的、绝对自由的，人只能了解上帝已经做了些什么，而不能问上帝能做什么和不能做什么。玻意耳以上帝的自由意志作为世界的根源，并在此基础上建构自然哲学。

玻意耳对自然哲学的基本理解涉及对人类理智和经验的理解。玻意耳认为，人类理智是上帝的恩赐，所以人须以其理智来探索自然并以此颂扬上帝；但是，人类理智是易谬的，所以必须不断校正理智前进的方向。人类理智虽然是易谬的，但是还要用它来衡度真理，由于《圣经》当中关于自然的描述是极其有限的，所以有很多时候人是要凭借自己的理智来揣度真理。因为人类理智易谬，所以要对之进行校正，而校正需要依靠实验来进行，因为实验所提供的是关于自然过程的信息，自然过程所显现的恰恰是上帝的意志和安排，是可靠的"天光"。上帝将其意志和安排隐藏在自然过程之中，人们通过实验来了解

自然过程，就相当于在寻找来自上帝的最可靠的信息，这些信息可以用来校正人类理智。

玻意耳说："当太阳不见了或被云遮盖时，我用我的怀表来估计时间，而当她明晰地照耀之时，我毫不犹豫地根据光线投射于日晷之上的情形来纠正和调整我的怀表；同样的，在那些缺乏较好见解之处，我用自己的理智来衡度真理，而在那些可以用神的启示来归结的地方，我十分乐意让我易谬的理智听从于天光所提供的可靠信息。"[①]

归结起来，玻意耳版新实验哲学研究纲领的核心理念有三：其一，以理智衡度真理；其二，以实验校正理智；其三，以自然探索造福社会。英国皇家学会的元勋们之所以将他们的自然哲学称为"实验哲学"，是因为在他们看来，人类理智是易谬的，"任何人所言均非终极真理"（英国皇家学会会训），只有实验和观察才能校正理智，才能保证人类理智不偏离正确的认知方向。

实验是发现来自上帝的可靠信息的必由道路。我们可以看到，通过系统的测量实验，玻意耳以及胡克发现了"玻意耳定律"；而当需要运用人类理智去揣度真理的时候，玻意耳又提出了一整套微粒哲学。玻意耳微粒哲学承认真空，主张由上帝所造的同一种原始粒子逐级凝结构成了不同等级的微粒、一般物体乃至世界，反对一切形式的元素论或要素论。这种微粒哲学，作为一种形而上学体系，不只是影响着玻意耳本人的实验探索，而且影响到了牛顿以及后世科学家。牛顿接受并发展了玻意耳的微粒哲学，并将质量、粒子力概念赋予粒子和微粒，从而开拓了亲合力化学的研究道路。

牛顿甚至利用其光学知识以及来自炼金术和化学研究的经验原则，对规定着物体化学性质的最大的微粒进行了测量，确定其大小尺寸。当然，这种微粒哲学最终结出硕果，还有待科学的持续进步。后来，当道尔顿（John Dalton，1766—1844）建立其化学原子论，当卢瑟福（Ernest Rutherford，1871—1937）进行了核化学研究实现现代炼金术的目标，他们均直言自己是牛顿的隔代弟子和直系传人。

在长时段史学视角下审视宗教与科学之关系，本书的结论是，宗教改革与科学复兴是共生现象，但两者之间并不构成直接的因果关联；人类思想的汇聚与整合是自然哲学发展乃至人类社会变迁的根本动因，而亚里士多德知识体系的传播、接纳和重建是古希腊文明以降科学复兴的思想主线。正如牛津科学史

[①]　Boyle，R.，*Some Considerations about the Reconcileableness of Reason and Religion*，London：T. N. for Henry Herrigman，1675.；转引自袁江洋：《探索自然与颂扬上帝——波义耳的自然哲学与自然神学思想》，《自然辩证法通讯》1991 年第 6 期，第 34-42 页。

家克隆比曾指出的那样，亚里士多德认识论作为主线贯穿于欧洲实验样式发展的全部历程，而柏拉图主义或怀疑主义则作为副线对此知识论的渗透或修正。①

参 考 文 献

戴维斯：《科学和科学家的一千年：988—1988》，袁江洋、罗兴波译，《科学文化评论》2005年第 2 期，第 76-91 页。

弗·培根：《新大西岛》，何新译，北京：商务印书馆，2012 年。

霍伊卡：《宗教与现代科学的兴起》，丘仲辉、钱福庭、许列民译，成都：四川人民出版社，1999 年。

罗伯特·金·默顿：《十七世纪英格兰的科学、技术与社会》，范岱年、吴忠、蒋效东译，北京：商务印书馆，2000 年。

马克斯·韦伯：《新教伦理与资本主义精神》，于晓等译，北京：生活·读书·新知三联书店，1987 年。

文德尔班：《哲学史教程》上卷，罗达仁译，北京：商务印书馆，2007 年。

袁江洋：《科学中心转移规律再检视》，《科学文化评论》2005 年第 2 期，第 60-75 页。

袁江洋：《探索自然与颂扬上帝——波义耳的自然哲学与自然神学思想》，《自然辩证法通讯》1991 年第 6 期，第 34-42 页。

袁江洋：《重构科学发现的概念框架：元科学理论、理论与实验》，《科学文化评论》2012 年第 4 期，第 56-79 页。

Draper，J. W.，*History of the Conflict Between Religion and Science*，London：Kegan Paul，Trench，Thrübner & Co. Ltd，1910.

Hall，A. R.，"Merton Revisited，or Science and Society in the Seventeenth Century"，*History of Science*，1963，2（1）：1-16.

Redner，H.，"The Institutionalization of Science：A Critical Synthesis"，*Social Epistemology*，1987，1（1）：37-59.

Yuasa，M.，"Center of Scientific Activity：Its Shift from the 16th to the 20th Century"，*Japanese Studies in the History of Science*，1962，1（1）：57-75.

---

① Crombie，A. C.，*Styles of Scientific Thinking in the European Tradition：The History of Argument and Explanation Especially in the Mathematical and Biomedical Sciences and Arts*，London：Duckworth，1994，pp. 679-680.

第六章

科学制度化的开启

提　要

科学制度化进程走过的道路，以及对人类社会价值系统和文化体系的影响

科学制度化的兴起：实现培根理念的英国皇家学会及柯尔贝尔规划的法兰西科学院

自上而下和自下而上两种进路均可通向科学制度化，各有所长

求真和致用（服务于神学、战争和经济等）均是科学制度化发展的驱动力

科学文化和人文文化在科学制度化进程中终将分离

科学文化带动人文文化，乃至人类社会的价值系统迈向了现代化

　　1627 年，弗兰西斯·培根的著作《新大西岛》在英国出版。在这本未完成的书中，培根描绘了一个太平洋上的小岛国，那里政治清明、经济发达，人民彬彬有礼、生活富足，而这一切都有赖于所罗门宫——一个旨在搜集、整理、研究一切自然知识的国家科研机构——在社会中所发挥的核心作用。简言之，培根描绘了一幅知识乌托邦的社会图景。在将近 400 年后的今天，培根的预言在某种程度上已经成为现实：人类已迈入了知识社会。如今，上至能源、军事等国家命脉领域，下至人们家常日用之物，乃至人类的人文文化与价值观，都深深地渗透了科学知识，科学知识已经成为推动人类文明进步的最显著、最强劲、最先进的一支力量。推动这一预言变为现实的力量，就是科学的制度化。

　　著名科学史学家乔治·萨顿认为，在人类文明的进步史中，艺术、道德、政治等领域是无所谓进步或不进步的，唯有科学知识这种实证性的知识是真正逐渐积累、愈发进步的，因此只有科学知识的进步才体现了人类文明的进步。不过，萨顿所关注的是科学知识的进步，这只是科学进步的一个方面。科学不仅是一项认知活动，还是一项人类事业，因此，科学进步还表现为科学事业逐渐获得社会的认同和支持，并深入地和政治、经济、宗教、军事、教育等其他社会子系统互动交流的进程。如果从社会学家或社会史家的视角来探索近代科学革命的发生，我们就会发现是科学学会的成立开启了近代科学技术制度化的关键一步，亦是推动现代科技形成发展的重要力量。

　　17 世纪欧洲产生了两个重要的科学学会——英国的皇家学会和法国的巴黎皇家科学院，这两个科学学会是近代科学制度化进程的启动器和推进器，也分别代表了科学制度化的两种不同模式。因此，我们有必要对以这两个科学学

会为代表的近代科学制度化的发展历史、方式、动因等进行分析梳理，以理清科学制度化的启动机制，从而理解现代科学产生的制度基础。

第一节　科学制度化的起点

科学制度化的起点，要追溯到 17 世纪欧洲的一些科学学会的建立过程，如意大利山猫学会，其存在时段虽然短暂，但它在历史上的影响不可磨灭。延续至今的英国皇家学会成立于王政复辟初期，它的成立是科学制度化史上最引人注目的另一标志性事件。培根的《新大西岛》中的智慧宫作为英国皇家学会诞生的乌托邦原型，既为学会的创建提供了最初的纲领，也为社会支持科学事业提供了辩护。

在培根的描绘中，所罗门宫由新大西岛王国建立，并由王国无条件地给予全方位的支持。一方面，王国给予所罗门宫充裕的资金，来资助它广泛地搜集动植物和矿物标本，以及搜罗各处的风土人情和自然知识；另一方面，所罗门宫所搜集来的物资和知识也要经专人评估、整理和改造以用于国计民生。所罗门宫因而成为国家治理的重要机构，其中的研究人员和长老也拥有极为崇高的声望和地位。所罗门宫内部也构建了非常全面的组织系统：首先，上至高空、下至地下，都建起了各种实验室、光学馆和声学馆，他们还建造了酒厂、面包房、厨房、药房、药店、熔炉等设施；其次，他们还建立了一支科研队伍，包括周游世界以搜集书籍的"光之商人"（merchant of light）、搜集书中所记载的各种实验的"掠夺者"（depredator）、搜集各种机械工艺的"技工"（mystery-man）、试验新实验的"矿工"（miner）、编纂整理上述 4 种人所带回来的知识的"编纂者"（compiler）、对实验进行总结和抽象的"天才"（dowry-man）、进行更深奥的实验的"明灯"（lamp）、进行实验并提交报告的"灌输者"（inoculator），以及从经验中总结出定理的"大自然的解说者"（interpreter of nature）。①毫无疑问，培根对科学的实用性的推崇在《新大西岛》中展露无遗，他对国家科研机构的设计和展望也激励了英国学者和贵族将这一蓝图付诸实施。

17 世纪 40 年代，牛津出现了一个"无形学院"，聚集了一个由数学家、自然哲学家、诗人组成的学者圈，其中最著名的学者包括威尔金斯、约翰·沃利斯、威廉·布朗克尔（William Brouncker，1620—1684）、罗伯特·莫雷（Robert Moray，约 1608—1673）、威廉·配第（William Petty，1623—1687）等，玻意

---

① 弗·培根：《新大西岛》，何新译，北京：商务印书馆，2012 年。

耳移居牛津后随即加入其中。英国王政复辟之后，他们于 1660 年 11 月正式成立了英国皇家学会。与查理二世（Charles II，1630—1685）关系亲厚的罗伯特·莫雷为新成立的学会拿到了查理二世的特许状。查理二世先后为英国皇家学会发过三个特许状，使之成为一个被国王认可的学术团体。

英国科学制度化的初始阶段是由英国皇家学会成员为代表的自然哲学家自发完成的，可以说是威尔金斯、玻意耳等刻意实现培根的理想的一种努力，他们要为英国社会构建像所罗门宫一样的小社会，让它作为英国整个大社会的模板和知识枢纽带动整个英国社会发展。英国皇家学会早期会员除自然哲学家和数学家外，还包括许多贵族和医生，他们都向往培根《新大西岛》中所描述的以知识为动力的王国，要用神赋予的理性去接受启示，认识宇宙，进而更好地了解上帝，获取更多的自然知识是他们定期交流、进行演示实验的主要目标。

查理二世并没有也没有能力像新大西岛王国那样为英国皇家学会提供无限支撑。他对英国皇家学会的物质贡献少得可怜，查理二世曾经在第三张特许状中将切尔西的一块地产赠送给英国皇家学会，但后来又收回，作为补偿，拨给英国皇家学会 1300 镑。但是国王的支持仍然具有重大意义：国王给予了道义上的支持和法律上的支持。他给了英国皇家学会一个独立法人的地位，而且给予了英国皇家学会在政治和宗教上免检的权利，以及可以自由发表学术论文的权利。因此，《皇家学会学报》是不受宗教检查制度检查的。

法国大革命时代，哲学家孔多塞（Nicolas de Condorcet，1743—1794）提出过不同于培根所罗门宫的科学制度化模式，孔多塞认为王国为科学提供无限支撑在现实中是不可能的，只有共和体制才会为新科学提供持续支撑，而在王国体制下，科学能否发展完全取决于国王的个人兴趣。

英国皇家学会的早期成员与今天的科学家在价值观上是存在着某些重要区别的。譬如，科学的制度化发展到一定程度的时候，要求与外界拉开距离，要求与政治、文化、艺术拉开距离来维护自己的专业性，19 世纪末 20 世纪初的一代科学家提出了为科学而科学、科学价值中立这样的见解。但是在学会构建之初，其早期成员欢迎非科学家加入学会，这些会员可为学会运行提供财力支撑，更重要的是，他们不仅仅是对科学抱有一份理想，而且对社会的发展、对人类的进步也有明确的理想，他们要使英国皇家学会像所罗门宫一样牵引整个英国社会的进步。

从当时自然哲学家的数量来看，在查尔斯·吉利斯皮（Charles Coulston Gillispie，1918—2015）编撰的《科学家传记辞典》（*Dictionary of Scientific*

Biography）中，17 世纪的英国共有 92 名自然哲学家，其中 65 人是英国皇家学会会员，占比高达 70%；从自然哲学研究成果的数量来分析，根据亚历山大·赫莱曼斯（Alexander Hellemans）和布瑞恩·邦切（Bryan Bunch）的统计，1645—1700 年，英国共有 88 项科学成果，其中与英国皇家学会相关的成果高达 90%以上。[①]可见，英国皇家学会在推动 17 世纪英国的科学进步方面起到了关键性作用，是英国当时自然哲学研究的代表。

法兰西科学院又让我们看到了科学制度化的另一番图景。英国皇家学会成立 6 年后，法国国王路易十四的近臣让-巴普蒂斯特·柯尔贝尔（Jean-Baptiste Colbert，1619—1683）创建了法兰西科学院（Académie des Sciences）。柯尔贝尔和英国的莫雷虽然都是国王手下的重臣，但他却要建立一个与英国皇家学会截然不同的法国式的科学院。

17 世纪中叶，以笛卡儿、布莱士·帕斯卡、皮埃尔·伽桑狄（Pierre Gassendi，1592—1655）为代表的一群哲学家和数学家就在巴黎的一个修道室中聚会，发表、交流对某些自然哲学领域的看法。逐渐地，这个小团体加入的人数越来越多，托马斯·霍布斯、克里斯蒂安·惠更斯（Christian Huygens，1629—1695）等外国自然哲学家也经常参加聚会。随着人数不断增多，修道室的空间便显得局促不堪，这些自然哲学家们便向柯尔贝尔请求支持。1666 年，柯尔贝尔捐赠了自己的图书馆作为这个团体的临时聚会场所。同时，富有远见的柯尔贝尔意识到了自然哲学的巨大魅力，向国王申请建立一个科学院，为这个团体的生存提供保障。国王很快同意了这一提议，确立了 21 名院士，涉及几何、天文、物理、生物、解剖学等多个领域，法兰西科学院就在 1666 年正式成立。此外，国王还用年金保证科学院院士的生计，并提供专项资金购买试验设备和仪器。

1699 年，国王对科学院进行了彻底改组，扩大了规模，并改名为巴黎皇家科学院（Académie Royale des Sciences de Paris）。从此之后，皇家科学院的办公地点设在了卢浮宫图书馆，并对原有体制进行改组，改组后的院士总数设为 70 人，其中名誉院士 10 人、正式院士 20 人、合作院士 20 人、学员 20 人，每位正式院士各带一名学员。[②]此后，法国还建立了一些类似的、由国家主办的科研机构，这些机构由国家统一管理和资助，并向国家负责，为法国的军事、政治、经济的发展做出了不可替代的贡献。

---

① 罗兴波：《17 世纪英国科学研究方法的发展——以伦敦皇家学会为中心》，北京：中国科学技术出版社，2012 年，第 105 页。

② 杨庆余：《法兰西科学院：欧洲近代科学建制的典范》，《自然辩证法研究》2008 年第 6 期，第 81-87 页。

第二节　科学制度化的进路

英国皇家学会和巴黎皇家科学院的建立不仅开启了科学的制度化进程，更为全世界提供了科学制度化的两种进路。纵观世界，无论是西方的德国、俄国、美国，还是东方的日本、中国，其科学制度化走的基本上都是英国或法国这两种基本的发展模式。

英国作为科学革命的策源地，走的是"自下而上"的道路。英国皇家学会虽然希望恪守培根的理念，把英国皇家学会建成现实中的所罗门宫，由此推动英国成为真正的知识社会。但在 17 世纪下半叶动荡的英国社会里，热心于科学事业的学者和贵族们只能采取一种"弱建制化"的路线，只能先结成"无形学院"形式的私人结社，再寻求皇家在制度上的支持。1660 年 11 月，学会最早一批成员在格雷山姆学院举办会议，决定组成一个促进实验哲学发展的学术团体，这一会议便成了英国皇家学会成立的标志。到了 1662 年，会员罗伯特·莫雷带来了国王的口谕，到 7 月 15 日，皇家的特许状才盖章，至此英国皇家学会正式成立。[①]此后的两百余年里，英国皇家学会虽然是英国众多科学学会中最活跃、最有代表、最具声望者，但并没有得到皇家在金钱上的资助，只是拥有出版免检的资格。从 17 世纪开始，英国的科学制度化的方向始终受英国社会需求的指引，社会需求是孕育英国科学制度化的土壤。罗伯特·金·默顿（Robert K. Merton，1910—2003）对 17 世纪英国人的职业兴趣转移和科学技术研究成果进行了详尽的统计，发现科学技术的进步和经济、军事的发展有着密切的关系，尤其是采矿业、交通运输业、造船和火炮等领域的迫切需求是拉动科技进步的重要动力，热心于科学的贵族、大学里的教授、一线工业家们共同参与了这场变革。[②]第一次工业革命时期，英国采矿业、纺织业的变革极大地刺激了这些领域所在的曼彻斯特、伯明翰、利物浦地区科学学会的蓬勃发展，月光社（Lunar Society of Birmingham）、曼彻斯特文哲会（Manchester Literary and Philosophical Society）是其中最知名的科学学会。瓦特（James Watt，1736—1819）、博尔顿（Matthew Boulton，1728—1809）、韦奇伍德（Josiah Wedgwood，1730—1795）这些第一次工业革命的先锋人物，均是英国皇家学

---

① 冉奥博、王蒲生：《英国皇家学会早期历史及其传统形成》，《自然辩证法研究》2018 年第 6 期，第 75-79 页。

② 罗伯特·金·默顿：《十七世纪英格兰的科学、技术与社会》，范岱年、吴忠、蒋效东译，北京：商务印书馆，2000 年。

会的会员；蒸汽机——这个工业革命的引擎的改良和推广，就是月光社的贡献。此后的几个世纪中，英国各界人士都为推进科学的制度化进程做出了不可磨灭的贡献，著名的数学家、发明家、机械工程师查尔斯·巴贝奇（Charles Babbage，1791—1871）就是其中的代表，他于 1831 年建立了不列颠科学促进会（British Association for the Advancement of Science）。直到 20 世纪初，英国的科学事业才被政府纳入国家组织机构之中。英国能够开辟出一条自下而上的制度化道路，这说明 17 世纪的英国本身已经具备了诞生近代科学的基本条件，科学研究已经是英国经济、军事发展的内在需求，科学价值和理性精神已经能够被英国社会大众所认同，科学的自主性因而得到了整个社会的尊重，因此，即使政治动荡、战争频仍，但科学在英国社会的重要地位也不会轻易动摇。但相应地，自下而上的制度化方式必然使学会的管理松散且随意，很多学会并不能延续下来，随着社会变迁和时代发展，旧的学会逐渐消失，新的学会相继成立，很少有学会能像英国皇家学会那样历经风雨而存续至今。

　　和英国不同，法国选择由政府来主导科学制度化进程，我们或可称为"自上而下"的道路。17 世纪的启蒙运动在法国营造了推崇理性、自由、民主和平等的思想，以伯纳德·丰特涅尔（Bernard Fontenelle，1657—1757）、伏尔泰（Voltaire，1694—1778）、孟德斯鸠（Montesquieu，1689—1755）为代表的启蒙运动先锋人物大力宣传哥白尼、伽利略、牛顿、洛克等的学说，使自然神学在天主教法国焕发生机，也推进了法国知识界寻求自然知识的热潮，"百科全书派"就是在这种社会氛围中兴起的，法国科学院也获得了迅速发展的契机。丰特涅尔本人从 1699 年起就担任法兰西科学院的秘书，任期长达 40 年。在法兰西科学院建立之前，法国就已经具有了"国家科学"的意识，早在 1635 年，法国就成立了国家层面的法兰西科学院（Académie française）。关注科学发展前景的培根式的人物、著名启蒙哲学家孔多塞（Marie Jean Antoine Nicolas de Caritat，Marquis de Condorcet，1743—1794）认为，理想的科学机构应该类似于民主政体，他提倡政府支持科学，但更关注科学如何能够在政府管辖之下保持自主。①这在法国就营造出政府支持、帮扶科学发展的理念和氛围，甚至大革命时期的政府都高度重视法兰西民族的理性培养和科学教育。公众教育史家有言："国民公会给我们展示了一个议会的奇特而又宏大的景象。一方面，它似乎只有一个使命，即以公众福利的名义粉碎一切阻挡共和国胜利道路的障碍，它认为，为了达到这个目标，唯有采取最恐怖的、最残酷的专政；另一方

---

① 孔多塞：《人类精神进步史表纲要》，何兆武、何冰译，北京：北京大学出版社，2013 年，第 139-161 页。

面，它又同其行为形成惊人反差地采取斯多葛派那种淡泊宁静的气度，致力于研究，考察和讨论与公众教育有关的一切问题、导致科学进步的一切措施。它建树过创办一些机构的勋业，其中有的被大革命的风暴摧毁，但其中最重要者至今仍然存在，它们是法国的伟大光荣，是法国思想之崇高的见证。"①

从 18 世纪中期开始，历届法国政府都将大量资源投入科学事业，政府的主动参与成了法兰西科学院和法国科学发展的重要推动因素，政府和科学院之间的互动也日渐加深。一方面，科学院的经费完全由政府提供，院士席位和人选由政府决定，科学院在国家的支持下得以不断发展；另一方面，科学院作为国家机构的一部分，也专设咨询机构为国家发展献计献策，并在教育、市政、工业、农业等方面提供科学服务，例如为中小学生编订科学教科书、为防治天花进行疫苗接种等。1793 年，雅各宾派上台后，改名为巴黎皇家科学院的法兰西科学院与旧制度下建立的其他科学组织一并被解散，但仅仅在两年之后恢复重建，并与其他文化学术团体共同成立了"国家科学与艺术学院"，并以法律形式确定了学院的组织机构。学院下设数理科学、精神与政治科学、文学与美术三个部分，每个部分又分设若干学科，此后又历经多次改组。1832 年，法兰西科学院的建制正式确立，成为属于法兰西学院的五个专业学院之一。随着科学院的不断改组，院士之间以及院士和其他学者之间的等级划分逐步取消。同时，为了避免管理僵化，常务秘书的终身制改由两个任期一年秘书来担任。国王曾经拥有的从三个候选人选取一名候选人成为院士的特权也被取消了，院士人选改为由科学院所有成员投票决定。这一系列改组的过程中，都贯彻了法国大革命崇尚平等、反对特权的理念。无论是法兰西科学院的管理体制，还是院士制度和科学奖励系统，都对德国、俄罗斯以及中国的教育体制和科学院的建立产生了深远的影响，堪称在国家层面建立科学院的典范。

英国的"自下而上"进路和法国的"自上而下"进路，可被看作是两种极端进路，实际上，绝大多数国家的科学制度化历程所走的并不是单一的一条道路，而多多少少是两种进路并用的。譬如，美国的历史远没有英国和法国悠久，相比之下其科学文化的基础远不够深厚，因此美国的科学制度化的开启要晚于英法 70 年左右。19 世纪中叶，科学教育在美国的高等教育中并没有受到重视，基本的教研机构和教学体系都不成熟，青年科学家绝大多数留学欧洲，尤以德国为主。因此，德国经验成了美国早期科学体制建立和改革的主要来源。②由

① 约翰·西奥多·梅尔茨：《十九世纪欧洲思想史》第一卷，周昌忠译，北京：商务印书馆，2016 年，第 95 页。
② 陈光：《略论近代科学的制度化过程》，《自然辩证法研究》1987 年第 4 期，第 40-50 页。

于美国联邦政府和各州之间权力分立的格局，大学大都掌握在州政府手中，来自联邦政府的实际支持是很少的。然而，将近一个世纪之后，在第二次世界大战紧张战况的逼迫之下，西拉德（Leo Szilard，1898—1964）联合爱因斯坦向罗斯福总统上书，请求美国率先研究原子弹。最终，在这股民间力量的促使下，由万尼瓦尔·布什（Vannevar Bush，1890—1974）牵头，美国联邦政府成立了国防研究委员会，一年后扩展为科学研究与发展局，这标志着美国科学与政府关系进入了新的时代。而原子弹的成功研制，更是令美国上下均意识到了政府干预对科学发展的重要作用。第二次世界大战结束后，曼哈顿计划的成功经验被各个部门所汲取，这种把政府资金自上而下地分配给大学和各级科研部门用以科学研究的方式成为美国政府管理科学事业的主要方式。同时，信息和生物技术领域内的美国高科技企业纷纷采用自下而上的方式，对科学研究进行了大量的资金投入，在自身获得巨大经济效益的同时，也大力推进了相关领域的科学研究进程。迄今为止，科学的制度化所关注的是如何使自上而下和自下而上两种模式能更好地相互结合，规避两种进路的缺陷，发挥两种进路的优势，实现对科学制度化的长足推进。

第三节　科学制度化的动因

当代科学史学者之所以常常"言必称希腊"，就是因为在诸多古代文明中，唯有希腊人发展出了一种将求索自然知识纳入其中的价值论，我们称这一维度为"普罗米修斯"维度。到了 17 世纪，英国皇家学会会员对自然坚持不懈地探索同样是为了求真，只是其中又包含了宗教蕴意。默顿认为，清教的价值观是 17 世纪科学在英格兰加速发展并开始制度化的一个重要动因："清教的不加掩饰的功利主义、对世俗的兴趣、有条不紊坚持不懈的行动、彻底的经验论、自由研究的权利乃至责任以及反传统主义——所有这一切的综合都是与科学中同样的价值观念相一致的。"[①]本-大卫（Joseph Ben-David，1920—1986）则进一步认为，科学制度化进程的开启，在于 17 世纪的英格兰诞生了现代科学的意识形态：将科学知识的进步作为一种共同目标和统一的事业。这种意识形态是三种成分的融合："犹太教信仰（存在唯一的创世者和立法者）、培根的思想（通过直接的观察和实验来探索这个世界）和英国革命时期清教徒的乌托邦

---

① 罗伯特·金·默顿：《十七世纪英格兰的科学、技术与社会》，范岱年、吴忠、蒋效东译，北京：商务印书馆，2000 年，第 183 页。着重号为原文所加。

（借用培根主义的认识上帝直接在其作品中所展示的真理的方法来调和所有的基督教教派，乃至所有的宗教）。"①换言之，培根主义的求知价值和科学方法论，在基督教的本体论和认识论的塑造之下，与清教的政治主张联手，使近代科学得以在 17 世纪的英格兰迈上制度化进程。正是这种对科学知识的探索和渴望，正是希望对大自然的探求受到社会大众的认可，成为科学制度化的首要动因。

　　除了求真之外，致用也是推进科学制度化进程的一个强大动因。本-大卫的论点反映了一个问题：在科学制度化进程中，虽然求真动因非常重要，但它往往还需要依靠政治的庇护才能获得社会的普遍认同。在神权统治的中世纪，"哲学是神学的婢女"，这一方面反映出自然哲学在人文价值系统中占据了仅次于神学的较高地位，但是另一方面，我们也需要承认，自然哲学只有服务于神学目的才能求得生存。宗教改革之后，王权国家纷纷涌现，它们往往通过支持科学事业的方式来彰显君主见识高远、鼓励学术之德行，并笼络知识分子来巩固自身的统治。法兰西科学院自成立以来一直受到国王的支持，不仅法国本土的科学家受到了历代法国统治者的支持，很多知名的外国学者也获得了法兰西科学院的庇佑：瑞士的物理学家和数学家约翰·伯努利（Johann Bernoulli，1667—1748）和莱昂哈德·欧拉（Leonhard Euler，1707—1783）、意大利物理学家亚历山德罗·伏打（Alessandro Volta，1745—1827）、英国化学家汉弗莱·戴维（Sir Humphry Davy，1778—1829）都因其杰出的科学成就成为法兰西科学院院士，获得法兰西科学院的嘉奖。甚至，太阳王路易十四一直非常器重荷兰物理学家惠更斯，以三倍于其他法兰西科学院院士的薪水，聘请惠更斯作为巴黎皇家科学院首任院长，让他在巴黎成就伟业。法国统治者对科学史无前例的支持一方面是因为个人兴趣和对理性的推崇，而更重要的是希望通过对杰出学者的慷慨资助，让他们大力宣传国王，塑造出慷慨大度、热爱艺术和科学的君主形象。17 世纪 60 年代末的一幅版画描绘了路易十四亲自视察法国科学院的景象，他置身于许多科学仪器之中，周围众人的视线聚焦在他的身上——然而，这次视察其实是虚构的。当时的政治家卢福瓦侯爵（François Michel le Tellier，1641—1691）曾大规模地发行出版物以颂扬国王的业绩，其中有些就来自法兰西科学院。②

　　科学的巨大能量也常常以战争为契机而展露在政府眼前。军事强国往往是数学圣地，法国军事崛起的时代正是法国数学研究的黄金期。在拿破仑执政时期，以拉普拉斯为代表的法国众多数学家都曾参军，著名的军事组织天才拉扎

①　本-大卫：《清教与现代科学》，张明悟、郝刘祥译，《科学文化评论》2007 年第 5 期，第 37-52 页。
②　彼得·伯克：《制造路易十四》，郝名玮译，北京：商务印书馆，2007 年，第 61，109 页。

尔·卡诺（Lazare Carnot，1753—1823）本身就是位数学家、巴黎皇家科学院院士。著名科学家、军事工程师和巴黎理工学校校长加斯帕尔·蒙日（Gaspard Monge，1746—1818）大力推行了数学在军事领域的应用，他开始靠对要塞的火力布置做重大的几何优化崭露头角，后来一度成为海军部长，积极改进军校的数学课程，经数学改造后法国军队让拿破仑感受到了科学对战争的重大影响力。1797 年，拿破仑指挥法国军队对意作战取得胜利之后，受此鼓舞决定远征埃及，夺取英国殖民地。1797 年 4 月 5 日，拿破仑在给当时巴黎理工学校校长蒙日的信中说："我们将与法兰西研究院三分之一的学者和各种研究仪器同往埃及。"①几天之内，法兰西科学院院士蒙日和贝托莱（Claude Louis Berthollet，1748—1822）就组成了一个由几何学家、天文学家、力学和空气动力学家等跨越各个科学领域的 167 名学者，携带了多种天文观测用的时钟、望远镜、指南针、水准仪等诸多科学仪器远赴开罗。在这一时期，法国的数学、天文学发展突飞猛进，得益于战争中对军事组织和武器精准度提升等各方面的需求，当时的法国统治者已经认识到了科学对战争成败、对国家战略的深刻影响。

17 世纪至今，科学的致用功能更多地体现在寻求科学与经济的契合点，科技进步带动产业革命进而实现经济实力的迅速提升，科学研究也以此获得了资助和支持。在第一次工业革命时期，英格兰中部和北部的很多地区出现了众多科学学会，马修·博尔顿、伊拉斯谟·达尔文（Erasmus Darwin，1731—1802）、詹姆斯·瓦特、约瑟夫·普利斯特利（Joseph Priestley，1733—1804）、汉弗莱·戴维（Humphry Davy，1778—1829）和约西亚·韦奇伍德（Josiah Wedgwood，1730—1795）等是当时科学学会的关键成员。这些学会通常是当地科学家和工业家的集合地，通过学会的智力支持克服工厂生产中的技术问题。例如，早期的纺织厂只能建在河边利用水流为动力使纺纱机和织布机运转，1769 年瓦特改良了蒸汽机并迅速将其用于纺织业，解决了纺织厂的动力来源，使其选址不再受限于水边。随后，伯明翰月光社的马修·博尔顿、理查德·埃奇沃思（Richard Edgeworth，1744—1817）、韦奇伍德等成员继续研发新型蒸汽机，并将其广泛地应用于采矿业和运输业，从而使许多行业大为改观：韦奇伍德使自己工厂的陶器安全完整地运往各地，极大降低了碎瓷率，减少了生产成本；博尔顿与瓦特共同投资运河建造，使他的工厂得到廉价的燃料和工业原材料。同时，博尔顿和瓦特专门生产蒸汽机的工厂也获得了大量利润。

---

① Nicole et Jean Dhombres，*Naissance d'unnouveau pouvoir*：*sciences et savants en France*（*1793—1824*）．Paris：Payot，1989，pp.94-95.

第四节 科学文化与人文文化的分离

在文化哲学的视域中，文化是"人化"，是反映人类行为的主要特征，是人与"自然"的主要区别。如著名文化哲学家恩斯特·卡西尔（Ernst Cassirer，1874—1945）认为："人的突出特征，人与众不同的标志，既不是他的形而上学本性也不是他的物理本性，而是人的劳作（work）。正是这种劳作，正是这种人类活动的体系，规定和划定了'人性'的圆周。语言、神话、宗教、艺术、科学、历史，都是这个圆的组成部分和各个扇面。"①

因此，文化与人类生活实践有着密不可分的联系。从广义上说，描述、反映人类生活特征，尤其是关于喜好、道德、伦理、价值等内容的文化，我们认为是人文文化；而人们对于科学的信仰、信念、观念，以及科学知识、方法、价值伦理观念在其他社会文化领域的广泛传播和应用并由此引起的各种文化现象，即是科学文化。概言之，人文文化凸显"求善"的基调，科学文化突出"求真"的底色。

从人类文明进程而言，早在古希腊时期就已经孕育出了人文文化和科学文化的萌芽，二者的迹象或明或暗，或强或弱，但从历史上看还是能辨认得出其发展轨迹。

一方面，以泰勒斯、毕达哥拉斯、普罗泰戈拉、柏拉图、亚里士多德为代表的自然哲学研究是理性主义的先驱。古希腊思想家试图发现隐藏在不断"流变"的现存事物背后的"不变"的存在之本质，他们从逻辑与概念基础上的理智思考、推理入手，探索了数学、逻辑学、天文学、物理学知识，得出的很多结论或是通过有限归纳的方式，或是天才灵光一现的玄想，因此尽管这些知识并不能称得上休谟（David Hume，1711—1776）、康德（Immanuel Kant，1724—1804）意义上符合"普遍必然性"的真正的"科学"。但毋庸置疑的是，古希腊哲人们理论求索的目的是发现自然界的各种规律，这一时期建立的数学、逻辑学可谓是西方文明的基石，"希腊人不仅奠定了一切后来的西方思想体系的基础，而且几乎提出和提供了两千年来欧洲文明所探究的所有的问题和答案"②。从这一意义上说，这一求索过程蕴含着科学研究的求真精神。

另一方面，众所周知，以柏拉图的《理想国》、亚里士多德的《政治学》

---

① 恩斯特·卡西尔：《人论》，甘阳译，上海：上海译文出版社，1985年，第87页。
② 梯利：《西方哲学史》，葛力译，北京：商务印书馆，1995年，第7页。

（*Politics*）和《尼各马可伦理学》为代表的德性伦理学是人文文化的明晰展现，智慧、勇敢、节制、正义四种德性深刻影响了人类的历史发展进程；斯多葛主义、伊壁鸠鲁主义、怀疑主义、折中主义代表不同的人生处事方法论。相对于处于萌芽的科学文化来说，此时的古希腊文明表现出更多的、明显的人文文化的特征，科学文化依附或是隐含于古希腊的人文文化之中。柏拉图将人的灵魂分为三个组成部分：理性、情感、意志，这三个要素均是科学发现与研究的必要条件。理性代表智慧之德，意志是理性之辅助力量，与"勇敢"德性有关；情感代表人的物欲，需要被理性"节制"。在理性与意志的统领下，三个部分和谐相处，此人便是一个正义的人。

　　然而，从公元 392 年罗马帝国皇帝狄奥多西一世下令基督教成为帝国的国教和唯一合法的宗教起，宗教的逐步壮大让柏拉图的美好愿景落空，理性未能成为主导，反而一定意义上成为情感的"奴隶"，由此兴起的宗教文化成了中世纪人类文明的主流。中世纪的神学宣称人生下来便带有"原罪"，因此人生的意义就在于"赎罪"，以便得到救赎，来世能上天堂。理性在如此这般的教义中被宗教人士工具化地运用，真理、科学、人生意义是被上帝赋予的。奥古斯丁把科学定性为神学的婢女，科学的价值和合法性在于研究自然现象希望可以服务于更高的目标，如注解圣经。他说："如果那些被称为哲学家的人，尤其是柏拉图主义者，说了什么正确的并与我们的信仰一致的话，我们就不仅不会回避它，还要从那些不合理地拥有它的人那里拿过来为我们所用。"[①]同样，这一时期也是人文文化衰落的时期，人被世俗政权、宗教，甚至偶尔爆发的瘟疫等外在力量所宰制。"14 世纪的饥荒与瘟疫使西方人充满死亡感和悲观的情绪。教会的腐败无能使人对它丧失信心与尊重，政治均势渐向俗世君主倾斜。15 世纪中，英法百年战争结束，以民族为中心的国家理念浮现；君士坦丁堡的失陷奇妙地开阔了西方人的眼界，提高了他们开发世界的机会；活字印刷的发明打破了教会与权贵对政治讨论的垄断。此刻，新思想带来的改革冲动已具备启动条件，待机而发。"[②]由此文化复兴、宗教改革、科学革命登上历史之舞台，科学文化和人文文化成长壮大，携手共同对抗宗教文化。

　　文艺复兴、宗教改革的锋芒所指，乃是中世纪以来基督教社会的道德观与价值链，但是它们仅凭自身却并不具备完成与这种价值论决裂的力量。正是科学革命——通常人们将之理解为一种认识论决裂过程——最终捣毁了水晶天球的宇宙模型，同时也捣毁了依附于这一模型之上的道德观和价值链，极大地

① 奥古斯丁：《论灵魂及其起源》，石敏敏译，北京：中国社会科学出版社，2004 年，第 86 页。
② 梁鹤年：《西方文明的文化基因》，北京：生活·读书·新知三联书店，2014 年，第 84 页。

推进了欧洲社会发展的价值论决裂进程。中世纪曾描述了九重天的世界图景，但是当牛顿的科学体系建立并获得普遍认同之后，世界变得空空洞洞，上帝的住所难觅踪迹，诸如此类的变化不胜枚举，科学革命最终对基督教的传统价值观念给予了致命一击。科学革命之后，伏尔泰、休谟、埃蒂耶那·孔狄亚克（Étienne Bonnot de Condillac，1714—1780）等启蒙思想家与自然哲学家一道致力于构建科学文化，并将其向全社会传播和拓展。正是由于他们的努力，18世纪的启蒙运动继承了科学革命的理性锋芒，把理性的"真"提升到另外两位女神"善"和"美"之上的地位，鼓励人们自由思考，把对权威的尊崇转变为对理性的追求，摆脱对虚妄的超自然力量和人造权威的盲从，对经不起逻辑推演和实验论证的一切事物持不妥协的怀疑态度，极大地提升了欧洲诸民族的民族理性。同时，18世纪60年代英国兴起的第一次工业革命开创了以机器代替手工劳动的时代，更让人们看到了科学技术给社会带来的神奇力量，以理性为特征的科学文化在整个欧洲社会的普及和传播获得了社会大众的普遍认可、赢得了广泛的社会认同。科学革命，以及随之而降的启蒙运动、工业革命，伴随着由此引发的社会变革彻底改变了我们居住的星球的面貌，人类社会的现代化进程由此开启，科学文化亦随之逐渐取代宗教文化而上升成为具有普遍意义的文化范畴。

与此同时，科学文化与人文文化的关系也发生了微妙的变化。起初，文艺复兴与宗教改革使人在情感与意志层面获得对于物欲、对于宗教束缚的超越与解放，文艺复兴、启蒙运动将人的意义重新锚定在现实世界，古希腊时代的人文主义得以回归，一切又回到了以人为中心。也正是在人的情感与意志获得自由之时，人类的理性之地位得以极大地提升，受到前所未有的颂扬。在理性的世纪，自然科学、道德伦理、价值喜好等世间的一切实存都需要在理性的法庭自证其合理性，科学制度化推动了各门自然学科迈出自然哲学的大门、自立门户并走向职业化和专业化发展道路，以求真为根本取向的科学文化与以求善、求美的人文文化分道扬镳、正式分离。18、19世纪，笛卡儿心物二元论的本体论和认识论为当时的哲学搭建了最基础的构架，在研究对象、解决问题、研究价值和研究方法上均有差异自然科学和人文学科两类学术从而划江而治。这种情况的出现，无疑是以现代科学的产生、发展以及在社会中获得了较为自主的地位为基础的。①

但是，伴随着科学制度化进程的加速，科学文化植根于欧洲社会的核心价

---

① 袁江洋：《科学文化研究刍议》，《中国科技史杂志》2007年第4期，第480-490页。

值理念后并没有止步于此，而是进一步拓展疆土，实现了对人文文化的渗透和制度化重塑。17、18 世纪，英国皇家学会确立的自然哲学的实验方法渗透到各个自然科学领域，化学、生物学等各类自然学科的学科纲领得以确立，完成了学科的独立；自 19 世纪起，众多人文学科及社会科学学科亦汲取了近代科学的研究范式，通过科学化来确立自身的学科地位。被尊称为"社会学之父"的奥古斯特·孔德坚持统一的科学观，认为社会同自然并无本质的不同，主张用观察、实验、比较这些自然探索采用的普遍方法来研究社会学，从而开创了实证主义社会学，这一研究纲领成为此后一百多年来西方社会学发展的主流。心理学、经济学等学科前赴后继，以理性和实证主义为基础，完成了学科的现代化。

　　回眸历史之演变，我们会发现科学技术划定了人性之圆周，理性纳入人类的核心价值系统，科学家成为大众认可的职业，科学研究机构化作坐落街头的场所，科学浸入了人类生活的点点滴滴。造就这般历史变迁的是科学的制度化，这一进程始于科学学会的建立，旨在实现培根理念的英国皇家学会及柯尔贝尔规划的法兰西科学院是欧洲科学学会的象征，两者探索了自上及下和自下而上的两种制度化进路，科学制度化的演进多是融合两种进路并发挥了各自的优势。宗教是科学的制度化思想的源泉，尽管触发科学制度化引擎的是英国皇家学会会员内心对知识的渴望、对求真的探索，但科学在神学中的工具化定位在后世得以充分体现，科学对战争、经济发展的贡献更是将科学制度化之致用功能发挥到了极致。科学革命及随之的科学制度化在滋养科学文化茁壮成长之时，科学文化与人文文化携手在与宗教文化的对抗中获得了胜利。此时，科学文化的征途并未停滞不前，而是勇往直前继续开疆拓土，实现了对人文社会领域的全面整合和制度化重塑。

参 考 文 献

奥古斯丁：《论灵魂及其起源》，石敏敏译，北京：中国社会科学出版社，2004 年。

本-大卫：《清教与现代科学》，张明悟、郝刘祥译，《科学文化评论》2007 年第 5 期，第 37-52 页。

彼得·伯克：《制造路易十四》，郝名玮译，北京：商务印书馆，2007 年。

陈光：《略论近代科学的制度化过程》，《自然辩证法研究》1987 年第 4 期，第 40-50 页。

恩斯特·卡西尔：《人论》，甘阳译，上海：上海译文出版社，1985 年。

弗·培根：《新大西岛》，何新译，北京：商务印书馆，2012 年。

孔多塞：《人类精神进步史表纲要》，何兆武、何冰译，北京：北京大学出版社，2013 年。

李强、钟书华：《国外科技奖励"激励—竞争机制"研究述评》，《科技管理研究》2010 年第 12 期，第 25-28 页。

梁鹤年：《西方文明的文化基因》，北京：生活·读书·新知三联书店，2014 年。

罗伯特·金·默顿：《十七世纪英格兰的科学、技术与社会》，范岱年、吴忠、蒋效东译，北京：商务印书馆，2000 年。

罗兴波：《17 世纪英国科学研究方法的发展——以伦敦皇家学会为中心》，北京：中国科学技术出版社，2012 年。

冉奥博、王蒲生：《英国皇家学会早期历史及其传统形成》，《自然辩证法研究》2018 年第 6 期，第 75-79 页。

梯利：《西方哲学史》，葛力译，北京：商务印书馆，1995 年。

亚·沃尔夫：《十八世纪科学、技术和哲学史》，周昌忠译，北京：商务印书馆，1997 年。

杨庆余：《法兰西科学院：欧洲近代科学建制的典范》，《自然辩证法研究》2008 年第 6 期，第 81-87 页。

袁江洋：《科学文化研究刍议》，《中国科技史杂志》2007 年第 4 期，第 480-490 页。

约翰·西奥多·梅尔茨：《十九世纪欧洲思想史》第一卷，周昌忠译，北京：商务印书馆，2016 年。

Nicole et Jean Dhombres，Naissance d'unnouveau pouvoir：sciences et savants en France（1793—1824）. Paris：Payot，1989，pp.94-95.

第七章

学科化与学科研究纲领的建立：

以化学为例

提　要

17世纪，玻意耳是否发动了一场化学革命，并且把化学确立为科学？

"拉瓦锡化学革命"真的如库恩、科恩所言那么标准吗？这场革命中发生了范式的转换吗？如何解释这场革命？

现代化学形成的根本标志是什么？

　　在探讨现代化学兴起问题时，早期的化学史家对英国化学家兼自然哲学家玻意耳、法国化学家拉瓦锡（Antoine-Laurent Lavoisier，1743—1794）以及英国化学家道尔顿这三位杰出化学家给予了特别的关注，并且认为这三位化学家分别左右了化学在 17 世纪、18 世纪和 19 世纪的发展。随着"科学革命"概念在 20 世纪科学史研究中逐渐成为引导史学家理解科学变化的一个重要模式，"化学革命"的议题也得到了高强度的研究。

　　英国历史学家巴特菲尔德认为，较之 17 世纪物理学革命，化学革命（他指的是一场大写的、单数的革命：The Chemical Revolution）是一场延迟了一百多年后才发生的革命（"科学革命在化学中的迟滞"[①]），其中心角色是拉瓦锡，其根本标志是氧化说对燃素说的替代，其结果是现代化学学科诞生。[②]

　　库恩立足于其历史的科学哲学的视角，以"范式转换"定义"科学革命"（他指的是小写的、复数的科学革命：scientific revolutions），并将拉瓦锡化学革命作为论证其科学革命学说的一个标准案例，将氧化说对燃素说的替代解说为范式转换。[③]

　　科学史家科恩的《科学中的革命》一书将历史分析、社会学审视以及哲学上的归纳思考结合在一起，通过分析过去 400 年科学史上的被看作是或被说成是"科学革命"的重要案例，提出了科学革命四阶段说。他认为，一场完整的科学革命须经历"（个人意义上的）思想革命"、"信仰革命（个人构建研究纲领，见诸日记本之类的私人文件中）"、"论著中的革命（与其他研究者通信，传播、探讨新理论）"以及"科学中的革命（新理论被认可并持续导致后续发

---

　　①　巴特菲尔德在《现代科学的起源》中谈到的科学革命主要是指当时的物理学革命而言的，那么有没有化学革命？有没有生物学革命？按照他的说法应该是有的，但发生的时间向后延迟了。如果抛开其他因素，单单从认识真理的程度去看的话，这些革命应该在同一个层次上，其结果是学科的诞生，但是，由于学科发展的历史条件不同，学科发展也有先有后。化学革命被延缓到了 18 世纪后期至 19 世纪，而生物学革命被延缓得更远（19 世纪后期）。

　　②　赫伯特·巴特菲尔德：《现代科学的起源》，张卜天译，上海：上海交通大学出版社，2017 年。

　　③　库恩：《科学革命的结构》（第四版），金吾伦、胡新和译，北京：北京大学出版社，2016 年。

现）"，否则则是"流产的革命"；他专辟一章论述拉瓦锡与化学革命，并认定这是一场标准的科学革命。[①]

历史上以"革命"视图解说氧化说对燃素说的替代的第一人不是别人，恰恰是拉瓦锡本人。他从一开始就意识到要变革化学的思维模式，要推翻燃素说。他先是循序渐进地向前推进，后来在取得重大进展和较好的认同后，则锐意创建氧化学派，创办专门批驳燃素说、宣扬其"反燃素理论"的化学杂志，甚至不惜经常举办盛大的家庭晚会，大力宣传由他发动的这场化学革命。

不过，也有不少化学史家认为玻意耳是"化学之父"。早期化学史家，如德国化学史家柯普（Johann Heinrich Kopp，1777—1858），将玻意耳与近代化学的兴起关联起来，他的见解在19世纪后期至20世纪中期有着较强的影响，革命导师恩格斯就曾断言"玻意耳把化学确立为科学"，这一断言对中国化学史界曾产生过特殊而重大的影响。在当时的学术政治背景中，人们几乎是不得不致力于为恩格斯的论断作注的工作，其通常的格式是："玻意耳确立了化学元素概念，因此他把化学确立为科学。"20世纪职业科学史研究兴起以后，也有学者——如玛丽·博厄斯·霍尔——认为玻意耳曾在17世纪完成了一场化学革命，确立了机械论化学。此外，美国化学史家狄博斯（Allen G. Debus，1926—2009）也认为玻意耳在17世纪发动了一场化学革命，其主要理由是，玻意耳的机械论哲学与化学论哲学[②]在理论上构建了微粒哲学，在实践上建立了定性化学分析方法。[③]

还有一部分化学史家强调原子论的建立才是现代化学确立的根本标志，譬如西格弗雷德等指出，化学史研究中存在着两个相互矛盾的事实，其一是化学史家承认拉瓦锡化学革命，其二则是现代化学乃是在道尔顿原子论的基础上建立起来的。因此，他建议将拉瓦锡和道尔顿的工作合在一起理解化学革命进程，将前者视为化学革命的起点，而将后者视为化学革命的顶峰。[④]

本书将通过检视玻意耳、拉瓦锡和道尔顿这三位杰出化学家对化学发展的贡献，呈现17世纪以来化学/炼金术上升为现代科学学科的进程。本书作者认为，成熟的化学研究纲领的确立才是我们判断现代化学最终实现学科化的根本标志，是化学赢得认知认同和职业认同的内在理据。我们还认为，化学从一门古老的技艺上升为现代意义上的科学，是一个长时段的历史进程，尽管本书只

---

① 伯纳德·科恩：《科学中的革命》，鲁旭东、赵培杰译，北京：商务印书馆，2017年。
② 在狄博斯术语中，化学论哲学（the Chemical Philosophy）与机械论哲学相对应。
③ Debus, A. G., *The Chemical Philosophy*：*Paracelsian Science and Medicine in the Sixteenth and Seventeenth Centuries*，New York：Dover Publications，1977.
④ Siegfried, R., Dobbs, B，"Composition，a Neglected Aspect of the Chemical Revolution"，*Annals of Science*，1968，2：275-293.

是从玻意耳的工作谈起的；为了真正看清化学的进化进程，我们就必须在编史方法上进一步拓宽视野和增加思考的深度，必须看到，化学史上存在着两类元化学，即元素论化学和原子论化学，它们相互纠缠，相互砥砺，共同激励着化学思维进步；存在着五类相关的实践，即炼金术、医药化学/炼金术、冶金、化学工业、化学教育，这五类实践的参与者曾共用一套术语直至现代化学开始形成、专有的化学命名法诞生。简言之，现代化学是在两类元化学和五类相关实践长期互动的基础上产生的。

第一节　玻意耳是否在 17 世纪发动并完成了一场化学革命并把化学确立为科学？

若要评价玻意耳的科学贡献，本书认为，玻意耳对科学最重要的贡献不在于发现了以他的名字命名的"玻意耳定律"，也不在于"把化学确立为科学"，而在于为英国皇家学会的实验哲学奠基。因此，对于玻意耳的化学/炼金术思想与工作，要将之置于其整体自然哲学框架之中来理解。

玻意耳在其代表作《怀疑的化学家》[1]以及《论形式与性质的起源》[2]等著作中，确实提出过一整套超越于他所处时代的化学研究纲领，这一纲领属于原子论化学传统，不同于当时以及在以后相当长的时间占据主导地位的元素论化学传统。事实上，玻意耳怀疑一切形式的元素论或要素论，他阐述大量实验来反驳元素论，提倡从他所主张的微粒哲学的角度来看待化学过程及炼金术过程。这一纲领的思想影响是意味深远的，而且这一纲领在每个时代都不乏思想传人，在现代化学的形成过程中始终发挥着重要作用。但是，与玻意耳同时代的主流化学家们并不赞同他的见解，仍奉行元素论化学，所以不能说玻意耳的纲领当时就赢得了高度的认同，并引起化学的学科化发展，把化学确立为科学。[3]

玻意耳的纲领涉及思想和实验两方面的内容。就思想角度而言，玻意耳发展了一套精致的微粒哲学，认为一切物体均由同一种均质的基本粒子逐级凝结而成，最小的粒子——他所谓的"最小自然质"——不具有化学性质，只具有"第一性的质"，如大小、形状和运动，它们相互凝结而形成微粒，较小的微粒可再凝结成为较大的微粒，而经过逐级凝结形成的"最大的微粒"具有特殊的

---

① 波义耳：《怀疑的化学家》，袁江洋译，北京：北京大学出版社，2007 年。
② Boyle, R., *The Works of the Honourable Robert Boyle*, Hildesheim: G. Olms Verlagsbuchhandlung, 1965.
③ 关于原子论和元素论两大化学传统的发展演变，以及现代化学研究纲领的构建，参见袁江洋、冯翔：《现代化学研究纲领的构建》，《科学文化评论》2011 年第 2 期，第 5-18 页。

构造或结构，这些特殊结构规定着物体的化学性质以及其他可感性质。可感性质是指可由人的感官来感知的性质，在此意义上，化学性质以及许多物理性质均属可感性质。玻意耳呼吁化学家们从微粒论角度理解化学和炼金术，他还相信，破坏物体的内聚性，将其分解为最初的粒子，再加入"种子"引发新的凝结过程，可以实现炼金术嬗变；因此，他反对一切形式的元素或要素理论，否认不可嬗变的元素或要素的存在。

当时的化学家们采用元素或要素-性质对应规则解释化学或炼金术现象，而玻意耳则代之以微粒结构-性质对应规则。在大量的实验探索中，玻意耳注意到，物体的"最大的微粒"或"微粒团"也是十分稳定的，在通常的化学过程中并不发生"腐败"，只发生一些细微的变化，他称之为"改扮"（disguise），如水银等金属在各类化学过程中虽在颜色、气味、味道、化学属性上经历千变万化，但仍然很容易被还原出来。

玻意耳微粒哲学仿佛是专为炼金术嬗变而设计的形而上学学说，但它极富启发力，直接影响到牛顿，又通过牛顿影响到后世科学家，如道尔顿、卢瑟福。道尔顿正是沿着玻意耳、牛顿的物质论道路前进，最终确立了化学原子论；而卢瑟福则通过用高速粒子轰击原子核实现了玻意耳、牛顿等的炼金术嬗变梦想。

另外，如第五章所述，玻意耳不遗余力地强调实验在新自然哲学的构建过程中的基础性地位，作为英国皇家学会新自然哲学的奠基者和主要辩护人，他从自然神学角度论说实验的价值，认为自然哲学家一方面要凭其理智来探索自然、颂扬上帝；另一方面，要通过实验来纠正"易谬的理智"，指明理智前进的方向。因此，玻意耳将自己的自然哲学另名为"实验哲学"。在这一点上，他赢得了同时代人和后世的高度认同。在实践中，他积极开展了多方面的实验研究，其一，围绕真空问题以及空气压力和重量问题，他与胡克一道制作了空气泵，进行了系统的实验研究，得到了相关的经验定律——玻意耳定律；其二，系统剖析化学分析实验（尤其是"火分析实验"）和炼金术嬗变实验；其三，围绕光与颜色问题，利用三棱镜等多种光学仪器进行了大量的光学实验，不过，他将颜色变化与化学过程中的颜色变化现象并置处理。所有这些实验都对牛顿的思想和探索产生了重要影响，其中许多重要实验甚至直接构成了牛顿探索的经验基础和出发点。

《怀疑的化学家》一书通常被认为是玻意耳重要的代表作，但是，这部代表作似乎不具有代表作应该具有的那些特征。代表作要有清晰的立场和明确的观点，但《怀疑的化学家》却并不是一部正面陈述作者立场和观点的著作，而是一部以论战体形式写就的怀疑之作或批判之作。玻意耳声明，一个怀疑者只要指出所怀疑对象的理论和方法存有严重问题即算达到了目的；而且，玻意耳还在书中采用了代言人转述的方式，并事先说明代言者卡尼阿德斯①（Carneades）的见解并不完全代表他本人的真实态度或见解，有时卡尼阿德斯所说的只能理解为在设定的论战场景中他作为怀疑论者而应该说的东西。因此，在化学史上，《怀疑的化学家》是一本很难读的书，而且误读的情况的确时有发生。因此，我们需要了解，玻意耳写《怀疑的化学家》的根本意图是什么？他在书中怀疑什么，不怀疑什么？还有，当时的化学家们在何种程度上接受他的批判？他们是否相信他所相信的东西？

　　一个最著名的误读就是，玻意耳提出"单质"元素概念。事实上，当时的化学家们在实际的化学操作中的确运用了一个类似于单质元素概念的概念，说元素彼此不能相互混成，而且对结合物进行化学分析，可以得到这些简单物质。玻意耳在完成对四元素论和三要素论的批判之后，进一步将矛头指向当时化学家们所用的元素概念，在此情形下，他替化学家们总结出了这条实用的"元素定义"，并明确指出他现在所要怀疑的就是这一定义。

　　《怀疑的化学家》中最大的怀疑是怀疑一切元素和要素学说。他坚信万物同根生，世间万物是由同一种原始粒子逐级凝结而来。这种信念背后存在着这样一种美学原则：上帝不做冗余之事，他只需创出一种粒子，就能以之创造出整个世界。

　　玻意耳微粒哲学的基本观点如下。

　　（1）世界由同一种同质粒子构成，它有大小，有形状，而且上帝让它处于运动状态之中。牛顿继承了这一说法并进行了补充和修改，牛顿指出，粒子有质量，并且在粒子和粒子之间还存在多种力。

　　（2）原始粒子逐级凝结为物体乃至整个世界，第一次凝结形成的凝结物叫作第一凝结物（微粒），第一凝结物再次凝结成为更大的微粒，经过逐级凝结最后形成的是最大的微粒，其形状和结构规定着物体的可感性质（包括化学性质在内）。

　　（3）由此就有如下重要推论：如果能破坏物体的内聚性，让物体全部变为原始粒子的话，那么，加入新的种子，就可使原始粒子按照种子所具有的形式重新凝结，成为新的物体。如果播入金的种子，原始粒子就可按照金的形式重新凝结、生长，就有可能完成炼金术。从玻意耳毕生的炼金术实践来看，可以

---

① 书中对话者人名均为虚构，但均有寓意。卡尼阿德斯之名，取自柏拉图学园怀疑派领袖卡尼阿德斯之名。

认为，他构想这套微粒哲学在很大程度上是因为他想就炼金术过程给出合理的机械论解释。

玻意耳微粒哲学是一套有着多种独特特征的本体论构造。

其一，玻意耳微粒哲学是一种独特的原子论，它预设真空存在，与一切形式的元素论或要素论有着重要区别。亚里士多德提出水、土、火、气四元素是地界元素，而天界（月层天以上的天界）元素是第五元素——以太。亚里士多德的宇宙"厌恶真空"，到处充满着物质。留基伯和德谟克利特的原子论预设了原子和虚空存在，认为虚空隔开了原子，而原子在虚空中做无规则的运动。在原子论思想与元素论思想最终于 19 世纪初合流之前，是否预设虚空存在是元素论与原子论之间的重要区别。

其二，玻意耳微粒哲学不是化学意义上的原子论，化学原子论直接将物体的可感性质（如化学性质）归结于物体的原子，而玻意耳认为，原始粒子是同质的，它只是有大小、形状和运动，即通常所谓的"第一性的质"，但不具有任何可感性质，如颜色、气味、味道以及各种化学性质。17 世纪欧洲哲人在承认上帝创造原子的前提下复活了古希腊原子论，一些自然哲学家认为，存在不同的原子，并将物体的化学性质直接与物体原子挂钩。例如，伽桑狄认为，酸之所以能刺痛人的舌头，是因为酸的原子形状是尖的。

其三，微粒哲学不同于笛卡儿物理理论。笛卡儿的机械论哲学也经常论及"微粒"，但笛卡儿认为大微粒之间有小微粒，小微粒之间有更小微粒，依此类推，以至无穷。因此，笛卡儿所说的"微粒"指的是物体的微小组成部分，他只是在方法论意义上考虑"微粒"，而此"微粒"是无限可分的微粒，与原子论中的原始粒子概念相去甚远。在他看来，宇宙是不存在真空的，到处充满着物质，通常看到的星体运动只是由以太漩涡运动所带动的。

其四，玻意耳曾提到过"元素性的微粒"的概念，但他因为坚信炼金术而否认"元素性的微粒"不可嬗变。在《怀疑的化学家》中，玻意耳的代言人卡尼阿德斯曾大篇幅地谈到黄金、水银等物体非常稳定，一切化学过程都只能使它们的微粒发生轻微改变，并且很容易利用化学手段重新析出原有物体，这使得这些微粒看上去似乎是"元素性的微粒"。书中作为裁判的埃留提利乌斯（Eleuterius）还直接指出，黄金、水银具有超级稳定性，这正好为卡尼阿德斯所要批判的、当时化学家们在实际工作中采用的元素定义（即通常所谓的"单质定义"），提供了例证。但是，卡尼阿德斯认定，虽然在化学过程中，金、汞、银等都是高度稳定的，但是存在着可以毁坏它们的内聚性的炼金术过程，炼金术过程可以破坏它们的化学性质和微粒结构。另外，在玻意耳写这段对话的时候，化学家们还将黄金、水银等看作是结合物而非元素，还在致力于将盐、汞、硫从黄金中分析出来的各种实验。

其五，牛顿在自己的实践中对玻意耳微粒哲学进行了重要改进，引入了粒子力的概念。在炼金术实践中，玻意耳看重的是微粒的空间结构，他试图通过具有强渗透性的作用剂来破坏物体的内聚性，让物体微粒腐败、解构，再重新生长为新的物体。汞可与诸多金属形成的汞剂，有着极强的渗透性，因而受到玻意耳以及其他持"主汞论"炼金术理论的炼金家的高度关注。牛顿的炼金术始于玻意耳的工作，但在实验中，牛顿发现溶剂的渗透性并非决定性的因素，所以他在后期的炼金术探索中致力于寻找具有极强腐蚀性的作用剂，试图通过粒子与粒子之间的力的作用来破坏物体的内聚力，所以他后期主要关注酸的研究。

在《怀疑的化学家》结尾处，埃留提利乌斯承认了卡尼阿德斯的三个批判。

第一，火不是万能的分析工具，在火分析操作下得到的物质并不一定都是简单物质，也可能是在火作用下新生成的复合物。

第二，元素或要素的数目并非恰好为三、四或五，并不具有任何确定值。

第三，有一些性质不能用现在承认的任何一种元素或要素来妥善地加以归结。

同时，埃留提利乌斯要求卡尼阿德斯承认化学家们的三个命题。

一是，矿物是由盐、硫、汞组成的，植物是由盐、精、油、黏液和土组成的。

二是，虽然火分析实验中得到的这些元素或要素并非标准的简单物质，但这并不妨碍人们将它们暂时当作是复合物的要素。

三是，在许多情形下（尤其是在医药化学实践中），要素-性质对应关系仍然是成立的。

是的，玻意耳的批判不仅没有驳倒元素论，反而为元素论的发展扫清了障碍。当时的元素论或要素论均含有这样一个重要的辅助假定，这就是，所有的元素或要素均同时参与了所有物体的形成，所有的物体都是由所有的元素混合而成，物体不同只是因为混合的比例有所不同。按照亚里士多德四元素论，所有物体都含有水、土、火、气四元素；按照帕拉塞尔苏斯三要素说，则所有物体均由盐、硫、汞三要素组成，物体之间的差异只在于有关比例有所不同而已。如果是这样的话，许多化学分析实际上是很难真正完成的，譬如要从金中分离出盐、硫、汞的工作。玻意耳认为，上帝即使要创造元素，在用元素构造世界的时候也不会用这样的法则。就像我们人类的语言一样，并不是每一个英文单词都同时含有 26 个英文字母。在相当重要的意义上，这一批判为元素论的发展指明了新的方向。放弃了所有物体均由所有元素在场混成这一辅助假定，化学家们才有可能将元素论思想与化学实验以正确的方式挂起钩来。由此，化学分析获得了极大的简洁性，分析可以更加务实。

元素论化学正是由于玻意耳对元素论的批判而获得了解放，经过玻意耳的批判，元素由三种、四种或五种变成了许多种；而且，由于玻意耳的批判，化学家们不再试图从结合物分离出其组成元素，如从金、银、铁中分别分离出金的硫、银的硫、铁的硫，而是将分到不能再分时所得的产物就看作是简单物质，即元素。走上这样一条务实的道路，化学家们就可以不断积累新的经验，进行分类、比较和思考，化学也由此开始步入经验科学的殿堂。

至 18 世纪中期，法国化学家马凯（Pierre-Joseph Macquer，1718—1784）在其 1758 年出版的《化学理论与实践纲要》中这样描述化学："化学的目标和最终原则是把进入物质的组成中的不同的物质给分离开来；单独地检查每一部分，以发现它们的性质与关系；如果可能的话，分解这些物质；并将它们加以比较，将它们与其他物质结合起来；将它们重新结合成物体，以重造出具有原有性质的结合物；或甚至使用不同的组合的其他物质的混合物，去制造一个全新的、在自然界的杰作中从未存在过的结合物。"[①]

到拉瓦锡时代，金、银等金属以及其他许多化学分析产物已经被看作是简单物质。拉瓦锡提出了更加明确的元素概念："如果我们所说的元素这个术语所表达的是组成物质的简单的不可分的原子的话，那么我们对它们可能一无所知；但是，如果我们用元素或者物体的要素这一术语来表达分析所能达到的终点这一观念，那么我们就必须承认，我们用任何手段分解物体所得到的物质都是元素。"[②]只要是从物体中分离出来的简单物质都可以称为元素。如果还能再分，化学家们就把它看作是化合物，分到不能再分时就是元素。有时候实验不能得到最后的分解物，只能分到一定的程度，这时，化学家们也可以先把分析产物当作元素来处理。实际上，拉瓦锡是以实验分析到达终点时的产物来定义元素的。

另外，玻意耳微粒哲学思想，或者在更广泛的意义上说，原子论化学，也在发展。当代的化学史研究仍亟须就玻意耳之后的原子论化学发展线索给出完整的说明。现在我们所知道的是，17 世纪化学发展的主流仍然是元素论化学，

---

① Macquer, P.-J., *Elements of the Theory and Practice of Chymistry*, 5th edition, Edinburgh: Alexander Donaldson, 1758, p. 1.

② 安托万·拉瓦锡：《化学基础论》，任定成译，北京：北京大学出版社，2008 年，前言第 5 页。

但是，玻意耳的思想仍拥有自己的传人。首先，牛顿几乎是全盘继承了玻意耳的微粒哲学，并对之进行了重要的改良。牛顿曾在《光学》附录里对自己的物质理论进行了全面阐述；牛顿甚至基于他所了解的光学原理和相关的炼金术经验知识，对规定着物体化学性质的"最大的粒子"的尺寸进行了计算和测量；更重要的是，牛顿对金属置换反应的系列研究，引导着后世亲合力化学的发展。亲合力化学对于众多的酸、碱反应进行了深入的经验研究，得到了形形色色的亲合力表，但是亲合力化学立足于在当时完全不可定量测量的"化学力"的概念来"解释"经验结果，依照这种解释模式不可能到达任何明晰的理论认识。

化学史家对亲合力化学发展进行了充分的研究，但是，仅仅关注亲合力化学研究的发展过程，并不能说明原子论化学发展的全部图景，因为存在粒子或微粒彼此之间的"化学力"只是粒子或微粒所拥有的众多性质之中的一类性质，或者说，从化学力的角度研究粒子或微粒只是研究粒子或微粒的一种视角。化学家们还可以从粒子或微粒的质量或其他化学物理性质（如微粒结构）来展开研究。譬如，道尔顿在思考原子论问题时抓住的就是化学原子和质量的关系，他声明他这样做是因为受到了牛顿的启发。后来，化学家普劳特（Ebenezer Prout，1835—1909）假设所有的原子都由氢原子组成，如果以氢原子作为一个质量单位的话，那么所有其他原子的质量都是氢原子质量的整数倍。再后来，卢瑟福演示了现代"炼金术"，而结构化学也于 20 世纪兴起。

正如单单考虑亲合力化学不足以揭示原子论化学发展的复杂图景以及化学的进化历程一样，单单考虑元素论化学的发展而不对元素论化学与原子论化学之间的交汇作用予以充分的关注，也同样不足以说明现代化学的发生历程。

第二节　重审"拉瓦锡化学革命"

许多信奉化学革命说的史家认为，拉瓦锡氧化说为现代化学的建立奠定理论基础，氧化说对燃素说的替代构成了一场名副其实的化学革命，而这场化学革命直接使现代化学得以产生。但是，拉瓦锡化学革命真的如库恩、科恩所言那么标准吗？这场化学革命中发生了范式的转换吗？还有，后世化学就是在拉瓦锡范式下发展的吗？追问并仔细考察这些问题，将会看到，要对这些问题全部给出一个明晰干脆的肯定答案，是十分困难的。

一、拉瓦锡化学革命的基本内涵

拉瓦锡化学革命的对象是 18 世纪初德国医生和化学家斯塔尔（Georg Ernst Stahl，1659—1734）的燃素学说。燃素说是斯塔尔发展出的一套燃烧理论，这套燃烧理论能统一地解释金属煅烧和非金属燃烧现象。因为它能解释大量的煅烧和燃烧事实，很多科学史家认为它是第一个系统的化学理论，也有人认为现代化学是从斯塔尔开始的。按照斯塔尔燃素理论，燃素是一种元素（或要素），它和其他元素一样具有质量和其他化学物理性质。因为金属和非金属都含有燃素，所以它们才能够燃烧；金属则是由金属的基和燃素结合而成的结合物（mixt），金属在燃烧时失去燃素所得到的金属的基反而是较简单的物质。

事实上，燃素理论在提出之时即遭遇许多反常事实。这些事实均与燃素的质量问题有关，金属煅烧出现的增重现象即很难用燃素论解释，除非说燃素的质量是负质量。当时，质量守恒原理虽然没有以物理定律的形式明确表达出来，但化学家们在实验中却早已将质量守恒当作是一种实验预设。

斯塔尔完整的化学认识还包括他对物质层级的划分：第一要素即元素，是为简单物质；由少数元素结合而成的一些物质可称为结合物或第二元素，如黄金、白银等金属物质；由结合物结合而成的物体可称为复合物（compound）；由复合物再复合而成的物体可称为再复合物（recompound）。

拉瓦锡完整的化学学说包括氧化说、热质说以及他对化学物质层次的重新划分（以新的化学命名法的形式出现），但人们通常主要关注他的氧化学说。

氧化说认为，氧气具有助燃作用，离开了氧气物体就不能燃烧，物体燃烧是因为氧气而非燃素。氧气（oxygen）的意思是"成酸要素"，因为燃烧过程即是金属和非金属与氧气结合的过程，金属或非金属燃烧后即成为酸，而且重量肯定会增加，因为氧是有重量的元素。拉瓦锡还认为，燃烧消耗的氧气越多，则得到产物的酸性越强，这可以通过经验归纳得出。据此，他认为，可将酸的级别分为四级。以硫的氧化为例，硫黄与氧作用首先生成一级酸（第一氧化度，产物为氧化硫），然后生成二级酸（第二氧化度，二氧化硫）和三级酸（第三氧化度，三氧化硫）。比较亚硫酸和硫酸，可知硫酸的酸性远强于亚硫酸。亚硝酸与硝酸的情形亦类同亚硫酸与硫酸。继之，通过对酸性强度的比较，拉瓦锡将盐酸置于三级酸的层级上，并认定其中必含有大量的氧。拉瓦锡还基于经验归纳的法则认为，存在第四级酸。在第四氧化度上，他找到一个错误的案例——"氧化盐酸"（即我们今天所说的"次氯酸"）。但是，"氧化盐酸"的酸性明显没有盐酸强，拉瓦锡在此处却无视经验认识，因为他知道，氧化盐酸受热或在光照条件下可得到盐酸并释放出氧，因而可以肯定其中氧的含量高于盐酸。

应该说，第四氧化度这个概念本身是合乎归纳原则的，因此在理论上是讲得通的，事实上，如果拉瓦锡以氧为核心的酸理论不被迅速证伪或更新的话，则后来发现的高氯酸、重铬酸、高锰酸都可以按照其酸理论解释为准四级酸。但是，拉瓦锡没有认识到，按照他的思路，成酸要素不止一种，而且在当时即发现了另一种同样具有他所谓的成酸能力的元素：氯气。因为他遵循元素一性质对应规则，对于酸性，须指定一种元素对之负责，即他所认定的氧，舍此之外，别无其他成酸元素或要素。

拉瓦锡基于其燃烧理论（氧化说与酸理论），将燃素清除于其元素表外，并对化学物质层系进行了重新划分：元素是简单物质，金、银等金属就是元素；元素彼此结合的产物称为化合物（compound），如元素与氧结合所形成的产物称为氧化物。

拉瓦锡的热质说（caloric theory）甚少得到化学史家们认真的关注。热质是一种无质量的、以流体形式存在的基本元素，它与简单物质的基共同构成了简单物质，它可存在于物体内部乃至以纯粹流体的形式弥漫于整个宇宙空间之中。拉瓦锡将热质列为其元素表上的第一元素，并发展了一套热质说，他试图用这套概念来解释化学反应的动力机制，如碳在燃烧时夺取氧元素的基并释放出热，他还试图将热质说上升到宇宙论层面，认为热质充盈于全部宇宙，它在地表面的密度最低，而在高空的密度则非常高。为了测量热，他还利用冰吸热融化的机理制作了量热计，测度热量的流入与流出。

无论是斯塔尔燃素说还是拉瓦锡氧化说，均不构成统一解释当时已有的全部化学实验事实的理论，而只能覆盖燃烧、煅烧现象以及相关的成酸现象，对于盐化学、中和反应、复分解反应等其他化学研究领域，均无力覆盖。

二、氧的发现与拉瓦锡氧化说的提出过程

氧化说的建立与氧的发现及空气分析实验有重大关联。在通常的化学史著作中，有关氧化学说建立的实验基础的描述主要涉及舍勒（Carl Wilhelm Scheele，1742—1786）、普利斯特利和拉瓦锡的相关实验工作。

1771 年，瑞典化学家舍勒通过加热氧化汞、氧化锰、硝石等物质，首先制得了氧气，他将蜡烛置于其中燃烧，发现其助燃性更强于空气，因而他将之命名为"火气"。同年，英国化学家普利斯特利通过加热硝酸钾制得了氧气，

他称之为"脱燃素空气"——意为空气中可燃成分被去掉后剩下的成分。后来数年中，他们均在继续进行有关实验，研究他们所发现新气体的性质及鉴定方法。1777年，普利斯特利用煅烧汞灰（即氧化汞）的方法制出了比较纯净的"脱燃素空气"。他的实验目的是分析空气的成分，最终他识别了氮气和氧气。舍勒和普利斯特利都是燃素论者，都没有意识到由他们的发现出发可以解释金属煅烧和非金属燃烧过程中的增重现象。拉瓦锡进入化学研究是在1772年，1774年前半年，他参与巴黎皇家科学院组织的巴扬（Pierre Bayen，1725—1798）实验鉴定工作，开始对燃素说发生了严重的怀疑。而1774年10月他又得以与来巴黎访问的普利斯特利交流关于"脱燃素空气"的看法。正因为此，他有幸成为新化学理论的奠基者。

科南特（James Bryant Conant，1893—1978）在撰写《哈佛实验科学案例史》中有关燃素说的摒弃过程的文章中，就化学革命的开启过程给出了以下日程表（方括号中的内容为笔者补充的说明文字）：[1]

1774年2月，法国化学家巴扬提请研究者注意在不加入焦炭的情形下煅烧汞灰（HgO）可析出流动的汞，但他将过程中产生的氧气误认作"固定空气（CO_2）"。[包括拉瓦锡在内的五人专家鉴定小组于1774上半年进行三次重复实验以鉴定巴扬实验是否属实，均未对释放出的氧气作认真鉴定，他们将之通入石灰水，发现轻微变浊，便将之当作是固定空气。[2]]

1774年8月，普利斯特利通过加热红色的汞氧化物制得氧气[但他当时误以为是笑气（N_2O）]。

1774年10月，普利斯特利告知拉瓦锡其实验工作[其研究重点不在汞的析出，而在于鉴定释放出的新气体]。

1775年3月，普利斯特利制备氧气[他初步完成氧气鉴定，并命名为"脱燃素空气"]。

1775年复活节，拉瓦锡向巴黎皇家科学院呈送其备忘录"论在煅烧过程中导致金属增重的元素的性质"[拉瓦锡明确提出出现增重现象是因为金属在煅烧过程中吸收了空气，并且提出燃素说是错误的]。

1775年12月，普利斯特利撰文纠正拉瓦锡在有关实验的解释中出现的错误[拉瓦锡直接将氧气混同为空气]。

1777年3月，拉瓦锡向巴黎皇家科学院提交论文"关于动物呼吸以及肺

---

[1] Conant，J. B.，Lash，L. K.，*Harvard Case Histories in Experimental Science*，Cambridge：Harvard University Press，1957.

[2] 估计是密封不严，有少量空气混入导管。

对空气的转换实验"，表述其有关空气组成和性质的实验，并明确陈述其对于氧的看法。[拉瓦锡的论文"关于动物呼吸以及肺对空气的转换实验"所记载的是其著名的"汞的十二天煅烧实验"，又称"空气分析实验"。在实验中拉瓦锡把 4 盎司很纯的汞（水银）放在密闭的容器里，连续加热达 12 天之久，结果发现有一部分银白色的液态汞变成了红色的粉末，同时容器里的空气的体积差不多减少了 1/5。拉瓦锡再把汞表面上所生成的红色粉末（即氧化汞）收集起来，放在另一个较小的容器里经过强热后，得到了汞和氧气，而且氧气的体积恰好等于原来密闭容器里所减少的空气的那部分体积。文中还包括拉瓦锡就氧气及其性质进行的各种鉴定实验。]①

1778 年 8 月，拉瓦锡发表其经过修改后的"复活节报告"，正式提出"氧化说"。

科南特认为，氧化说思想的最初提出是化学革命的关键，因此，他将拉瓦锡提交首份备忘录的时间——1775 年复活节——定为化学革命的始点。②若按后来科恩提出的解释模式，则可以说拉瓦锡此时处于"思想革命"的阶段。

问题是在于，拉瓦锡是如何走上并走过这场"思想革命"的历程的呢？也就是问，新的思想是如何被引入的或产生的？它的源头在哪里？

三、拉瓦锡化学革命的思想源头

拉瓦锡化学革命包括质疑旧理论、解释反常现象与建构新理论三方面的内容，其一是对燃素说的质疑，其二是解释金属燃烧后的增重现象，其三是氧化说和酸理论的建立。在现代人看来，燃素说不能统一解释增重现象，必然导致对燃素说的质疑，因此，这两方面的内容是完全同一的。其实不然。须知，燃素说从产生之日起就面临着不能统一解释增重现象的问题，但这并没有妨碍当时欧洲化学家们广泛接受燃素说。另外，如果说按照库恩范式概念，燃素说已构成了一个旧有的范式，那么，在新范式产生之前，新思想不可能内生于旧范式之内，而必定是从外部引入的。

---

① 冯翔：《贝托莱和柯万的燃素学说及其结局》，《广西民族大学学报》（自然科学版）2009 年第 2 期，第 30-36 页。
② 拉瓦锡在其笔记本上的"革命预言"是："尽管黑尔斯、布莱克、迈克布莱德、雅克、克朗茨、普利斯特利和斯麦斯在这个课题上做了大量的实验，但他们都没有完成一个完整的理论体系。……课题的重要性迫使我重新开始这项工作的全部，这在我看来引起了物理和化学的革命。我认为我应该将在我之前所做的一切只视为迹象；我建议重新谨慎地重复一切，这样，我们才能把在物质中固定的或释放的空气与已经确立起来的知识联系起来，并形成一个新理论。"（Berthelot, M. *La révolution chimique：Lavoisier，ouvrage suivi de notices et extraits des registres inédits de laboratoire de Lavoisier*，Paris：F. Alcan，1890，p. 48.）更深入的研究表明，拉瓦锡早先使用 révolution 一词，其意义类似于我们今天所说的"综合"，而在 1789 年《化学基础论》出版后，其意义类似于我们今天所说的"革命"。

格拉克（Henry Guerlac，1910—1985）研究了拉瓦锡早年的实验笔记，撰写了《拉瓦锡——关键的一年：他的 1772 年第一次燃烧实验的背景与起源》。[①] 他认为，1772 年，拉瓦锡开始围绕煅烧燃烧现象展开系统的实验研究，这批实验对于后来提出氧化说具有决定性意义，也就是在这一年，他已开始尝试构想新理论来取代燃素学说。

霍尔姆斯（Frederic Lawrence Holmes，1932—2003）对拉瓦锡的 13 卷手稿进行了系统研究，于 1989 年出版《下一个关键的一年》。[②]他指出，1773 年，拉瓦锡通过引入实验物理学的工具和方法，极大地完善了他的化学定量分析方法，这一年无疑是又一个关键年，正是在 1773 年 10 月 20 日他作出了革命预言；而且，科学探索是连续的过程，1772 年、1773 年直至 1777 年，每一年对拉瓦锡而言都是"关键的一年"，直至 18 世纪 80 年代其完整的氧化理论才最终臻于成熟。

霍尔姆斯强调拉瓦锡将实验物理学的工具和方法引入化学的重要意义，沿此思路，学者们还进一步分析了拉瓦锡这样做的个人动因，综合起来，其一与拉瓦锡早年学习实验物理学的经历有关，其二与他作为国王的收税官须经常运用"资产负债表"的经验有关，其三与其在法国应用化学（如火药研制等）工业方面的实践有关。这样，学者们便就拉瓦锡化学革命思想给出了一套物理起源说，曾担任过格拉克助手的佩林（C. E. Perrin）在一系列重要论文中进一步完善这一研究思路，他指出，拉瓦锡重视用实验物理学的方法和原则来引导化学发展，逐渐向化学引进了新的概念、方法和假定，但同时指出，拉瓦锡的改革有"两个进路"，"一个是概念的分析，倾向于强调化学革命的不连续性，而另一个是对整体的精细的分析，则会揭示出化学革命中很大的连续性"[③]。

本书作者无法认同霍尔姆斯的拉瓦锡研究进路，尽管我们并不否认实验物理学方法和原则对当时尚未实现学科化的化学的发展——譬如在拉瓦锡的案例中——可能有着重要影响。事实上，在拉瓦锡之前一百多年，玻意耳等就曾要求将在当时被人普遍视为"技艺"的化学纳入他所主张的"实验哲学"的研究框架之内，这种态度也曾对当时化学发展产生影响。

本书所要强调的是，化学分析的思想，包括霍尔姆斯等所强调的定量分析原则与方法，在化学家们而言，从来就不是外生的。譬如，我们可以在与拉瓦

---

① Guerlac，H.，*Lavoisier—the Crucial Year: The Background and Origin of His First Experiments on Combustion in 1772*，New York：Cornell University Press，1961.

② Holmes，F. L.，*Antoine Lavoisier: The Next Crucial Year or the Sources of His Quantitative Method in Chemistry*，Princeton：Princeton University Press，1989.

③ Perrin，C. E.，"Research Traditions, Lavoisier, and the Chemical Revolution"，*Osiris*，1988，4（1）：53-81.

锡同时代的化学家们那里，在普利斯特利、巴扬等的工作中，同样看到对质量守恒原理的自发运用。化学分析从定性分析发展到定量分析，其间并不存在一个因物理学发展而出现的明晰的转折点，倒可以说是一种内在于化学传统的自发的发展趋势。同样地，在玻意耳时代甚至在更早时期，化学定量分析就已经开始了，只是当时气体化学研究尚未全面兴起，气体定量分析手段只能在它兴起以后才可能出现而已。

更重要的是，从根本上讲，对于燃素论的怀疑，亦不是外生的，而是内在于其他化学传统之中——内在于原子论化学传统之中。就以当时法国化学界而论，是巴扬而非拉瓦锡最先公开表达了对于燃素论的质疑和否定态度。巴扬于1772—1774 年专门研究了汞灰制备与煅烧过程，并于1774—1775 年于《物理学观察》（Observations sur la Physique）发表了有关研究的系列论文。[①②]

巴扬用四种不同方法制备汞灰，并分别进行了各种条件下的煅烧实验（包括密闭实验）及其他相关实验，其实验过程均采用了严格的定量分析方法，结果发现以下几个结论。

（1）四种方法制得的汞灰是同一化学物质；

（2）所有这些汞灰在煅烧过程中均可释放出同一"流体"，且数量相当；

（3）汞灰在溶解于酸中的时候都不发生泡腾现象；

（4）所有这些汞灰都是红色的；

（5）这些汞灰均失去了与金结合（形成汞剂）的能力。

对于这些实验结论，巴扬作了进一步的思考，他否认玻意耳"火微粒"解释（火微粒穿过玻璃壁与汞结合导致增重），并用实验证明，在没有空气的情形下，汞及其他金属不能被煅烧为金属灰。他还这样写道："对于我所完成的实验，我还没有获得一个更好的解释，这使我不得不下这样的结论：在我所说的汞灰中，汞的金属灰性质，不能归因于燃素的损失，汞根本就没有经历过燃素的损失，但应该将汞的金属灰性质归因于与汞直接结合的流体。流体给汞增加的重量，也就是我以前检测过的沉淀物的重量增加现象的原因。"[③]

巴扬还在巴黎皇家科学院公开反对燃素说，其理由是：在不加入富含燃素的物质的条件下，仅通过加热可使汞灰还原为流动的汞。对此，巴黎皇家科学院于1774 年初（早于普利斯特利访问巴黎约半年时间）专门指定一个五人小

① Bayen, P., "De Expériences Chimiques, Fates Sur Quelques Précipité de Mercure Dans la vue de Découvrir Leur Nature", *Observations sur la Physique*, vol. 3, 1774, pp. 127-143.

② Neave, E. W. J., "Chemistry in Rozier's Journal. Ⅲ. Pierre Bayen", *Annals of Science*, 1951, 7（2）: 144-148.

③ Neave, E. W. J., "Chemistry in Rozier's Journal. Ⅲ. Pierre Bayen", *Annals of Science*, 1951, 7（2）: 144-148.

组对巴扬所声称的实验证据进行了鉴定实验，而拉瓦锡赫然是五位成员中的一位。实验反复进行了三次，最终认定了巴扬的证词。只是巴扬以及包括拉瓦锡在内的其他四位专家均没有对实验过程产生的"弹性流体"进行仔细的鉴定，而将之误认为是"固定空气"。巴扬本人收集了这种"弹性流体"，时间略早于普利斯特利制备出纯净的"脱燃素空气"，但他只是指出它比空气略重，而没有像他研究水中杂质问题那样展开深入的鉴定工作。

同样是在这一时期，《物理学观察》上发表了两篇攻击燃素说的匿名论文，《德莫尔沃先生学说纲要》（"Précis de la doctrine de M. de Morveau"，1773 年）和 1774 年刊登的《关于燃素的讨论》（"Discours sur le phlogistique"，1774 年），早期的化学史家未作任何认真考证就将它们的作者列为拉瓦锡，因为它们的主题与拉瓦锡于十年后发表的题为"对于燃素的思考"的著名檄文完全一致。后来有一些化学史家如尼弗（E. W. J. Neave）认为巴扬是最有可能的作者。1970年，佩林撰文《对燃素论的早期攻击：两篇未署名的论文》，专门研究了这一问题，他考察了各种可能性，最终认定论文作者最有可能是巴扬，称他为"一位怀疑的化学家"，是他在当时法国最先公开怀疑燃素论，但同时也承认不能排除作者是拉瓦锡的可能性[1]。

1774 年的论文对燃素概念进行了彻底批判："燃素与其他元素完全不同；它从来就没有以一定数量的形式被分离出来和收集起来过；它的存在也没有被显示过，假如它真的存在的话；它在燃烧中被毁灭了，它蒸发了，但就是连一个原子也没有被获得过；在这些方面，它是非常与众不同的，其他的元素，例如水、土、酸，它们都是可以被分离出来并获得一个自由的状态；（燃素论者）声称燃素可以从一个拥有充足燃素的物质中转移到一个缺乏燃素的物质中去，当它离开前者之后，它又和后者结合；这些断言实际上都是基于这样一个假设，那就是可燃物质只是那些饱含燃素的物质，而当这些可燃物质与被称为不可燃物质的那类物质反应的时候，可燃物质把燃素传递给了那些不可燃物质。我曾经做过多次金属灰的还原反应，我从来就不能说服自己来相信焦炭中的燃素是金属还原的原因。有一些金属灰，例如铅和汞的金属灰，不需要一个燃素原子就可以实现'复原'；近来的一些使用火镜的实验表明，太阳光对于金属的还原也可以起到燃素的作用。"[2]

我们倾向于认为这两篇论文的作者就是巴扬。一方面，拉瓦锡的实验笔记

---

① Perrin, C. E., "Early Opposition to the Phlogiston Theory: Two Anonymous Attacks", *The British Journal for the History of Science*，1970，5（2）：128-144.

② Anonymously, "Discours sur le phlogistique & sur les plusieurs pionts inportans de Chymie", *Observations sur la Physique*，1774（3），pp. 185-200.

表明，他迟至结束巴扬实验鉴定工作时（1774 年 7 月）还没有自己动手研究汞的煅烧及还原反应，拉瓦锡在长达半年的鉴定工作结束后的两周内做了其第一个以还原汞灰为目的的实验，显然，他设计这一实验分明与巴扬实验及思路有关联，因为巴扬宣称不加入燃素而仅仅加热可使汞灰还原，拉瓦锡则是在考察不加入燃素而仅仅施加电作用是否可使汞灰还原。这两个实验及思路具有明晰的平行关系。当然，在当时条件下他不可能完成电解氧化汞，而只是得到一个负结果。另一方面，这两篇论文对燃素论的批判更甚于拉瓦锡后来的批判，它们不但反对燃素概念，甚至对燃素论背后的思维规则即元素—性质对应规则也不尊重，譬如，其作者强调，"太阳光对于金属的还原也可以起到燃素的作用"，日光不在元素之列，在相关实验中其功能类同燃素。

巴扬在批判燃素论的阵线上是他那个时代的领跑者，他用否证方式和实验成功地挑战了燃素说；在解释金属煅烧增重现象时，他在法国化学家雷伊（Jean Rey，1583—1645）的工作中找到了正确答案，并用实验证实，出现增重现象是因为金属与某种来自空气的"弹性流体"发生了结合；但是，他没有深入地研究他所得到的"弹性流体"，他的悲剧也正是由此而生：他未能甚至从未尝试建构一套新理论来取代燃素论。

在研究文献的掌握方面，巴扬无疑远比刚刚进入化学之门且不懂英文的拉瓦锡出色，他熟悉玻意耳《怀疑的化学家》中的各种金属燃烧研究，他像玻意耳一样做过低阶锡灰、铅灰、铁灰的自还原反应，同样析出了金属[①]；他熟悉关于增重现象产生的各种解释，他以严密的实验拒斥了玻意耳火微粒穿透玻璃壁与金属结合的说法，接受并证实了雷伊于 1630 年发表的《论文》中"弹性流体"解释，在拉瓦锡公布其新理论以后，巴扬再版了雷的《论文》，以阐明自己工作的重要意义并以此证明拉瓦锡的工作并不具备完备的创新性[②]。

萨加德（Paul Thagard，1950—）、任定成均曾指出，拉瓦锡建构的氧化说与他所批判的燃素说，属于同一传统。[③④]试想，在同一传统之内发生的化学革命还是一场急剧的思想革命吗？这样看来，拉瓦锡似乎从来就不那么具有革命性，他的工作并不符合库恩式的科学革命论描述；拉瓦锡与普利斯特利，均工作于元素论化学传统之内，他们遵循同样的本体论承诺和方法论承诺，尽管他们对燃素论的态度完全不同。

①　Wisniak，J.，"Pierre Bayen"，*Revista CENIC Ciencias Químicas*，2016，Vol. 47，pp. 122-132.

②　Lafont，Olivier. "Pierre Bayen rediscovers the Essays of Jean Rey"，*Rev Hist Pharm*，2014，62（383）：343-350.

③　任定成：《论氧化说与燃素说同处于一个传统之内》，《自然辩证法研究》1993 年第 8 期，第 30-35 页。

④　Thagard，P.，"The Conceptual Structure of the Chemical Revolution"，*Philosophy of Science*，1990，57（2）：183-209.

四、氧化论与燃素论同属于元素论化学传统

对于拉瓦锡化学革命，库恩所作的范式转换解释在学术界有极大的影响。库恩以下述方式叙述这一范式转换过程："对种种困难的预先意识必然起了重要作用，使拉瓦锡能够在实验室里看到像普里斯特列那样的气体，而普利斯特列自己却始终未能在实验中看到这种气体。反过来说，需要有一次重要的范式修改以使拉瓦锡看到他所看到的东西，也是为什么普利斯特列终其漫长的一生却未能看到它的根本原因。"库恩强调发现氧气后的拉瓦锡与燃素学说者不处于同一个世界，"至少，发现氧气的结果使拉瓦锡从不同方式看自然界。既然我们没有理由假定自然是固定不变的，变的只是拉瓦锡的看法，按思维经济原则，我们就应该说：发现氧气之后，拉瓦锡是在一个不同的世界里工作。"[①]

然而，库恩本人并没有就拉瓦锡化学革命的具体进程进行深入的案例研究，他只是将拉瓦锡化学革命当作是一个公认的事实来引出他的看法。事实上，深入研究拉瓦锡的案例，可以看到，库恩的有关结论纯属独断。在此，我们需要对以下诸问题一一展开分析。

问题 1：氧化论者与燃素论者之间，或者说，拉瓦锡与普利斯特利彼此之间，能否相互理解对方的工作？

问题 2：拉瓦锡（氧化说）、普利斯特利（燃素说）是否有共同的实验基础？

问题 3：18 世纪后期，氧化论者与燃素论者，或者说，拉瓦锡与普利斯特利，分属两个截然不同、不可通约的研究范式或化学传统吗？

对于第一个问题，答案无疑是肯定的。1774 年上半年，拉瓦锡三次参与巴扬实验的验证实验，但是，他自己后来明确宣称他并未在同时在自己的实验室里进行相关实验（汞的煅烧及汞灰还原实验）。其实验笔记也表明，直到 1774 年 7 月 28 日他才进行了与汞灰还原有关的第一次实验。这年 10 月，拉瓦锡在巴黎宴请来访的普利斯特利，席间他知道了普利斯特利的汞灰还原实验工作。11 月，拉瓦锡迅速开始进行汞灰加热分解实验，并且区别于巴扬他将重点放在对汞灰分解产生的气体的研究之上。这说明，拉瓦锡在知悉普利斯特利的实验后，迅速完成了一次重要的研究转向，此后他的视线一直牢牢地盯在汞灰分析时产生的气体上。

普利斯特利实验的新颖性也正在于对这种气体的鉴定和研究之上，是他明确地告诉拉瓦锡，这种气体不是固定空气，而是某种可助燃、助呼吸的气体。

[①]　库恩：《科学革命的结构》（第四版），金吾伦，胡新和译，北京：北京大学出版社，2016 年，第 48、100 页。

次年 3 月，拉瓦锡开始进行汞煅烧实验，后来逐渐发展为其著名的"十二天煅烧实验"。这一过程表明，拉瓦锡曾先后受到巴扬实验和普利斯特利实验的影响，巴扬实验的重点在于"不加燃素"而通过其他手段（如加热）使汞灰还原，而普利斯特利实验的重点在于，来自空气的某种气体参与了煅烧、燃烧过程，分解汞灰可产生某种气体，而且这种气体具有助燃助呼吸作用，后来经过更充分的鉴定后①，他将之定名为"脱燃素空气"。普利斯特利与拉瓦锡的交谈对于拉瓦锡的研究工作的确具有重大意义，拉瓦锡正是通过交流理解了普利斯特利实验的价值和意义。同样地，拉瓦锡也能充分理解巴扬的实验。这表明无论他们属于何种范式或研究传统，他们均十分清楚实验工作的价值和意义；反过来说，即使他们遵循的"范式"不同，也不会对他们之间交流并达到适当理解构成任何妨碍。

对于问题 2，除非我们非要将"世界观的不同""以不同方式去看"投射到不同研究者所看到的世界之上，同时认定每个研究者只能从指定的观察角度去看而绝不可能转换视角，我们才可以像库恩那样说，这些不同的研究者看到的世界是不同的，才可以说，任何一个实验陈述，只在其陈述者所属的范式之内有意义，离开了特定的视角与方法——离开了特定的范式，就毫无意义可言。但是，在真实的科学探索中，情形并非如此。研究者尽可以充分发挥其智慧，理解他人（包括遵循其他范式的研究者在内）的实验陈述的意义以及这些实验陈述对自己的研究的意义。也就是说，即便我们要采用范式概念来解释科学史，我们也必须发展出"跨范式理解"的概念。顺便提一句，逻辑经验主义哲学家卡尔纳普（Rudolf Carnap，1891—1970）曾以"相似性原理"为基础来构筑其宏伟的《世界逻辑构造》，其基本出发点就是人心之间的相似性，人心因相似而可以相互理解。在此要这样补一句，纵使有范式之别，有传统之别、有文化之别，跨范式、跨传统甚至是跨文化理解仍然是可能的和必要的。

对于问题 3，我们的答案也与库恩相反。拉瓦锡与普利斯特利均工作于元素论化学传统框架之内，因为他们均采用元素论化学的基本主张和方法论承诺。

第一，拉瓦锡与普利斯特利均在元素论的框架下定义简单物质：元素。他们均认同，做化学分析所能到达的最后物质，就可以看作是简单物质，就是元素。

---

① 普利斯特利使用一氧化氮分别与氧气和空气反应，根据反应前后体积变化区分氧气与空气。这一反应的现代化学方程式是 $2NO+O_2=2NO_2$，反应前后总体积比为 3∶2。当拉瓦锡发表论文宣称汞灰分解所得气体就是空气时，普利斯特利立即发表其研究，明确指出拉瓦锡的这一错误。

第二，拉瓦锡与普利斯特利均认同元素论化学的重要思考法则，即元素-性质对应规则。这就是，对同一类化学现象，由同一种物质性的原因（比如某种中心或重要的元素或要素）予以解释。对这条原则作普遍化理解，即是自然哲学的一条一般规则，即对同一类现象用同一原因的解释，牛顿在其《自然哲学的数学原理》将之列为哲学推理四规则之一。但在元素论化学中，这一规则中的原因被直指为某种元素或要素。正是在此规则下，燃素被认作是一切煅烧燃烧现象背后共同的物质原因，燃素说才得以初步建立。拉瓦锡反对燃素概念，但他仍然认同元素-性质对应规则，所以他认定，存在着一种元素或要素，对一切煅烧燃烧现象负责，而这个元素不是燃素，而是氧；并且他甚至进一步作出错误的推论——凡酸必起因于氧化，盐酸含有大量的氧，因为其酸性堪比硫酸，而次氯酸是四级酸，因为它在加热情形下放出了氧并转变为盐酸。

第三，他们均遵奉分析原则。化学家的使命就在于弄清楚化学物质的组成成分。尽管化学分析可以区分为定性分析（如燃素说以之为主要手法）与定量分析（如氧化说），但其最终目标与价值取向基本上一致，就是通过分解与合成来揭示化学物质的组成。

关于定量分析，拉瓦锡说过这样一段话："我们可以将此作为一个无可争辩的公理确定下来，即在一切人工操作和自然造化之中皆无物产生；实验前后存在着等量的物质；元素的质和量仍然完全相同，除了这些元素在化合中的变化和变更之外什么事情都不发生。实施化学实验的全部技术都依赖于这个原理。我们必须永远假定，被检验物体的元素与其分析产物的元素严格相等。"[①]这段话说明他是严格奉行质量守恒原理的。事实上，巴扬、普利斯特利、拉瓦锡以及那个时代的众多化学家均同样遵循定量分析规则。在此方面，拉瓦锡是极其卓越的——他绝非有如一些化学史著作所述的那样，只是一位在化学实验的采石场劳作甚少的纯理论家，因为他不但重视实验并拥有高超的实验技能，而且还极为富有，有能力也有实力自己购置、制作最为精密的仪器——他那个时代的"大装置"。

五、拉瓦锡的实验系统及其精致化进程

拉瓦锡化学革命的进程绝非纯粹的概念革命进程，甚至我们可以说，拉瓦锡不仅是思想上的集大成者，更是实验上的集大成者；实验对于他来说，绝不只是对其猜想的一个检验过程，更是其创造灵感的重要来源，如果他没有在实

---

① 安托万·拉瓦锡：《化学基础论》，任定成译，北京：北京大学出版社，2008年，第46页。

验探索中取得重大突破，他就不可能取得真正的理论突破。一句话，经验主义恰恰是拉瓦锡化学思维的最为重要的特征。因此，在此我们有必要对拉瓦锡的实验探索进程进行系统的解析。

拉瓦锡的实验研究具有以下两方面的显著特征，其一，其实验探索是成系统的、有法度的，只要条件允许，拉瓦锡会进行大量的对照实验（如加入燃素及不加燃素）和平行实验（如分别燃烧碳、磷、硫；煅烧锡、铅以及其他金属），在进行分析实验的同时他会进行相关的逆向的复原实验（如，正向实验——燃烧硫黄生成硫酸实验，逆向实验之一——硫酸中与硫化物作用重新析出硫黄）；其二，他不但试图通过实验来"知其然"，还通过实验来"知其所以然"，也就是说，他不但要了解实验的结果，还试图了解实验为什么会出现这样的结果。

1772—1777 年拉瓦锡做过上百个实验，并且最终到达了一组至少对他本人来说具有判决意义的实验。对这些实验进行列表分析，可以发现，所有这些实验可分为六大类。

第一类是除去汞以外的金属煅烧及其逆反应。其中绝大部分实验虽然都有助于形成定性分析的看法，但在定量分析意义上都以失败告终，因为这些金属发生氧化在表面生成了氧化层，这些氧化层常常可使金属免受进一步氧化，这使他很难精确计量到底有多少金属转化为氧化物。就相关的逆反应而言，大部分金属灰在还原为金属时都需要加入木炭（燃素），否则不能重新析出金属，这看似在支持燃素学说，但是，氧化铅、氧化锡、氧化铁以及氧化汞在加入木炭以及不加木炭的情形下均可重新析出有关金属。这一类现象在 17 世纪就曾为玻意耳所注意到。

第二类是汞的煅烧及其逆反应。在上述仅通过加热即可重新析出金属的反应中，汞灰加热还原是最特别的反应。氧化汞直接煅烧可发生分解，析出汞（不附带产生其他高阶氧化物）并且放出一种气体，而且这种气体不同于汞灰加木炭受热作用时释放的气体。汞灰受热分解反应易于完成，但在密闭条件下煅烧汞的反应却不那么容易完成，因为汞的化学性质不太活泼。拉瓦锡在此反应上下了很大功夫，他使用的加热装置是当时最先进的反射式加热炉，可将煅烧温度提升至接近 1400 ℃，有利于煅烧实验的完成。

第三类是固定空气、氧气以及空气的鉴定和测试实验。固定空气即二氧化碳，可用多种方法识别、鉴定。燃烧木炭或加热碳酸钙，均可以生成固定空气，将二氧化碳通入石灰水则可产生白色沉淀（碳酸钙），而将氧气通入石灰水，则不会产生显著的白色沉淀。当时化学家们已熟知这些反应。对于拉瓦锡来说，重要的是要发展出准确的计量方法，测定二氧化碳的体积和密度，并将之与氧气及其他气体比较。拉瓦锡尤为关注固定空气的鉴定和测试,与他在早期曾误以为汞灰分析产生的气体即是固定空气有关。

第四类是非金属燃烧及其逆反应实验。这一类实验涉及碳、磷、硫的燃烧实验以及相关产物的复原实验。最初,拉瓦锡重点研究硫的燃烧,后来他重点研究碳的燃烧。在研究正反应时,拉瓦锡完成许多重要的经验发现,使他逐渐形成了不同氧化度的概念。非金属燃烧反应的逆反应是不能在不加入燃素(木炭或松节油,用今天的话来说,还原剂)的情形下仅通过加热来完成的。

第五类是在准确定量条件下燃烧含碳物质制取固定空气,用现代化学式表达即 $C+O_2=\!=\!\!CO_2$。

第六类是氧气、空气的助燃、助呼吸实验及对比实验。普利斯特利发现,利用一氧化氮(NO)与氧气或空气中的氧气发生相互作用时的体积变化,可以测定氧气的纯度或空气的助燃助呼吸能力。拉瓦锡也采用普利斯特利的方法,并且进一步提高了定量分析的精度。

这六类反应在拉瓦锡实验探索进程中是彼此关联的一个整体,拉瓦锡正是在元素论化学传统下展开其实验研究的,并沿着元素论化学的思路寻找系统而合理的解释。譬如,正是通过实验研究及系统的归纳,拉瓦锡得出了其四级氧化度分类概念,但他不曾就这类分级氧化结果给出理论解释,在我们今天看来,要真正解释分组氧化现象,就必须引入原子论化学思维。

在科学哲学著作中,朴素的归纳过程指类似于通过每天观察天鹅颜色得出"凡天鹅皆白"的过程;但在科学史上,归纳从来就不是朴素的。拉瓦锡声明,硫燃烧实验是他准确锁定不同氧化度的重要实验基础之一,但是,在实验中,从硫的燃烧产物中是无法分离独立存在的"氧化硫"的,他能够得到的产物——按照我们今天的化学概念——只有二氧化硫和三氧化硫[①]。在《化学基础论》中,他第一次描述硫燃烧实验时,并没有提到氧化硫,他只是提到了两种不同氧化程度的、酸性的产物,即亚硫酸("第一或较低氧化度的挥发性酸")和硫酸(没有气味的、氧化达到饱和的重酸)。但是,在后面论述金属氧化物的一章,他却对氧化度给出了不同于前述二级分类描述的四阶描述:"物体的第一或最低氧化度使物体转变成氧化物[在随后的一段里,他引的例子却并非金属氧化物,而是氧化硫和氧化磷];增加的第二氧化度构成酸类,其种名取自其特定的基,以 ous 结尾,如亚硝酸和亚硫酸(nitrous and sulphurous acids);第

---

① 拉瓦锡将氧化度分为四级,以硫的氧化为例,他在其《化学基础论》中明确指出,硫的氧化有三个氧化度,分别对应于氧化硫、亚硫酸、硫酸。直接燃烧硫,所生成的一氧化硫会迅速氧化成为二氧化硫,其存在时间只能以微秒计。第四氧化度,他只举出了次氯酸的例子。

三氧化度把这些酸变成以 ic 为词尾来区分的酸种，如硝酸和硫酸（nitric and sulphuric acids）［以及盐酸］；最后，我们可以在酸的名称上加上被氧化的（oxygenated）一词，来表达第四或最高氧化度，如已经用过的氧化盐酸一词。"（［］内为著者所加）①由这种看似前后不一的叙述，我们需要理解的是，他前面的描述是纯粹的实验描述，而后面的理论性叙述则是他对各种金属、非金属燃烧实验进行统一思考后而形成的结论。（从未在实验得到过的）氧化硫被引作一阶氧化物典型案例，盐酸被定位于三级酸（他认定盐酸含有较大比例的氧）和氧化盐酸被定位于四级酸，都不是实测出来的实验结果，而是他立足于经验归纳，通过对可观察的经验性质（如酸性强弱、氧化物中氧与金属或非金属元素的重量比）的比较，通过有限度的反演或类推，得到的理论性看法。

1776—1777 年，拉瓦锡进一步将有关实验研究提升到一个新的层面，一个试图揭示实验过程以及反应物的作用机理的层面，为此，他集中精力研究以下三个化学反应。

第一个实验：汞灰在加入燃素时的金属复原实验。

第二个实验：加热汞灰生成氧气和汞。

第三个实验：碳的燃烧实验。

为便于理解，用现代化学方程式表示如下。

（1）$C+O_2$══CO_2

（2）$2HgO+C$══$2Hg+CO_2$

（3）$2HgO$══$2Hg+O_2$

（1）代入（2），有：

$$2HgO+C══2Hg+C+O_2$$

遂有（3）$2HgO$══$2Hg+O_2$

这三个实验是分别独立进行的，但是它们却相互支持，这种相互支持可以说明：①在汞灰还原过程中加入通常所谓的"富含燃素物质"如木炭，其作用在于夺取汞灰中所含的纯净空气（氧）并形成固定空气，而非为之提供燃素使之复原为金属；②在其他一切金属汞还原过程中加入燃素，其作用完全类同 A；③不加燃素的汞灰受热复原实验直接表明，燃素并非在一切煅烧燃烧过程中起关键作用的元素。

拉瓦锡的实验探索在不断发展，他的实验技能在不断提高，他对二氧化碳性质的认识在不断加深，他的化学和物理测试手段也在逐渐升级。这里存

①　安托万·拉瓦锡：《化学基础论》，任定成译，北京：北京大学出版社，2008 年，第 27 页。

在着一个明显的"实验的精致化进程"。实验以及基于实验的解释性思考，都是在燃素论者与氧化论者共同遵循的元素论化学框架之下，在分析原则之下，在元素或要素-性质对应规则之下进行的；实验探索的进程是有层次的、系统的，拉瓦锡不断地进行对照实验、平行实验、逆向实验、重点实验，并将实验由各类相关经验的收集与整理层面逐渐上升至对反应物作用机制的实验解析层面，最终给出一切煅烧燃烧过程均不能用燃素论解释而只能用氧化论解释的结论。

六、普利斯特利为什么始终坚持燃素概念？

在拉瓦锡发出对燃素论的直接挑战后，燃素论者在这种危机面前只有两种选择。一是否认天平在化学分析中的有效性。普利斯特利怀疑重量在化学分析中的有效性，认为质量的概念不是很明确和鲜明的，而是非常的模糊、任意和不清楚的。这等于否认了惯性质量（inertial mass）在化学中同样有意义之命题；二是让燃素概念退出天平，或者至少让燃素在天平上表现不出来。如贝托莱在转变为坚定的氧化说支持者以前一直持此种态度，他在1781年时还坚持燃素概念，但他没有明确谈到燃素的重量，而是承认"煅烧后的重量增加，依赖于空气中和金属相结合的那一部分"，在此情形下，贝托莱的燃素要么重量为零，要么如同拉瓦锡的热质一样是天平之外的不可估量的物质。

普利斯特利是一个最极端的例子。尽管他认同氧化导致煅烧燃烧增重现象的解释，但终其一生，他始终坚持不放弃燃素概念，为什么？这一问题曾让许多史家疑惑。人们常常用"偏执"来解释普利斯特利的坚守。但是，普利斯特利的"偏执"背后却存在着一个可能的、合理的解释。这就是，煅烧燃烧过程同时涉及两类性质，一是可燃性，二是助燃性。助燃能力再强，如氧气，也不能将金属灰无限地燃烧下去，甚至有些物质——即使是在金属类物质中，也有黄金这样一种物质——根本就不可在空气或氧气中燃烧。所以，氧元素，只能对助燃性负责，却无法以之解释"可燃性"；若严格按照元素论化学的元素-性质对应规则，则可以认为，对于"可燃性"，还需要指明某种"元素"对之负责，而且，经验表明这种"元素"必定不会在天平上显现出来。所以，在某种意义上讲，"燃素"概念仍须保留，但有待发展的新"燃素"概念超出当时的化学分析所能探索的范围。①

---

① 现代化学以氧化—还原反应解释煅烧燃烧现象，有氧化则必有还原，氧化—还原的机制在于电子之得失，在天平上，反应前后质量守恒。

第三节　现代化学形成的根本标志是什么？

拉瓦锡所提供的氧化解释无疑较燃素论解释更具有解释力，它完美地解释了燃烧增重现象，并且在化学实践中得到越来越多的经验支持，是以多数化学家（如贝托莱等）转而支持氧化说；而普利斯特利则承认氧化说中的金属增重解释，但他不认为氧化说对煅烧燃烧现象的解释是完备的，因此，他仍然坚持采用"燃素"思维来寻找更完善的说明。

普利斯特利与拉瓦锡均遵循元素论化学传统，遵循元素-性质对应规则，因此，库恩说这两个人工作于两个截然不同的世界，或者说他们分属两个不可通约的化学研究范式，是不能成立的。由此看来，氧化说替代燃素说，只是元素论化学内部的一场革新，它非但没有真正破除元素论化学的思维模式和形而上学预设，反而将之推向了顶峰；氧化说的建立以牺牲可燃性解释为代价，它在说清楚一些实验事实的同时无视了另一些实验事实；按照今天的化学原理，氧化说与燃素说是元素论化学框架内同等层次的理论，且两者均是片面的理论。

由此便引出了本章所要探讨的最后一个问题：我们应该采用什么标准判断现代化学的产生？我们的看法是，当且仅当化学家们以科学的方式（而非以形而上学的方式）锁定了化学研究的真正对象和基本方法论时，我们才可以说现代化学真正产生了。

成熟的科学必须有一套成熟的、足以长期引导后世研究的研究纲领，而拉瓦锡的化学纲领虽然堪称卓越，但仍然存在着许多明显的破绽：其一，拉瓦锡以定量分析的方式初步锁定现代意义上的"元素"概念，但与此同时，它虚构了"热质"这样一种无重量的普遍元素；其二，拉瓦锡解释了燃烧增重现象，提出了其酸理论并重构了化学命名法，但他沿袭了元素论化学的元素-性质对应规则，生硬地认定一切酸均含有氧这种"成酸要素"；其三，拉瓦锡在定量化学分析中多次"观察到"反应物之间的当量关系，如他发现碳燃烧消耗的氧气的体积等同于所产生的二氧化碳的体积，他知悉同一元素形成不同氧化度上的氧化物时所消耗的氧的分量，但从未跳出元素论化学的框架来理解这类观察。简言之，他几乎走到了现代原子论化学的大门的边上，但他却从未真正正视原子论化学的思维模式。

拉瓦锡以经验发现的形式表述了碳燃烧时消耗的氧与产生的固定空气的

等体积现象，并基于归纳得出了氧化度概念，对这些经验认识作进一步的理论解释，就需要引入原子论化学思维。完成这项工作的人是道尔顿。在道尔顿确立其化学原子论之前，普鲁斯特（Joseph-Louis Proust，1754—1826）于 1799 年基于其精湛的化学分析实验提出了定组成定律，认为元素化合时只会依照某些固定的重量比来形成化合物[1]，但是，贝托莱意识到定组成定律与其基于元素论化学的亲合力理论假定相冲突[2]，故于 1801 年对之提出异议。贝托莱主张变组成说，认为元素化合时可形成元素重量比连续变化的产物。[3]

普鲁斯特-贝托莱之争体现了元素论化学框架内的经验事实与理论思考之冲突，贝托莱的推理是合乎元素论化学的基本假定的，但不合乎经验事实，普鲁斯特跳出元素论化学的框架思考进一步的理论解释，只是在经验发现的意义上坚持自己提出的定律。[4]然而，道尔顿意识到，定组成定律的提出为原子论的确立提供了坚实的实验基础，一旦引入原子论化学思维，定组成定律可得到充分的理论阐释："对我而言，除非采纳原子假说，否则定比定律将显得十分神秘。这正像开普勒的神秘比例为牛顿所顺利解释一般"。[5]

拉瓦锡离世十余年后，道尔顿即于 1805 年首次发表了他的原子论，而他草就他的第一份相对原子量表的时间是 1803 年，其时，普鲁斯特-贝托莱之争方兴未艾。也就是说，道尔顿确立其化学原子论只需将当时化学家们在元素论化学传统下取得一系列重要且难以解释的经验定律或实验陈述置于原子论化学视角下思考，一切问题即迎刃而解。[6]

判断现代化学学科的最终建立，须以元素论化学与原子论化学这两大传统的初步整合、以原子论形式呈现的元素论的最终建立为标准。

自古希腊以来就有原子论和元素论这两大思想传统，它们在历史上均属形而上学的范畴，而且长期处于不相容且相互竞争的关系之中，直至 19 世纪初，它们终于在道尔顿的工作中初步实现了一体化，尽管此时真空是否存在的问题远没有最后解决。17 世纪，玻意耳试图利用原子论化学来挑战元素论化学，但当时更多的化学家依然选择了元素论化学的道路；18 世纪初，斯塔尔在元

---

[1] Proust，J.-L.，"Recherches sur le Cuivre"，*Annales de Chimie*，1799，32：26-54.

[2] Berthollet，C.-L.，"Lagrange（extracted）. Recherches sur les lois de L'Affinité"，*Annales de Chimie*. 1801，36：302-317.

[3] Berthollet，C.-L.，*Essai de Statique Chimique*，Paris：Didot，1803.

[4] 徐雅纯：《道尔顿原子论的建立与物质化学组成的变比-定比之争》，中国科学院大学硕士学位论文，2020 年。

[5] Roscoe，H.，Harden，A.，*A New View of the Origin of Dalton's Atomic Theory*，London：Johnson Reprint Corp，1970.

[6] 当然，从早年研究分压定律到思考原子论问题，道尔顿所走过的思想历程远比我们这里所描述的复杂，道尔顿心中的原子论还包括其物理原子论部分，即包括对物理性质和现象的解释，但后来被纳入教科书的是其化学原子论部分。

素论化学框架下提出了燃素说，而拉瓦锡则在这个世纪末在同一概念框架下构建氧化说，以之替代了燃素论并将元素论化学推向了它的顶峰；19 世纪初，道尔顿站在这个顶峰之上初步完成了元素论化学与原子论化学的初步整合，开始将元素论与原子论融为一体。

这样看来，化学的学科化进程，应该理解为元素论化学与原子论化学相互砥砺、相互交错并且最终融为一体的思想进程及相关的实验探索进程。在此进程中，大多数化学家走在元素论化学的发展道路上并且取得了充分的经验成就和理论成就，普利斯特利和拉瓦锡均是其中最杰出的探索者；而原子论化学传统历来也不乏传承者，玻意耳、牛顿和道尔顿等均在此列。是这两种化学传统经长时段的相互作用后的最终汇聚，为现代化学提供了一套拥有完整本体论承诺和方法论承诺的、行之有效的研究纲领。

参 考 文 献

安托万·拉瓦锡：《化学基础论》，任定成译，北京：北京大学出版社，2008 年。

波义耳：《怀疑的化学家》，袁江洋译，北京：北京大学出版社，2007 年。

伯纳德·科恩：《科学中的革命》（新译本），鲁旭东、赵培杰译，北京：商务印书馆，2017 年。

冯翔：《贝托莱和柯万的燃素学说及其结局》，《广西民族大学学报》（自然科学版）2009 年第 2 期，第 30-36 页。

赫伯特·巴特菲尔德：《现代科学的起源》，张卜天译，上海：上海交通大学出版社，2017 年。

库恩：《科学革命的结构》（第四版），金吾伦、胡新和译，北京：北京大学出版社，2016 年。

任定成：《论氧化说与燃素说同处于一个传统之内》，《自然辩证法研究》1993 年第 8 期，第 30-35 页。

袁江洋、冯翔：《现代化学研究纲领的构建》，《科学文化评论》2011 年第 2 期，第 5-18 页。

Bayen, P., "De Expériences Chimiques, Fates Sur Quelques Précipité de Mercure Dans la Vue de Découvrir Leur Nature", *Observations sur la Physique*, vol. 3, 1774, pp.127-143.

Berthelot, M., *La Révolution Chimique: Lavoisier, Ouvrage Suivi de Notices et Extraits Des Registres Inédits de Laboratoire de Lavoisier*, Paris: F. Alcan, 1890.

Boyle, R., *The Works of the Honourable Robert Boyle*, Hildesheim: G. Olms Verlagsbuchhandlung, 1965.

Conant, J. B., Lash, L. K., *Harvard Case Histories in Experimental Science*, Cambridge:

Harvard University Press，1957.

Guerlac，H.，*Lavoisier—the Crucial Year*：*The Background and Origin of His First Experiments on Combustion in 1772*，New York：Cornell University Press，1961.

Holmes，F. L.，*Antoine Lavoisier*：*The Next Crucial Year or the Sources of His Quantitative Method in Chemistry*，Princeton：Princeton University Press，1989.

Macquer，P.-J.，*Elements of the Theory and Practice of Chymistry*，5th edition，Edinburgh：Alexander Donaldson，1758.

Neave，E. W. J.，"Chemistry in Rozier's Journal. III. Pierre Bayen"，*Annals of Science*，1951，7（2）：144-148.

Perrin，C. E.，"Early Opposition to the Phlogiston Theory: Two Anonymous Attacks"，*The British Journal for the History of Science*，1970，5（2）：128-144.

Perrin，C. E.，"Research Traditions，Lavoisier，and the Chemical Revolution"，*Osiris*，1988，4（1）：53-81.

Thagard，P.，"The Conceptual Structure of the Chemical Revolution"，*Philosophy of Science*，1990，57（2）：183-209.

第八章

从科学革命到工业革命

提 要

科学革命和工业革命相继发生在英国

推动人类进入现代化进程的工业革命与科学革命究竟有什么联系？

从蒸汽机制造业、仪器设备制造业、钟表制造业等工业革命中的关键领域能清晰地看到科学革命的贡献

新兴的地方科学学会（月光社、曼彻斯特文哲会）成了当时科学家与发明家的交流媒介

数学和实验相结合的研究范式、实验精致化的普遍推广实现了工业革命中的技术改良和突破

作为催化剂的科学革命：理性的大众化普及对工业革命潜移默化的影响

　　18 世纪中叶到 19 世纪上半叶发生在英国的工业革命是英国近代史上一个重要里程碑。工业革命之前，农业是英国最主要的产业，大多数人口都以农为生；英国的冶金、采矿、采煤业也比不上法国、捷克、瑞典甚至俄国；丝织业比不上法国和意大利；棉织业不及印度；最繁荣的尼龙业也只能生产粗尼龙；英国的羊毛绝大多数输出国外，可商船吨位却远不及尼德兰；直到 18 世纪中期，英国的生铁产量也只有法国的 1/3。

　　工业革命后，英国完成了从农业国向工业国的转变，英国工业在世界中占据垄断地位。工业方面，英国的煤产量达到了 11 200 万吨、钢产量达到 22 万吨，棉纱产量达到 10 万磅[①]；交通运输业方面，英国建成了长达 13 500 多英里[②]、密布全国的铁路网，同时拥有世界上最大的商船队并垄断了国际航运；英国还拥有世界最大的造船厂和最强大的海军。工业革命完成后，英国成为名副其实的世界工厂和世界金融中心。[③]

　　其实，早在工业革命兴起的 17 世纪，英国这片土地上已经出现了轰轰烈烈的科学革命，这场科学革命标志着近代科学正式迈上世界人类文明史的舞台。近代科学发端于意大利，伽利略是其中的杰出代表人物，随后近代科学的主战场从意大利转移到了英国，以牛顿为代表的一批英国科学家将近代科学的

---

① 1 磅=0.453 592 千克。
② 1 英里=1.609 344 千米。
③ 梁敏花：《英国科技社团的职能演变过程研究》，《科学技术创新》2019 年第 24 期，第 141-142 页。

发展推向了高峰，科学革命由此形成。同时也可以看到，英国也逐步取代了意大利，成为欧洲经济最发达的国家，并在未来成为日不落帝国。那么，在英国这片约 30 万平方公里的神奇土地上发生的科技革命和工业革命，两者之间是否有密切的联系呢？

关于科学和工业之间的联系，一直是学者们关注的热点。早在 17 世纪，以玻意耳为代表的自然哲学家就极力倡导工业化进程中科学研究的重要性，他曾这样说："每当特定的需求产生的时候，就会有天资聪颖之人进行相应的发明创造，采用大量机械代替人手劳作，这样就给工匠们提供了新的谋生手段，甚至可以借机发家致富。……不是作坊主或作家们凭想象力就能预料到的，而唯有那些勤于反复试验的科学家们才会把这一切潜力都释放出来。"[①]但是，20 世纪 60 年代的历史学家们就科学发现对技术进步和工业化的影响做了深入研究，却很遗憾地发现两者之间的关联不大。霍尔对 1760—1830 年的科学成就和工业变革进行分析，尤其关注瓦特发明分离式冷凝器之时，热力学理论尚未出现这一事实，最后得出结论科学发现和新技术之间并没有太多关联。[②]随着研究的进一步推进，历史学家们发现以霍尔为代表的科学史学家和历史学家之所以得出这样的结论是把研究的时段限定在 1700 年之后，尤其是 1750 年以后，而事实上推动工业革命的重要科学成就早在 1700 年之前就已经出现了。以伽利略、托里拆利（Evangelista Torricelli，1608—1647）、胡克、玻意耳、帕潘（Denis Papin，1647—1713）为代表的一系列 17 世纪科学领域的先锋人物持续对气压现象进行了研究，得出空气是有重量的，并可以通过高温水蒸气冷凝获得真空的结论。正是这些人的努力才出现了萨弗里（Thomas Savery，约 1650—1715）发明了蒸汽抽水泵（1698 年）和纽卡门（Thomas Newcomen，1644—1729）发明蒸汽机（1712 年）。这一引领第一次工业革命的重要技术，堪称科研成果指导应用工业生产的典范。

但是，我们要看到这两个事实：首先，虽然以蒸汽机原理为代表的大量的科学研究出现在欧洲大陆，可是蒸汽机却是在英国诞生；其次，虽然欧洲大陆也有几项重要的技术发明，但可以清晰地看到英国出现了大量的发明家，推出了一系列新技术和新发明。无论是欧洲科学革命与经济强国从意大利向英国转

---

① 罗伯特·艾伦：《近代英国工业革命揭秘：放眼全球的深度透视》，毛立坤译，杭州：浙江大学出版社，2012 年，第 9 页。

② Hall, A. R., "What did the Industrial Revolution in Britain Owe to Science？", in McKendrick, N. ed, *Historical Perspectives：Studies in English Thought and Society, in Honour of J.H. Plumb*, London：Europa Publications, 1974, pp.129-151.

移的趋同性，还是英国发明家和发明数量，以及新技术的影响力和应用范围的明显优势，要想理解这些现象，都需要从科学革命与工业革命的关系的角度入手，从以下几个方面深入挖掘科学革命究竟在何种程度、哪些进路对工业革命产生了深刻影响。

第一节　科学成就的应用：科学对工业革命的直接影响

新的科学成就直接推动新发明和新技术的问世，是科学革命为工业革命的顺利发展奠定基础最直观的表现，这一点在蒸汽机的发展史中体现得尤为明显。在人类历史的长河中，大部分生活和生产活动的动力源是人力、风力、水力、畜力等这样的传统动力。而蒸汽机的出现彻底改变了这一状态，蒸汽机可以让工人的劳动生产率大幅度提高，这一重大技术突破在纺织业、采矿业、运输业等各个领域的推广促使了英国工业化程度的迅速提升，英国乃至全世界的经济实力由此大幅跃进。从蒸汽机发明到改良的两个阶段，可以清晰地看到科学发现的指导作用。

在蒸汽机的发明阶段，最早对大气压力进行科学研究的人是伽利略，他发现抽水机无法把水一次性提升到 10 米以上的高度，于是让他的助手托里拆利搞清楚这种现象的原因。托里拆利在 1644 年做的实验中发现大气有重量，因此也具有压力，也正是在大气压力的作用下，在玻璃试管内部形成的水银柱只能维持在 76 厘米。后来，盖利克（Otto von Guericke，1602—1686）和惠更斯分别通过实验在气缸内部形成了真空，并在外界大气压力的作用下可将重物提起，这见证了空气的重量可以被用来做功。后来，惠更斯的助手帕潘根据这一原理，研制出世界上第一台蒸汽机。1698 年，萨弗里首次将蒸汽动力技术投入实际应用，希望用这个设备给煤矿抽水，但却没有广泛推广。真正让蒸汽机看到应用前景的是纽卡门，他为了解决煤矿抽水的难题，耗时 10 年之久，终于把蒸汽机应用于实际生产。到此为止，蒸汽机的研发终于取得了重大的技术突破，但蒸汽机应用过程中需要消耗大量的煤这一难题还是没有解决，这还需要不断地改良。

在蒸汽机的改良阶段，以瓦特、斯米顿（John Smeaton，1724—1792）、特里维西克（Richard Trevithick，1771—1833）为代表的技术专家一直致力于克服纽可门蒸汽机最大的缺陷：煤的消耗量过大导致成本太高，无法在煤矿之外的其他领域使用。在长达一个半世纪的时间里，以瓦特为代表的技术专家们通过反复摸索、尝试、比较各种各样的设计方案，最终找到了能有效提升机器运转效率的回旋式蒸汽机。此后，回旋式蒸汽机的成本降低、耗煤量大幅度减少，使得改良后的蒸汽机的功能从煤矿抽水拓展到了各类应用领域，蒸汽机终于成了第一次工业革命的引擎。在这个持续改良的过程中，很多技术专家同具备丰富知识的科学家们都建立了良好的关系，通过定期的通信往来获得前沿科学知识和实用技术知识。布莱克（Joseph Black，1728—1799）和瓦特之间的交流就是一个典型的例子。布莱克 38 岁就成了爱丁堡大学药物与化学专业的终身教授，在很多基础科学研究领域取得了重要成就。他在大学教书的同时，经常与瓦特一起交流解决瓦特工厂在实际生产中遇到的难题，后来甚至还成了瓦特生意上的合作伙伴。

根据艾伦（Robert Carson Allen，1947—）对第一次工业革命期间的发明物的研发活动所做的统计可以看出，在整个第一次工业革命期间，科学知识与技术应用之间的关联因不同的领域呈现出较大差异。如表 8-1 所示，钟表制造业、机器制造业、蒸汽制造业的技术发明家与科学家的联系非常紧密。机器制造业与科学界的联系最密切，9 位重要发明家中有 6 位是英国皇家学会的成员。帕潘、萨弗里等科学家借助科学知识与瓦特、博尔顿、特里维西克这样的蒸汽设计师有频繁的联系沟通，这些蒸汽机发明家与英国皇家学会成员及知名科学家也交流密切。以胡克为代表的知名科学家在钟表制造业中也颇有影响力，全社会当时都对精度的测量问题有浓厚的兴趣，促使科学家和仪器制造商们联手共同解决难题。但是相比之下，纺织业和冶金业的发明家与科学界几乎"井水不犯河水"，冶金业的众多发明都出自公谊会（Friends Church）西部分会，无论是黄铜冶炼技术还是锌提取技术，重大的技术突破都是靠长期的经验积累。纺织业也几乎是如此，除了对纺织技术做出巨大贡献的卡特莱特（Edmund Cartwright，1743—1823），以及后来对纺纱技术进行改良的肯尼迪（John Kennedy，1769—1855）和穆里（Matthew Murray，1765—1826）在老年时期跟科学家们有一些关系外，其他的发明家都出身底层社会，罕有机会接触上流社会的科学家群体。但是，虽然不同行业的发明家和科学家之间的关系有差异，但总体而言 79 位重要发明家中有一半与当时的科学家或者科学机构有来往，而且在对工业革命带来深刻影响的蒸汽机制造业、仪器设备制造业、钟表制造业以及化学工业这些领域中，科学家的作用巨大，这也确实体现出科学革命对工业革命带来了直接影响。

表 8-1 第一次工业革命的不同行业发明家与科学家的关联程度[1]

行业名称	存在关联的人员数量/人	不存在关联的人员数量/人	无法确定的人员数量/人
钟表制造业	6	2	0
仪器设备制造业	2	1	0
机器制造业	9	3	1
远洋航海业	2	0	0
蒸汽机制造业	7	1	0
陶瓷加工业	4	5	3
化学工业	4	4	2
冶金业	0	9	1
纺织及丝织业	3	10	0
总计	37	35	7

第二节 科学学会的兴起：发明家与科学家的沟通桥梁

随着第一次工业革命向前推进，一批新兴科学学会也随之兴盛，为科学家和发明家建立了交流的平台，有力地推动了英国科技和工业紧密结合。当时，英国科学知识最丰富的社会团体是英国皇家学会，但其实很多具有浓厚地域色彩的新兴地方学会积极投身于工业革命。这些地方科技学会主要集中在英格兰中部、北部和苏格兰地区，塞文河以北，连同克莱德河（the Clyde）、默塞河（the Mersey）一同承载着工业运输的使命，它们的地理分布与英国第一次工业革命的发生地大体一致。

英格兰中部、北部的科技社团主要集中在德比、考文垂、北安普敦、埃克赛特、诺里奇、彼特伯勒等许多城镇。在伯明翰，博尔顿、达尔文、瓦特、普利斯特利和韦奇伍德成立了月光社；在利物浦，罗斯科（William Roscoe，1753—1831）和库瑞（James Currie，1756—1805）是这一类型的团体的中心；在沃灵顿，艾肯（John Aikin，1747—1822）、安菲尔德（William Enfield，1741—1797）和普利斯特利是另一个团体的中心；在布里斯托，贝多斯（Thomas Beddoes，1760—1808）和戴维是第三个团体的中心；在诺里奇，泰勒（John Taylor，1779—1863）和马蒂诺（Peter Finch Martineau，1755—1847）是第四个团体的中心；在曼彻斯特，道尔顿是曼彻斯特文哲会的中心。这些科技社团

---

① 数据来源于罗伯特·艾伦：《近代英国工业革命揭秘：放眼全球的深度透视》，毛立坤译，杭州：浙江大学出版社，2012年，第388页。

通常是这一地区的科学家和工业家的团体中心，它们进行活跃的调查研究，由此形成了能为工业革命提供强大智力支撑的科学活动中心。

在苏格兰，科学和工业的联系尤其紧密，促进了那一时期科学思想和技术的繁荣。在爱丁堡和格拉斯哥等地，许多科学学会自发成立，并同大学一道致力于科学教育事业。例如，格拉斯哥大学的自然哲学教授安德森（John Anderson，1726—1796）博士就参与了爱丁堡皇家学会（Royal Society of Edinburgh）的创立。安德森晚年时决心创办一个"学以致用之地"（a place of useful learning），安德森大学（Anderson's College 或 Anderson's University）因而建立，后来又称安德森研究所（Andersonian Institute），最终演变为如今的斯克莱德大学（University of Strathclyde）。以卡伦（William Cullen，1710—1790）、布莱克、赫顿（James Hutton，1726—1797）和休姆（Francis Home，1719—1813）为代表的著名科学家都为工业技术做出了重大贡献。他们的学生，罗巴克（John Roebuck，1718—1794）、凯尔（James Keir，1735—1820）和麦金托什（Charles Macintosh，1766—1843）等也都是当时著名的工业家。最为人熟知，也最为典型的例子或许就是蒸汽机的改进：如果发明家、工程师瓦特没有和科学家布莱克、工业家罗巴克等结识并组成一个紧密的"无形学院"，我们很难想象瓦特蒸汽机能够问世。

在爱尔兰，也成立了一系列的科学学会，如都柏林哲学学会（Dublin Philosophical Society，1683 年）、皇家都柏林学会（1731 年）、医学哲学学会（Medico—Philosophical Society，1756 年）、爱尔兰学院（Irish Academy，1783 年）等。希金斯（William Higgins，1763—1825）和柯万（Richard Kirwan，1733—1812）博士是其中最著名的成员，他们的很多书籍和论文对工业革命时期的化学工业有特别的贡献。①

在探讨了英格兰、苏格兰和爱尔兰的科学学会对科学家和发明家建立联系的作用后，还需要强调的是这些科学学会还为工业革命提供专业人才、对民众进行科学启蒙教育、组织巡回讲座、出版书籍刊物、建立新式大学和研究机构、改革苏格兰教育机构的现状是这些学会采用的主要方式。

公众讲座或巡回讲座是 18 世纪传播科学知识、为民众建立科学理性的世界观的重要途径。巡回讲座在曼彻斯特、利兹、伯明翰等新兴工业城市频繁开展，社会各阶层的成员都对科学讲座非常感兴趣。在伯明翰，耶尔曼（Thomas Yeoman，1709/1710—1781）和马丁（Benjamin Martin，1704—1782）第一次

---

① 李斌：《科学成为"公众知识"——18 世纪英国的科学与文化》，《自然辩证法通讯》2010 年第 6 期，第 82-89 页。

举办讲座，眼科医生泰勒早期也经常来伯明翰举办讲座。普利斯特利推荐沃泰尔（John Warltire，1725/1726—1810）于 1776 年、1780 年、1781 年和 1782 年在伯明翰举办讲座，向大众讲解他通过密闭玻璃容器进行的电火花实验；博尔顿还将沃泰尔推荐给达尔文和韦奇伍德，每个年轻商人被认为都应该来学习这些对当地工业生产非常有用的讲座。除了沃泰尔之外，布里斯托图书馆馆员、数学家多恩（Benjamin Donne）也经常在圣诞节或暑期向公众开设实验哲学课程。在利兹，布斯（James Booth）甚至投资生产了重达 7 吨的示范教学设备，包括抽气机、天象仪、滑轮、液体比重计、小型蒸汽机等。这些讲座已经开始使用雕版图来绘制讲稿中需要的插图，因而这些机械的零部件得以在讲稿中得到清晰的展示。①

可以看出，英格兰最为卓越的两座高等学府——牛津大学和剑桥大学——并未助力工业革命，为工业革命提供人才的教育机构是新兴科学学会在当地自发创办的一批新式反国教学院和研究所。18 世纪末，曼彻斯特文哲会先后创办了艺术和科学学院、曼彻斯特学院，院长由会长、著名医师珀西瓦尔（Thomas Percival，1740—1804）亲自担任，八位理事均为文哲会会员，并开设了数学、实验哲学、化学、解剖学、艺术、商业等多种课程。这些课程中，最成功、影响最大的，当数药商亨利（Thomas Henry，1734—1816）的化学课程，其中包括漂白、染色、印花等技艺的内容。②在布里斯托，月光社还于 1799 年成立了气体研究所（Bristol Pneumatic Institution）。研究所由医学家贝多斯（Thomas Beddoes，1760—1808）提议创建，最初旨在利用新发现的多种气体进行医学研究，韦奇伍德等提供资金，达尔文向贝多斯提供了尚未公开出版的研究成果，瓦特也为研究所设计了一些设备。③随着新兴的科研机构和教育机构的不断涌现，以及科学知识在工业界创造出越来越多的成果，英格兰知识界原来那种漠视科学研究的氛围渐渐改变，科学学会及其教育机构从而为工业革命的开展输送了越来越多的人才。当启蒙运动和工业革命之风吹入苏格兰之时，苏格兰的高等教育界也顺势而为，在大学中增设自然哲学和实验哲学的课程。苏格兰正是凭借这一优势建立了大学和工业之间的联系，为工业革命贡献了很多发明创造。

18 世纪的英国，科学的社会传播也呈现出了与 17 世纪不同的景象。17 世

---

① 李斌：《科学成为"公众知识"——18 世纪英国的科学与文化》，《自然辩证法通讯》2010 年第 6 期，第 82-89 页。

② Musson，A. E.，Robinson，E.，"Science and Industry in the Late Eighteenth Century"，*The Economic History Review*，*New Series*，1960，13（2）：222-244.

③ Schofield，R. E.，*The Lunar Society of Birmingham*：*A Social History of Provincial Science and Industry in Eighteenth-Century England*，London：Oxford University Press，1963，pp. 373-375.

纪的期刊大多是各个科学学会的定期出版物，而18世纪则出现了许多面向公众的科学或哲学杂志，最著名的有《闲谈者》（*The Tatler*，1709年）、《救助者》（*The Guardian*，1710年）、《旁观者》（*The Spectator*，1711年）和《检查者》（*The Examiner*，1712年），这些期刊的宗旨正如约瑟夫·艾迪生（Joseph Addison，1672—1719）在《旁观者》中所言："据说苏格拉底把哲学从天上降到人间；我有一个奢望，让人们说我把哲学从书房和图书馆、大学和学院带进俱乐部和集会，带到茶桌上和咖啡馆里。"[①]1718年创刊的《自由思想家》（*The Freethinker*）则"旨在唤醒人类被蒙骗的部分去利用理性和常识"，而1798年创刊的《哲学杂志》（*The Philosophical Magazine*）的"宏旨"则在于"在每个'社会阶级'中传播'哲学[即科学]知识'及时向'公众'报道'国内'和'大陆'科学界一切新奇的东西"。《哲学杂志》所刊载的许多精彩文章，往往就选自各个科学学会的出版物。[②]

第三节　研究方式的转变：从经验归纳到实验哲学

随着对第一次工业革命期间的重要发明家资料的深入挖掘，可以看到几乎所有的发明家都热衷于做实验来获得信息并进一步改良其发明成果，这成为当时这些发明家的群体特征。根据统计（表8-2），纽卡门、哈格里夫斯（James Hargreaves，1721—1778）和阿克莱特（Richard Arkwright，1732—1792）等10位对工业革命有关键作用的发明家经常开展各式各样的实验活动，无一例外。韦奇伍德在开陶器制造厂之初就决心要烧制出可以与中国瓷器相媲美的英式瓷器，为了能调制烧瓷用的黏土配方、摸索上釉工艺，他开展过多达五千多次实验；科特在位于方特利（Fontley）的工厂里反复试验，才逐渐摸索出用搅炼法除去熔融生铁中杂质的新工艺。与这10位关键发明人类似，改良发明成果的普通发明家也同样频繁借助实验所提供的信息改进发明成果。约翰·萨德勒（John Sadler，1720—1789）发明了转印技术为陶瓷产品批量绘制标准化的装饰性图案，他曾在报告中声称："我和我的助手盖·格林（Guy Green）……在1756年7月27日这天……仅花了6个小时就完成了给1200件不同形状的瓷砖产品绘印图案的任务，而此后我们又花费了大约7年时间来进一步完善这套绘印工艺。"[③]

---

① Joseph Addison. *The Spectator*，1711-3-12.
② 亚·沃尔夫：《十八世纪科学、技术和哲学史》，周昌忠等译，北京：商务印书馆，1991年，第19页。
③ 罗伯特·艾伦：《近代英国工业革命揭秘：放眼全球的深度透视》，毛立坤译，杭州：浙江大学出版社，2012年，第398页。

表 8-2　发明家借助实验推动研发活动的行业分类[①]　　　　单位：人

行业	借助实验的人员数量	不借助实验的人员数量	无法确定者
钟表制造业	2	0	6
仪器设备制造业	2	0	1
机器制造业	9	0	4
远洋航海业	1	1	0
蒸汽机制造业	7	1	0
陶瓷加工业	5	0	7
化学工业	7	0	3
冶金业	6	0	4
纺织及丝织业	10	1	2
总计	49	3	27

　　就实验活动本身而言，无论是科学革命之前的生产生活领域还是科学革命期间的天文学和物理学研究，实验受到了英国科学家和发明家的普遍认可，实验活动已经很常见了。早在 15 世纪，梅德兰地区很多村庄率先将蚕豆和豌豆作为春季作物时，选定哪些地区种植这些作物、如何栽培才能让这些作物长势良好，就是农业领域实验通过了解不同作物生长习性从而摸索出最佳种植方案的首要任务。多桅高速帆船是文艺复兴时期的多个重大发明成果之一，人们也借助实验方法反复尝试各种设计方案，最终设计出了各方面性能都很出色的这种快速水上运输工具。在科学领域更是如此，英国皇家学会的成立就是为了实现培根在《新大西岛》中所描述的乌托邦。培根认为，观察自然的归纳法是理解自然唯一的方法。根据培根倡导的研究模式，英国皇家学会早期的研究活动分为四大类：对故事、传闻、民间传说等事件的验证；对自然志的搜集和整理；医学实验和观察；与社会、经济密切联系的研究主题。1661 年，英国皇家学会发表的 37 篇论文和被收录的来信也同样反映了培根的研究理念：对故事、传闻、民间传说等事件的验证实验 3 项；自然志方面的搜集和整理工作 16 项；医学实验 1 项；与社会、经济密切联系的研究主题 9 项；与自然科学如天文、数学和其他理论性的研究 7 项，其中天文 3 项，理论性研究 3 项，只有 1 项涉及数学；其他研究 1 项。[②]

　　英国皇家学会研究范式的转变还带动了工业革命时期发明家实验方式的改变。到了 1687 年，英国皇家学会发表论文和收录来信的数据有了明显变化：

　　①　数据来源于罗伯特·艾伦：《近代英国工业革命揭秘：放眼全球的深度透视》，毛立坤译，杭州：浙江大学出版社，2012 年，第 397 页。
　　②　罗兴波：《17 世纪下半叶英国科学研究方法的转变》，《中国科技史杂志》2011 年第 1 期，第 49-60 页。

与天文相关的 6 项，涉及数学的有 7 项，而且均采用数学方法来研究其他问题，如用几何学方法来研究太阳和经纬度关系，用定量关系来研究火药爆炸产生的力量等；对故事、传闻、民间传说等事件的验证和对自然志的搜集整理工作大大减少。①以引力问题研究为例，17 世纪 60 年代开始，胡克、牛顿、哈雷（Edmond Halley，1656—1742）、惠更斯等欧洲最优秀的自然哲学家都在持续关注这一问题：胡克通过在地球上的不同高度测量物体重力的实验来论证引力理论，但未能给出定量描述；借助开普勒定律和惠更斯在圆周运动方面的研究成果，哈雷已经发现了引力的"平方反比"定律，但是他并没有能力证明这个结论是否适用于椭圆轨道。直到 1687 年，牛顿的《自然哲学的数学原理》出版，从运动的公理出发构造了一个如《几何原本》般严密的公理化体系，一个无懈可击的数学化的宇宙体系终于宣告诞生。《自然哲学的数学原理》甫一出版，便风靡英国社会，牛顿也收获了堪比国王的荣誉和声望。在牛顿的影响下，英国的自然哲学家开始相信数学在研究自然哲学问题上具有强大的优势，牛顿主义的研究方法成了和整个英国学术界所共同遵循的"范式"。人类之理性因而得到前所未有的颂扬，实验的重要性从科学研究唯一有用的工具转变为仅是对理论或假说的检验工具。②理性的提升和数学的广泛运用，使科学研究必须具备的理性和经验的结合得以实现，物理学革命、化学革命相继开启，近代科学发展由此进入了快车道。多数历史学家都认为，英国上流社会的文化旨趣的转变逐步向下层社会转移，英国皇家学会成员中出现的对数学和理性的重视自然也促使工业革命时期的发明们转变了实验思路，利用数学这一有利的工具不断提升实验的精致化水平，解决具体的工程技术难题。雷文斯克罗夫特（George Ravenscroft，1632—1683）是铅晶质玻璃（lead crystal glass）生产工艺的探索者，他资助多位这一领域的专家摸索玻璃加工工艺的改良方案，后来成功试验出将金属铅掺入玻璃原料改良玻璃产品性能的新工艺，并通过反复摸索调试出防止玻璃出现"表面微裂纹"的最佳掺铅剂量。

所以，18 世纪的实验改良和完善新产品、新工艺的风气并不是新风气，早在几个世纪之前英国社会中已经有开展实验活动的习惯。但是，工业革命时期的实验活动不仅仅只是数量上的增加、实验规模的增大，而是质的差别。科学革命带来的数学方法与实验相结合的研究方式的转变，影响了后来的发明家们也在频繁的实验过程中，懂得用数学作为量化实验结果的有效工具，为工业

①　罗兴波：《17 世纪下半叶英国科学研究方法的转变》，《中国科技史杂志》2011 年第 1 期，第 49-60 页。
②　罗兴波：《17 世纪英国科学研究方法的发展——以伦敦皇家学会为中心》，北京：中国科学技术出版社，2012 年。

革命期间的技术改良之路找到了前进的台阶。

第四节　社会民众的祛魅：理性思维获得社会认同

宗教改革到工业革命期间，英国的社会文化发生了重大的转变，大多数英国民众的信仰从天主教改为了新教。默顿已经专门探讨了清教宣扬的价值理念与科学精神和理念相一致，为科学革命在英国的出现提供了助推力。那么，在社会层面，可以看到越来越多的民众从世俗观念出发来重新思考人生的意义和价值。以往，民众主要依靠向神灵祈祷来作为改变困苦处境的手段，坚信上帝是世界万物的主宰，一切事物和现象都由上帝来解释。然而，随着科学革命的影响力逐步扩大，知识分子发现用牛顿的机械运动原理来解释世界万物的复杂运动相对更加容易，更让人满意。慢慢地，普通老百姓广泛认可了牛顿的机械自然观，并形成了新的社会风气，人们越来越不相信歪门邪道的巫术，更愿意用反复比较和计算谋生，获得更好的生活。

必须指出的是，这种社会氛围的转变以公众的读写能力和计算能力的大幅提升为基础。在对英国社会各个阶层的识字率所做的分析（表 8-3）可以看出，1560—1700 年，贵族、绅士、教士、商人、律师、政府官员的识字率没有变化，一直都很高。但是，店主、高级技工、工匠和企业主的读写能力明显提升，而上文所提及的 79 名重要发明家也大多出生于这几个阶层。读写能力的提升主要源于四个层面：首先，城市规模的扩大使得商业兴起，这需要从业者与客户保持通信往来、撰写营业记录、结算账目，读写能力成为这一阶层的英国民众的必备技能；其次，印刷术传入英国后被广泛使用，活字印刷技术的推广使得书籍的成本大幅度降低，普通民众接触到各类书本、报纸的门槛大大降低；再次，随着英国海外扩张带来的大量财富，越来越多的英国人可以负担得起子女的教育费用，无论是最基础的乡村小学校，还是初级中学，都纷纷涌现；最后，传授手工业技艺的学徒习艺所也繁荣发展，以往中下阶层的父母是无力负担学徒习艺所的高昂学费的，但 16、17 世纪的英国人已经可以无须节衣缩食就送孩子去学手艺了。

在数学运算能力方面，英国人的运算方式和运算水平都有了质的飞跃。从16 世纪开始的一百年间，英国实现了计数方法从拉丁文字符向阿拉伯数字的转变。以往的拉丁文字符需要使用算盘，运算过程非常烦琐。阿拉伯数字的使用只需要一张纸和一支笔就可以解决，极大地简化了计算过程，一些以前的数学难题也纷纷迎刃而解。而且，普通民众中会计算的人数在明显增加。以申报自己的年龄为例，中世纪的英国人在报年龄时大多以 0 和 6 两个数字结尾，计算能力较差的人会采用这两个进阶数值来说自己的年龄。然而 1700 年之后，这种报年龄的方式大幅度下降，年龄数值结尾的数字呈现多样化，准确性更高，这也是老百姓的数学能力提高的例证。

表 8-3   英国社会各阶层识字率变动趋势分类（1560—1700 年）[①]

阶层（男性）	1560 年	1700 年
贵族、绅士、教士	100%	100%
商人、律师、政府官员	100%	100%
（伦敦）店主、制造业者	60%	90%
（乡村）店主、制造业者	30%	60%
农场主（含自耕农）	50%	75%
农牧业雇主和佃仆	15%	15%
茅舍农（含牧民）	20%	20%
全部男性平均值	20%	45%

可以说，科学革命带来的影响力在工业革命时期已经从上层社会渗透到了中下阶层，这种文化观念和社会氛围的革命性转变配合掌握读写能力和数学计算能力的民众数量骤升，使科学世界观成为社会大众的行动指南，迷信被摒弃，理性得以上升，从而为工业革命的发展奠定了良好的社会基础。

本章关注的是 16 世纪到 18 世纪期间在英国先后登场的科学革命和工业革命之间的相互关系。科学技术与工业生产之间的关联从 17 世纪开始就受到自然哲学家们的关注，自然哲学家们热衷于搭建科学技术与工业界之间的桥梁，凸显科学技术对社会的影响作用。但是，20 世纪中期的历史学者们却认为推动人类进入现代化进程的工业革命与科学革命并无太大关联，因为数据统计发现，工业革命时期的科学成果并没有应用于工业领域。但事实上，随着学者们从长时段的视角深入挖掘，发现启动工业革命的关键技术的科学原理早在工业革命发生之前就历经几代自然哲学家修改完善，在工业革命期间这些科学原理已经非常成熟了。科学革命对工业革命的深层次影响不只是科学知识直接用于工厂企业这一直接路径，当时英格兰北部、苏格兰和爱尔兰纷纷涌现的科学学会成了自然哲学家、发明家和企业主的交流媒介，企业家和发明家通过科学学会结识自然哲学家并向他们请教生产技术难题，自然哲学家则通过科学学

①   数据来源于罗伯特·艾伦：《近代英国工业革命揭秘：放眼全球的深度透视》，毛立坤译，杭州：浙江大学出版社，2012 年，第 411 页。

会帮助企业家们改良生产工艺和技能，科学学会也做了大量向民众传播科学知识、进行科学教育的工作；对英国皇家学会早期的演示实验的统计可以发现，英国皇家学会成员的实验活动经历了从纯粹的培根的经验主义向数学和实验相结合的范式转换，从而孕育了科学革命，而在 18 世纪，这个研究范式已经渗透到了英国的社会普通民众阶层，工业革命前的发明家都在通过反复的实验和对实验的精准测量实现了技术改良和技术突破；最后，科学革命对工业革命而言，更像是一种催化剂，配合英国民众读写能力和计算能力的提升，科学的世界观普及到英国的各个角落，带来了英国大众理性观念的提升，为英国培育了鼓励创新和技术发明的文化土壤，对工业革命进程产生了潜移默化的影响。

参 考 文 献

李斌：《科学成为"公众知识"——18 世纪英国的科学与文化》，《自然辩证法通讯》2010 年第 6 期，第 82-89 页。

李斌、柯遵科：《18 世纪英国皇家学会的再认识》，《自然辩证法通讯》2013 年第 2 期，第 40-45 页。

梁敏花：《英国科技社团的职能演变过程研究》，《科学技术创新》2019 年第 24 期，第 141-142 页。

罗伯特·艾伦：《近代英国工业革命揭秘：放眼全球的深度透视》，毛立坤译，杭州：浙江大学出版社，2012 年。

罗兴波：《17 世纪下半叶英国科学研究方法的转变》，《中国科技史杂志》2011 年第 1 期，第 49-60 页。

罗兴波：《17 世纪英国科学研究方法的发展——以伦敦皇家学会为中心》，北京：中国科学技术出版社，2012 年。

亚·沃尔夫：《十八世纪科学、技术和哲学史》，周昌忠等译，北京：商务印书馆，1991 年。

Hall，A. R.，"What did the Industrial Revolution in Britain Owe to Science？"，in McKendrick，N. ed，*Historical Perspectives：Studies in English Thought and Society，in Honour of J.H. Plumb*，London：Europa Publications，1974.

Musson A. E.，Robinson E.，"Science and Industry in the Late Eighteenth Century"，*The Economic History Review*，*New Series*，1960，13（2）：222-244.

Schofield，R. E.，*The Lunar Society of Birmingham：A Social History of Provincial Science and Industry in Eighteenth—Century England*，London：Oxford University Press，1963.

附录 1

科学文化研究
在中国*

近 20 年来，科学文化研究逐渐发展成为一个受到科学史、科学哲学、科技管理、科学传播（科普）等多学科支撑的研究热区，相应的社会实践——科学文化建设——也在科技部、中国科学技术协会（简称"中国科协"）、中国科学院等政府部门、人民团体、学术机构的关注和推动下取得进展。一些高校和科研机构先后组建了与"科学文化"相关的研究团队和研究所，中国科学技术史学会、中国自然辩证法研究会、中国科学学与科技政策研究会先后分别设立了"科学文化专业委员会"、"科技文化专业委员会"和"科学文化专业委员会"。可以预见的是，全国性科学文化研究会的出现也为时不远了。

本书认为，20 世纪 80 年代以来世界文化（尤其是西方文化）与中国文化、外来的科学文化与本土根深蒂固的传统文化相遇、相互碰撞，再次触发文化整合和文化改良，而科学文化恰恰是这一文化整合进程的一个重要方面，是当代中国文化发展的一个引人注目的新方向。

一、科学文化：世纪之交中西文化整合的一个新方向

文化学意义上的"科学文化"一词进入当代中国学术话语[①]，主要是随着斯诺论题被引入中国思想界而到来的。[②]斯诺（C. P. Snow，1905—1980）于 1959 年在剑桥大学的讲演中描述了西方知识分子在理智生活上的分裂现象，将这种分裂现象表述为科学（the sciences）与人文学科（the humanities）、科学家群体与人文知识分子群体之间的阵营对垒；科学文化（the scientific culture）与传统文化（the traditional culture）之间的文化分裂乃至对立，并断定如何融合这两种文化是一个亟待解决的世界性问题。

斯诺论题的"传统文化"是指西方近代以降思想史上一直占据文化核心地位的人文文化。斯诺论题给读者留下的第一感是科学文化与人文文化之对立，但读者若细加品味、若追问这种对立的来路，则不难读到科学文化从西方文化中发生、发展并替代人文文化而占据文化的核心地位的历史意蕴，读到斯诺基于两种文化整合而提出的未来文化构想。事实上，早在 19 世纪中期，西方人文知识分子就对这种替代有预感并发出了悲鸣。

斯诺论题分析的是西方文化内部分裂与整合现象，但是，在一定程度上区别于斯诺式的思考，改革开放发后的中国思想界所思考的是在中西文化大碰撞进程中如何重组中国社会、重建中国文化的问题。早在上一个世纪之交就有过

---

① 需要指出的是，新中国成立后，政府文件和报刊上也经常使用"科学文化"或"科学文化事业"的字眼，但它们大多应解读为"科学、文化"或"科学、文化事业"，有别于斯诺所说的 the scientific culture。

② 斯诺：《对科学的傲慢与偏见》，陈恒六、刘兵译，成都：四川人民出版社，1987 年。

一轮类似的思考。1840 年以来的国门洞开与 1978 年开始的改革开放，均引起本土文化栅栏和意识形态阻隔的弱化乃至破除，均引发思想解放，均引发中西文化发生深度碰撞。

在第一次中西文化碰撞中，中国的思想家们在思考"救国、救亡"问题时，也时常甚至是不得不深入到"救文化"的层面，探讨"启蒙"问题。在这类思考中，西方文化是作为一个整体、科学是作为西方文化中的一个工具性的要素而进入中国思想家的脑海的，很少有人反过来将科学作为一种文化、将西方文化作为背景思考科学文化的价值和意义。[①]我们知道，随后的历史进程是"救亡"压倒了"启蒙"，通常的做法是，比较中西社会、文化，激烈否定批判本土传统文化，以"师夷之长而制夷"或效仿西方乃至全盘西化的方式求救亡之策；在他们所找到的救亡工具箱中，科学从来就是一项不可或缺的工具。当然，作为对这类思考的逆动，中国思想界也不乏传统文化的守护者和西方文化的批评者。守护者借重传统文化资源，声言"科学不解决人生观问题"；而批评者们则将同时代西方的虚无主义、无政府主义、悲观主义思绪引入了中国。

改革开放将中国的现代化进程引入了快车道，也将中西文化碰撞引向了一个新的高峰。文学家们再一次讨论、咏叹"铁肩担道义、妙手著文章"的人文风骨，科学史和科学哲学学者们亮出了"让科学的光芒照亮自己"的再启蒙旗帜。在"实践是检验真理的唯一标准"的思想导引下，一时之间，科学与人文共鸣，为中国思想界注入了创造活力；在此背景下，中国的科学事业和人文事业亦同步步入了由国家强力主导的再制度化进程。然而，在这种再制度化进程中，专业化分科教育模式和再制度化进程中的资源分配不平衡（重科学而轻人文）加剧了科学与人文的分裂，斯诺现象逐渐凸显，因此，斯诺的文化分裂—整合论题也日益得到学术界和政府的关注。

围绕斯诺论题及其在中国的表现展开的探讨在某种意义上刺激了科学文化研究，但是，总的说来，科学文化研究在世纪之交全面兴起，应归因于 20 世纪 80 年代以来中西文化第二次大碰撞以及由之引起的新一轮的文化整合。在此意义上，可以认为，对斯诺论题的探讨本身即构成了新一轮文化整合的一个方面。

众所周知，受冷战格局制约和"文化大革命"的冲击，中国思想界通向西方文化的通道曾被阻绝长达数十年之久。1978 年后，中西交流通道重启，西方的文化资源涌入中国，成为中国思想界重构 21 世纪中国文化所必须借重的

---

① 当然，有少数思想家，如鲁迅等，也曾意识到需要从科学史的角度考察科学的来龙去脉，但他们并没有充足的时间真正从事这类研究。

文化资源。

较之于百年前的文化碰撞，这一次中西文化碰撞有着不同的特征。

其一，这次文化碰撞以及随之而来的文化演化进程始终受中国主流意识形态强力引导和控制，这对百年前的中国政府而言是无法做到的。当救亡的使命已成历史，在反思救亡历程时，一个清晰的结论是，虽然来自西方文化的科学、民主、自由理念和价值均在一定程度上介入了救亡的努力，并起到积极作用，但是，救亡的最根本的力量有二，一是来自西方的社会革命理论（其中最重要的是马克思主义革命理论），二是来自中华民族自身的统一信念以及随之而来的大一统组织运作模式（这是国共两党均认同的主导价值）。这两条信念一直延续到了今天。需要指出的是，随着"科学技术是第一生产力""科技创新""创新驱动"等概念先后提出，社会革命的意识形态已逐渐演化为科技革命的意识形态。

其二，此次文化碰撞发生在一个在现代化道路上不断盘旋上升的中国与后现代意识日渐浓厚的西方之间，而百年前的文化碰撞发生于一个前现代的中国与现代性西方之间。可以说，中国思想界是在不甚理解逻辑经验主义哲学和现代性论题的情形下遭遇后现代西方思想大潮的，但是，对中国发展更具意义的却是西方现代性经验——这是百年前的中国思想界在思考救亡问题时无暇深思、无力吸收的内容。由于对西方学术史、思想史和社会文化史发展缺乏持续而深入的理解，中国的研究者们要在短时期内补上长时段的西方思想史课程。

其三，随着中国经济建设的迅速发展，世纪之交的中国已彻底走出了百年前中国贫穷落后挨打的窘境。但是，40 多年的改革开放虽然促使中国经济、社会建设取得了辉煌进步，却并未促使中国文化建设跟上经济进步的步伐，反而衬托出文化更新上的严重滞后。

在此情形下，文化进步的契机何在？从总体上看，随着科技革命概念逐渐替代政治革命概念进入主流意识形态，随着中国政府确立建设创新型国家的目标，与之相适应的创新文化建设被提上议事日程；科学文化，作为一种最富于创新精神的文化，也随同创新文化一道开始受到政府、学界和公众关注。可以说，创新文化、科学文化昭示了世纪之交中国文化发展的新方向。

由创新型国家建设到创新文化建设，由创新文化建设到科学文化建设，这对担当创新引擎的中国科技界而言是一场由自发到自觉的思想升华进程；对中国科技界而言，建设创新文化必然要求建设好科技界内部的科学文化。与此同时，自然辩证法、科学史、科学哲学、科学社会学、科学普及、科技政策研究等与科技相关的学术圈，则通过关于斯诺论题的探讨、关于科学技术与社会之关联的研究、关于科学主义与反科学主义的反思，展现了科学文化研究的重要意义和现实价值。来自这两方面的合力共同促成了当代中国科学文化研究和建设的兴起，而中国科学院、中国科协等"科"字头的学术机构、人民团体则在此进程中扮演了极为重要的推动者角色。

1998 年，中国科学院"知识创新工程"启动，随后在全院范围内倡导、开展院所创新文化建设，时任党组副书记的郭传杰亲自介入计划设计并主抓相关的推进工作。2002 年，中国科学院开始支持科学文化研究，中国科学院自然科学史研究所将"科学文化研究"正式列为新的学术发展方向——这一新方向的设立本身意味着调适学术系统以顺应国家和社会需求，设立了由时任所长刘钝研究员牵头的科学文化研究小组（后于 2010 年设立中国科学院自然科学史研究所科学文化研究中心）；2004 年，中国科学院自然科学史研究所与中国科学院政策局联合创办了国内第一份科学文化杂志——《科学文化评论》，由刘钝、曹效业[时任中国科学院政策局（后改为"规划战略局"）局长、后任副秘书长]担任共同主编。

在设立科学文化研究小组后不久，刘钝在接受记者采访时谈到，科学文化研究是一个开放学术领域，开展相关研究是一种国家需求。对于什么是科学文化的问题，他表示最好不作定义，如非要给个定义，他倾向于斯诺所界定的，但在学术界遭到很多批评的二分法定义。[①]2004 年，《科学文化评论》杂志创刊，此时，两位共同主编赋予这份杂志以双重使命：一是促进中国知识界关注探讨中国以及世界范围内的各类科学文化现象、引导中国文化"祛魅"并走上理性化发展道路[②]；二是推进中国科技界的科学文化建设，增强科学自主性，抵抗官本位文化和拜金主义对科技界的侵蚀。

2007 年，中国科协也开始由关注创新文化的发展延展到关注科学文化的发展，先后推出了一系列与科学文化研究和建设相关的大型滚动项目，如"科学史学科在中国""老科学家学术成长资料采集工程""当代中国科学家学术谱系研究""科学文化译丛"等。这些项目旨在把握中国科学及科学文化发展的历史与现状，促进科学文化建设；中国科协多位负责人，如韩启德（曾任主席）、王春法（曾任调研宣传部部长、书记处书记）、沈爱民（曾任学会学术部部长）、罗晖（曾任中国科普研究所所长、中国科协创新战略研究院院长），均关注并致力于相关滚动项目的设计、组织、协调和管理。2015 年，中国科普所开始引入 OECD 国际组织、英国、加拿大等国所使用的"科学文化"概念，以之指

---

① 熊卫民：《科学文化研究是一种国家需求》，《科学时报》2003 年 3 月 14 日 B2 版。
② 刘钝：《文化一二三》，武汉：湖北教育出版社，2006 年。

称传统的"科学普及"研究和建设活动。从事科技史、科技哲学和科技社会学的学者以及中国科协旗下的近 200 个一级学会介入了中国科协组织实施的各项大型滚动项目的研究。2016 年 5 月，全国科技创新大会召开，会后中国政府决定，由中国科协牵头，联合多个政府部门草拟"科学文化建设纲要"。2017 年，中国科协开始考虑整合科学文化研究平台，创办科学文化刊物，引导科学文化研究迈向制度化发展的新台阶。

二、一个充满张力的学术联合体

近 20 年以来，科学文化研究逐渐上升为一种引人注目的学术领域，科学文化建设也同时上升为一种具有广泛意义的社会实践。从事后观察来看，当代中国科学文化及实践的兴起并不是一场由理论家事先进行完整顶层设计再付诸实施的文化改良运动；而是多个部门的领导者以及多个领域的学者介入关注科学文化研究与实践，同时也将不同的文化改良理念和思想导入其中，形成了充满张力的学术织构。在人们反思科学文化与人文文化之分裂现象、反思斯诺论题时，出现了沟通科学与人文之共识，但在这种一般性的"共识"之下，却出现了弘扬科学精神与反对科学主义的阵营之分。在人们站在经济建设大踏步前进的基础上思考中华文化复兴问题时，工具论思维模式被突破，人们开始意识到，科学文化建设本身即是值得追求的社会发展目标而不只是达成经济创新目标的工具；但是，站在中西文化全方位交流与碰撞的路口，真正面对如何看待中国传统文化、如何看待西方文化的问题时，又出现了形形色色的、大相径庭的观念和相应的文化建设方案。一言以蔽之，当代中国科学文化研究远没有进入库恩所说的"范式"研究阶段，或许，永远不会出现一致认同的"范式"。持不同立场、从不同视角出发的研究者和实践参与者形成了一个充满张力的学术联合体，但远未构成一个遵循共同范式的学术共同体。

考察以下三个问题将有助于我们从整体上把握中国当代科学文化研究与实践的基本轮廓，洞悉持不同立场的学术群体在其中的位置及各自采取的策略。

（一）对科学的看法：在当代中国，是弘扬科学精神还是反科学主义？

20 世纪中国的政治领袖无不对科学持肯定赞许态度，与此相应的是，科学救国、科教兴国的主旋律贯穿整个 20 世纪中国社会。遗憾的是，甚少有学者对科学文化在中国的移植、传播和重建的历史过程以及它对中国 20 世纪的社会变革和国家发展历程所起的实际作用进行系统而完备的研究。今天的大多数学者相信，赞许科学技术的社会和文化有助于科学技术事业的奠基和发展，有助于现代化目标的实现。

在分析 20 世纪中国社会对于科学的基本态度时，国外曾有学者以"唯科学主义"的标签来加以概括。[①]21 世纪初，一部分中国学者追随西方后现代科学批判思潮，举起了"反科学主义"的大旗，并通过新媒体广泛地进行学术告白。西方后现代主义科学技术批判源于第一次世界大战、第二次世界大战后的欧洲，这类思考将注意力用于反思"科学技术或现代化的负面效应"，将培根以来的现代科学解析为"求力的科学"，认为培根的"知识就是力量"是对苏格拉底的"知识即美德"的一种背叛，甚至，在某种极端看法中，牛顿《自然哲学的数学原理》被说成是"牛顿强奸手册"，这充分体现了这类思想者对科学技术、对现代化的敌意。国内一部分学者也顺此思路，将科学作为人文的对立面来理解，专注于探讨科学技术的社会应用进程中不可避免地出现的负面效应，比 20 世纪初科玄论战中述说"科学不解决人生观问题"的玄学家们更激进，由否定科学技术对于现代化的作用发展到否定现代化、否定五四运动树立起来的"赛先生"旗帜。

在此我们不讨论西方反科学主义思潮对西方社会发展而言是否适当的问题，却必须探讨这种思潮对当代中国社会和文化而言在整体上是否适当的问题。龚育之先生在晚年连续撰文探讨这一问题。龚先生明确批判了郭颖颐以"对科学的赞赏"解说 20 世纪上半叶中国的"科学主义"的做法；在评论五四运动时，他指出："五四新文化运动，不是什么'科学主义'，而是引进科学思想和更新人文观念（道德观念、政治观念、婚姻观念、家庭观念、文学观念、艺术观念）的新文化运动。"；在分析 20 世纪末美国爆发的"科学战"时，他认为"科学战"的爆发显示西方后现代"科学研究"（science studies）没有起到融合两种文化的作用，反而进一步撕裂了科学与人文；在探讨在当代中国需要反对"科学主义"问题时，他明确指出，现代科学之兴无原罪可言，"将'反科学主义'在中国（尤其是在大众文化界面上）演绎为一种时尚"是不合时宜的、不适当的。[②]

龚育之先生对五四运动的评价表明，他并非仅仅是从科学技术—生产力视角看待科学的价值，他也从文化的角度、从人类精神生活的角度看科学的价值。的确，中国的马克思主义者相信"科学是人类历史上的决定性力量"；而且，改革开放后的中国给出了"科学技术是第一生产力"的论题。但这并不意味着，

①　郭颖颐：《中国现代思想中的唯科学主义（1900—1950）》，雷颐译，南京：江苏人民出版社，1989 年。
②　龚育之：《科学与人文：从分隔走向交融》，《自然辩证法研究》2004 年第 1 期，第 1-12 页。

中国的思想家对科学和科学文化的精神价值没有认识。我们知道，在西方历史上，科学曾被众多思想家用作启蒙运动的旗帜，科学恰恰不是通过其背后的物质力量而是通过其内生的精神力量来震撼世界的。在更早的时候，牛顿的《自然哲学的数学原理》也是通过其突破传统思维框架和世界观的天文数理知识而震撼欧洲的。科学以其内在的理性光辉来启迪人心，开启文化发展的新时代——如巴特菲尔德在《现代科学的起源》所述，科学的兴起使基督教西方斩断与古希腊、罗马传统之间的关系，并在日本也导致了日本传统文化的断裂与更新，成为开启新文化的重要动因。①

现代科学和科学文化虽然最早发源于西方，但它本身并不具有特定的、先天的民族特性和宗教属性——虽然科学总是生长于特定的文化之中，总不免打上特定文化的烙印，但它却拥有一种跨文化及跨宗教移植、传播和重建的能力；因此，如果我们用剃刀剔除非本质因素，那么我们就会看到，科学和科学文化在本质上是一种伴随科学发展和人类理性进步而发展出来的为一切形式的现代社会共同接受的共性文化。

（二）对传统文化的看法：对传统文化的祛魅之路连接着对中国两千年文化传统的反思

斯诺不仅成对地使用"科学文化与人文文化"这一对词语，也成对地使用"科学文化与传统文化"这一对词语。香港大学陈方正先生曾将斯诺论题所显示的科学文化从传统文化中浮生的思路与德国哲学家雅斯贝尔斯（Karl Jaspers，1883—1969）的"轴心大突破"论题联系起来讨论，并以科学文化之兴、理性主义文化之兴解释所谓轴心时代的"突破"。他指出，雅斯贝尔斯赋予"精神化"以绝大重要性，但现代甚至古代世界的实际情形并非如此。诚然，儒家学说和基督精神曾一度分别在东方与西方社会被视为个人、家庭乃至社会生活的支柱。不过，纺织、农耕、制作、冶炼、建筑等技术无论在轴心突破之前或之后，都是构成高等文明不可或缺的因素。他还认为，我们今天正处于一个新的轴心时代，科学文化同样在这个新时代起着引领和开启作用："像加缪、马塞尔、马库斯那些在 50、60 年代风行一时的哲学家、文学家的痛苦呼声，今日已经日趋沉寂，甚至即将成为绝响，这应该可以视为'经典轴心时代'已悄然结束而为以科技作为主导的'新轴心时代'所取代的最佳证明吧？"②

从科学文化与传统文化之动态关联角度审视中国传统文化，人们迅即面临

---

①　赫伯特·巴特菲尔德：《现代科学的起源》，张卜天译，上海：上海交通大学出版社，2017 年。
②　陈方正：《论"轴心时代"的"两种文化"现象》，《江海学刊》1999 年第 1 期，第 83-87 页。

着以下一些尖锐的问题并得出尖锐对立的答案：中国传统文化是否富于创新精神？它是富于开放性的文化吗？中国古代有科学吗？严复"开民智"论题说错了吗？还有，发展新时代的新儒学能够为"中华文化之伟大复兴"提供阿基米德支撑点吗？

挚爱博大精深之中华文化的学者有可能会对上述一系列问题均给出肯定答案，并用枚举法论证，再给出反诘：中国古代有四大发明，有先进的农业技术和水利灌溉工程，难道没有创新性？中国文化对入侵的周边蛮族具有强大的同化力，难道这种兼容力不体现开放性吗？李约瑟以及中国科学史家均撰写了多卷本的《中国科学技术史》，证明中国古代科学技术曾遥遥领先于西方，难道中国古代无科学？中国的天文历算算什么？西学中源说是历史事实，是历史的选择，为何非要站在今天之现代科学的高度说这是自欺欺人？儒学以及儒学文化是中国传统文化的精髓，传于圣人，历经汉儒、宋儒、20世纪初期新儒学以及当今时代的新儒学数次发展与创新，必能与时俱进，再次大行于天下有何不可？

然而，为什么任鸿隽等第一代中国科学家就承认中国古代无科学？[①]因为他们采用了精确的概念思维和科学思维。这种思维方式，用克隆比的话来说就是，没有作为上位概念的"科学"，就没有作为下位概念的"科学学科"，天文历法在埃及、巴比伦都不是"科学（或自然哲学）学科"，而在希腊则是科学的学科，是科学，因为希腊人有作为上位概念的"科学（自然哲学）"概念，有相对独立的对自然、对科学和对人类理智的承诺。[②]在同样的意义上，中国名家公孙龙的"白马非马"与亚里士多德的逻辑相去甚远，因为它没有区分上位概念"马"与下位概念"白马"，只有在将"马"与"白马"放在同一概念层次上思考时，才可以说"白马非马"。无疑，希腊（包括泛希腊化时期）也没有诞生现代意义上的科学，但是希腊自然哲学却是后世科学的直系先祖，今天的科学史研究表明，阿基米德的工作和方法直接连接着后世科学，他已在某种程度上超越了亚里士多德所给出的"证明的知识"的范畴，已开始将实验探索用作科学发现的重要工具。需要说明的是，亚里士多德基于公理的演绎而到达"证明的知识"，他承认经验有助于公理的形成，但他只重视观察而不认同实验的价值。

---

① 任鸿隽：《说中国无科学之原因》，《科学》2014年第2期，第1-2页；原载《科学》创刊号，1915年第1期。

② Crombie，A.，*Styles of Scientific Thinking in the European Tradition：The History of Argument and Explanation Especially in the Mathematical and Biomedical Sciences and Arts*，London：Gerald Duckworth & Co. Ltd，1994.

缺乏系统的逻辑思维和清晰的概念思维模式，建立系统化的科学（或自然哲学）知识体系几乎是不可能的。此且不论。更值得深思的是，在秦汉帝国形成以来的两千多年的历史中，中国先贤历来关注王朝兴衰和人心治理，却并没有将智力倾注于自然研究之上，所以古代中国只有经史子集的儒学知识构架，却没有自然哲学—社会哲学的知识部类划分。以实用知识形式发展的关于世界和生产生活知识，散布于经史子集的知识构架中，从未真正整合为一个相对独立的、关于自然的知识体系。

经史子集的儒学知识构架里，能否产生热爱智慧的哲学？不能，它产生的是"半部《论语》治天下"的、服务于皇权的治人治国治天下之术，也就是说，在过去的两千年中，儒学"教化"了万民，但却并没有起到严复说的"开民智"的作用。孔子以后，中国有汉儒、宋儒、20 世纪初期以牟宗三为代表的新儒学、20 世纪 80 年代以后的以李泽厚为代表的新儒学，然而，今日之中国置身于一个由美国主导的世界体系之中，而不只是置身于历史上的汉字文化圈或华夏农耕帝国体制之中。儒学所内蕴的价值伦理体系是服务于皇权的、崇圣的（缺乏批判精神的），甚至是愚民的，是有着重人事而不重自然的智力取向的，在历史上它不曾越出汉字文化圈赢得其他文明的认同，在今天甚至不能赢得中国公众的普遍认同。试想，今天的欧洲能够凭借基督教教义来求得再一次的文艺复兴吗？

资中筠，一位真正了解西方文明和美国文化的学者，曾多次论述"再启蒙"论题。[①]她指出，"'再启蒙'是自救与救国的需要，无关'西化'或外部压力。不断撑开文化专制的缝隙，见缝插针地做一些扎实的启蒙工作，继承百年来先贤未竟之业，假以时日，经过几代人的努力，民族精神振兴或许有望"[②]。

（三）对西方文化的看法：现代性与后现代西方文化之分

当代中国正在走现代化道路，而西方文化仿佛步入了"后现代"这样一个时代。"科学主义"一词在现代性西方社会至少是一个中性词，在后现代西方社会却逐渐演变成了一个地道的贬义词。

经历两次世界大战的西方社会在反思历史进程时极大地削弱了以往对于科学和科学文化的信念。伯纳姆（John C. Burnham，1929—2017）所著《科学是如何败给迷信：美国的科学与卫生普及》一书对美国科普史进行全面的研究，描述了在当代美国社会中"科学人"隐退现象及相关后果：曾引导美国文

---

① 资中筠：《五四新文化运动与今天的争论》，《民主与科学》2008 年第 3 期，第 21-24 页。
② 资中筠：《为什么我们需要再启蒙》，《党政视野》2015 年第 3 期，第 68 页。

化理性化发展的科学以及科学文化在遭遇美国消费文化以后，不得不为现代形式的迷信和神秘主义让路，"科学人"在通俗文化界面上被丑化甚至是被迫隐退，其结果是科学文化在商业文化和俗文化的层面上为迷信所击败。①

许多后现代思想家对科学的历史缺乏深入认识，他们将现代性社会的弊端归因于现代科学并指责现代科学为"求力的科学"，将西方现代化进程中的成功归结为自由、民主的胜利。在撒切尔夫人时代，"新自由主义"盛行于英国并影响到了国家政策，英国科学界甚至发生了逆制度化现象——在英国高校里，30 多个理科（如物理、化学）系所被合并或裁撤。直到 21 世纪初，这种新自由主义的科学政策才在英国得到纠正。今天，尽管后现代主义在人类思想领域仍有着强烈的影响，但一个基本事实仍然清晰地摆在人们眼前，即全世界所有国家的政府都是从正面角度看科学，都以发展科学技术作为立国之本和发展之基。

在斯诺论题的第二种表述形式中，科学文化是传统文化的革新者。英国历史学家巴特菲尔德在其《现代科学的起源》一书中也认为，科学文化拥有一种"斩钉截铁的力量"，每每进入一种新文化均引发融化旧传统、构建新传统的文化效应。②将视线转向西方开启现代化进程的历史，可以看到，科学文化曾与居于文化主导地位的宗教神学文化相融合、相抗争。融合的进程是科学的基督教化进程，这不但体现在经院哲学时代自然神学能够在基督教整体知识结构内取得合法地位并由此带动自然哲学研究发展，而且体现在 17 世纪英国皇家学会的实验哲学建基于唯意志论上帝观以及相应的有神论宇宙论图景的基础之上。抗争的进程也不仅体现在伽利略要求将自然哲学与神学分开的呼声中，而且体现在以科学文化为旗帜的启蒙运动、西方社会的世俗化进程或者说科学文化的去宗教化进程之中。启蒙运动的历史不但是康德所说的西方社会个人意识觉醒并进而促发个人凭理性追求自主自决的进程，也是科学文化引领西方人文学科和社会科学发生系统重建或新建的历史进程——正是在此进程中，西方文化形成了新的主流价值或意识形态，人的自由、民主和理性替代西方传统文化中的以神为核心的价值论系统，获得了充分的制度化表达和普遍的社会认同。正是科学文化的迅速成长和广泛传播直接触发了"认识论决裂"和"价值论决裂"[法国哲学家巴什拉（Gaston Bachelard，1884—1962）用语]，开启引领西方现代化进程。

---

① 约翰·C. 伯纳姆：《科学是怎样败给迷信的：美国的科学与卫生普及》，钮卫星译，上海：上海科技教育出版社，2006 年。
② 赫伯特·巴特菲尔德：《现代科学的起源》，张卜天译，上海：上海交通大学出版社，2017 年。

在更大尺度的历史考察中可以看到，希腊文化通过将来自东方的巴比伦、埃及、波斯、印度等人类第一代文明的思想成就熔于一炉，升华出了理性主义哲学，并将其发展成为了具有自然与社会双重指向的思想体系。在这种长时段的历史视角下，可以看到，16、17世纪开启科学革命的欧洲思想家如培根、牛顿等并没有忘记他们的道德使命，培根所强调的是，道德哲学问题的解决须建基于自然哲学的基础之上；牛顿更是明确地期望，随着自然哲学臻于完善，人类道德哲学亦将被发扬光大。

而今我们关注科学文化发展的历史，有必要引入长时段的历史视角，而不只是囿于第二次世界大战以后西方社会里出现的后现代思想家的解说。每一种文明的发展进程均不是沿着固定的直线向前伸展的，在文化的上升期中，我们无不洞见理性主义精神的上扬；而在文化的衰落期或颓废期里，则每每见到虚无主义、相对主义、非理性主义、反科学主义盛行。

科学文化背后的真正价值体系固然包容对真理的信念和追求，也包容着对至善的追求；科学文化的绝大多数倡导者没有用其真理论题解消善恶论题，没有宣称科学万能，可以解决人类所面临的一切问题；甚至它没有以排他的方式推崇理性主义精神。科学是这样的一种人类事业：没有激情，科学创造几乎无法开启；缺乏意志，科学探索无法坚持；而对理性的坚守，则是科学能够不断取得成功的源泉。

在本书作者看来，有三种形式的人文主义，西方社会中的文艺复兴运动发展的是情感维度上的人文主义，它以艺术和文学作为开路先锋，新的兼有民族风格和罗马情怀的诗歌、绘画、雕塑层出不穷。宗教改革展现了意志维度的人文主义，人的尊严、地位和思想自由度获得了提升，每个人都可以直面《圣经》和上帝进行思考。科学革命以及随之兴起的科学文化则彰显了理性维度上的人文主义，它在源头上与我们通常所说的人文文化终归不是对立的。头脑上的星空与人心中对自由的渴望也终归不是对立的。人们常说，自由乃通往科学的道路，其实反过来说，科学乃通往自由之路，也同样成立。譬如，文艺复兴和宗教改革开启了与传统价值观的决裂进程，但是对中世纪基督教文化价值系统的最后一击却来自科学革命：科学革命彻底击碎了中世纪的水晶天球，也击碎了寄生于这一宇宙图景之上的价值观念。

三、科学文化的四象限描述

理解和定义科学文化需要对科学文化在大尺度的历史时空中的发展进程进行系统的归纳、概括和提炼。需要看到的是，现代科学文化虽然首先兴起于西方文化之中，但在随后的历史进程中却穿行于全部人类文化之中，并与各具特色的本土文化相融合而被打上本土文化印迹。此外，还需要看到，现代科学文化有着鲜明的希腊文化渊源，这表明其兴起恰恰是地中海沿岸的基督教社会领先于其他人类社会完成了对人类文明思想和物质成就的再一次的汇聚和整合。

在此，我们尝试使用科学文化的四象限描述对其进行重新定义（附表 1）。在此四象限中，纵坐标下方是理想的（ideal），上方是现实中的（real）；横坐标左边是与本土文化融合在一起的各种小写的、复数的科学文化（cultures of science），右边是科学家以及学者心目中的大写的、单数的科学文化（The Culture of Science）。

附表 1　科学文化的四象限

小写的、复数的	现实中的	大写的、单数的
象限Ⅱ：现实中的、小写和复数的科学或科学文化		象限Ⅰ：现实中的、大写和单数的科学或科学文化
现实地存在于不同社会—文化语境中的、小写和复数形式的科学或科学文化（sciences or cultures of science in contexts）。例如，古希腊科学、中国古代科学、基督教科学、伊斯兰科学乃至今天的国家科学、大科学、后学院科学等		只闪现于世界科学界的某些特殊场景中的、近乎大写和单数形式的科学或科学文化。譬如，两年一度的国际科学家大会
象限Ⅲ：理想的、小写和复数的科学或科学文化		象限Ⅳ：理想的、大写和单数的科学或科学文化
现实中的某种科学或科学文化，被一部分学者当作是最好的甚至误以为就是大写的科学或科学文化。例如，西方中心论视角中的西方近代科学、默顿所考察的战后美国学院科学，再如贝尔纳眼中的苏联科学		只存在于理想中的、大写和单数形式的科学或科学文化（The Culture of Science）。例如，培根《新大西岛》所述的所罗门宫、孔多塞所述的共和国支持下的科学体制，又如默顿规范所刻画的理想形态的科学
小写的、复数的	理想的	大写的、单数的

现代科学文化运作于全球文化背景之中，其传播进程无不携带着其背景母文化的价值论系统，并在受体文化中激起排异反应和消化不良症；但是，科学文化在西方文化中的整体旅程——源于希腊的科学和理性文化在进入基督教世界后先后发生了基督教化以及后来的去宗教化——却告诉我们，科学文化始终有其自身固有的价值追求：它指向并服务于全人类，其真正的底蕴是国际主义精神和价值。因此，我们不能因现实中的科学和科学文化总是与特定本土文化发生密切关联，总是受特定本土文化价值制约，而否认理想形态的科学和科学文化的意义。如默顿的科学社会学研究所揭示的那样，科学的价值、规范总是会随着科学制度化进程而内化于科学家们的内心世界，并在通常意义上引导和规范着他们的科学活动和行为。简单地说，抹除了这种理想形态的科学文化概念，那么，现实中的与特定本土文化关联在一起的一切形式的小写的科学文

化，就不再能够集合在一起成为我们研究的整体对象。而且，我们愈是采用大尺度的历史时空观念来观察科学和科学文化的历史，我们就愈是能够看到，在一切形式的小写的科学文化中都可以发现理想形态的科学文化的光辉。

后现代型的科学文化研究者要求人们专注于研究现实中的科学和科学文化，并且拒绝一切形式的肯定性的本体论思考，拒绝承认在形形色色的小写的科学文化之间存在着内在的一致性。但是，这样做的结果只能是，整个科学文化话语将分崩离析，失去基于精确的概念框架分析历史或现实中的不同个案的可能性，失去学术价值和现实意义。相应地，科学文化传播可能因此变成反科学文化传播，这类传播要么表现为捍卫人类自由意志的无节制的呐喊或虚妄的呻吟，要么表现为"政治正确"至上而无视历史与现实的伦理说教，终而引发科学信念与自由、民主信念之间的对立，引发科学文化与人文文化之间的更剧烈的冲突。

四、结论与展望

文化的复兴并非意味着对古代传统的恢复，西方文艺复兴运动并没有将西方社会牵回古希腊文化，其真正的精髓在于利用一切文化资源创造新文化。中华文化复兴亦然。在此意义上，本书认为，科学文化是当代中国文化发展新的生长点和新方向。在当代中国大力开展科学文化建设和传播工作，以此促进科学技术事业和创新事业的发展，以此提升民族理性，这对于当代中国文化摆脱拜金主义、官本位意识，坚持走改革开放的社会—文化发展道路而言是当务之急，而且对于中国文化的真正复兴——民族理性意识的大觉醒以及相关的主导价值重建工程——而言是长远之计。在中国文化真正走向世界的过程中，我们需要尊重不同文明、不同价值岛各自独立的价值系统，需要以科学文化为桥梁实现不同文明之间的沟通和理解。

在描述 21 世纪以来科学文化研究的基本形态和积极进展后，我们仍须看到，迄今为止，科学文化研究在当代中国仍然呈现出高度分立的格局，形形色色的亚学术纲领并存，彼此之间的学术互动仍然极不充分。今日中国的科学文化研究面临着诸多有待探讨的学术问题或主题，例如，19 世纪中期以来中国科学文化发展史、西方或全球科学文化发展史、后现代科学文化批判之批判、斯诺论题再研究、科学文化在世界文化整合图景中将如何发展、中国当代科学文化建设与传播策略等等，这些均有待学者们进一步研究。

今天，中国思想界第一次走出百年屈辱历史的重压，以宁静淡泊的心境思考中国和世界文化的未来发展问题，描绘中华文化复兴蓝图。在此时节，如何理解历史与现实，如何突破本土文化的窠臼、站上世界文化汇聚的顶峰，重新评估本土的和世界的文化资源，构筑伟大的科学传统，理解科学文化所蕴藏的文化创造力和塑形力，构想并开拓开放的、富于创造活力的新文化，将成为一代思想者思索的主题。

参 考 文 献

陈方正：《论"轴心时代"的"两种文化"现象》，《江海学刊》1999 年第 1 期，第 83-87 页。

龚育之：《科学与人文：从分隔走向交融》，《自然辩证法研究》2004 年第 1 期，第 1-12 页。

郭颖颐：《中国现代思想中的唯科学主义（1900—1950）》，雷颐译，南京：江苏人民出版社，1989 年。

赫伯特·巴特菲尔德：《现代科学的起源》，张卜天译，上海：上海交通大学出版社，2017 年。

刘钝：《文化一二三》，武汉：湖北教育出版社，2006 年。

任鸿隽：《说中国无科学之原因》，《科学》2014 年第 2 期，第 1-2 页。原载《科学》创刊号，1915 年第 1 期。

斯诺：《对科学的傲慢与偏见》，陈恒六，刘兵译，成都：四川人民出版社，1987 年。

熊卫民：《科学文化研究是一种国家需求》，《科学时报》2003 年 3 月 14 日 B2 版。

约翰·C. 伯纳姆：《科学是怎样败给迷信的：美国的科学与卫生普及》，钮卫星译，上海：上海科技教育出版社，2006 年。

资中筠：《为什么我们需要再启蒙》，《党政视野》2015 年第 3 期，第 68 页。

资中筠：《五四新文化运动与今天的争论》，《民主与科学》2008 年第 3 期，第 21-24 页。

Crombie，A.，*Styles of Scientific Thinking in the European Tradition*：*The History of Argument and Explanation Especially in the Mathematical and Biomedical Sciences and Arts*，London：Gerald Duckworth & Co. Ltd，1994.

附录 2

科学共同体是通向人类命运共同体的重要桥梁*

---

* 本附录内容发表于《中国科学院院刊》。

　　人类文明的进步取决于不同文明之间的互动互渗，科学和科学文化正是在人类思想大汇聚大整合的基础上产生的。汇聚取决于历史的机缘，而整合取决于理性主义精神的升华。科学文化是当今世界唯一的跨种族、跨肤色、跨宗教、跨文明的普遍文化；科学人在弘扬理性主义精神、沟通不同文明方面具有一份特殊的责任；科学共同体是通向人类命运共同体的重要桥梁。

　　对人类未来的构想起因于对人类历史和现实的认知和反思。"人类命运共同体"（A Community of Shared Future for Humankind）是一个未来时态用语，它体现着当代中国人对未来人类历史走向的前瞻性认识和美好愿望。当今国际政治和经济格局正处于"百年未有之大变局"的关口，各主要文明彼此之间既相互依承与合作，也相互竞争、对抗乃至冲突。如何实现文明间的和解？如何引领人类走向和平发展与共同发展之路？这些问题是值得中国乃至世界思想界深思的重大而急迫的问题，而且这不仅是政治家和人文学者的使命，也是科学人的使命。

一、文明交流与借鉴是人类历史的主题

　　人类的命运从远古就是纠缠在一起的。就欧亚大陆文明的发展格局而言，我们可以看到，古巴比伦文明、古埃及文明、古印度文明、古波斯文明、古地中海文明以及当时周边的蛮族文化从公元前 3000 年起就开始有了密切的文化互动，形成了一个子文化丰度高、互动强的文化大区。古中国文明或者说汉字文化圈则地处远东，构成另一个相对独立的文化大区，但它与古印度文明也存在经济、宗教和文化互动，并通过丝绸之路与中东以及罗马世界发生联系；鸦片战争以后，中国国门洞开，西方文化大规模涌入，中国虽然是在千年未有之大变局下被迫启动近代化进程，但也由此获得了与世界文化发生全方位文化互动的契机，获得了全面吸收人类文化的优秀成果更新自身文明的契机。

　　文明的互动互渗是人类文明进步的根本动力和通道，人类思想成就和物质成就的汇聚与整合是文明进步和文化创新的基础和前提。大尺度、长时段的历史研究告诉我们，近 2000 年中，人类文明经历两次大规模的文化汇聚和整合，这两次文化汇聚和整合均发生在地中海沿岸——前一次由古希腊人完成，后一次由日耳曼诸民族共同完成。古希腊人通过吸收古巴比伦文明、古埃及文明、古波斯文明乃至古印度文明的思想成就和物质成就（这在很大程度上要归结为自然哲学诸学派和前苏格拉底智者学派的努力），创建了一个完整的、既指向

人类社会研究也指向自然研究的、有着统一标准的、合逻辑的、内在一致的理性主义哲学知识体系（这可归结为苏格拉底、柏拉图、亚里士多德这三代哲人前后相继努力的结果），将古代文明和人类智力发展推向了一个高峰，并为后世文明再次实施文化汇聚与整合提供了一个可资借鉴的智力基础。

　　哲学家雅斯贝尔斯在描述其"轴心大突破"（约公元前 600 年—前 200 年）概念时并没有洞察到古希腊文化在价值指向上的完满性，而只是笼统地谈到当时欧亚大陆上各主要文明均产生了各自的圣人，确立了超越个体追求至善的价值理念——用中国亚圣孟子的话来说就是："可欲之谓善，有诸己之谓信，充实之谓美，充实而有光辉之谓大，大而化之之谓圣，圣而不可知之之谓神。"然而，希腊文明之价值观"大突破"有着一种其他文明并没有特别强调的价值指向（我们可以称之为"普罗米修斯指向"），这是一种指向自然的价值追求，如柏拉图《普罗泰戈拉篇》中普罗泰戈拉所述的二次创世进程所展现的那样，在第一次创世中普罗米修斯为人类送来了智慧与火，在第二次创世中宙斯指示信使神赫尔墨斯赋予人类以美德。是以有苏格拉底思考智慧与美德之关联，并有"知识即美德"的著名论断，至亚里士多德，则发展出了集当时人类知识之大成的、熔自然哲学与人类社会知识于一炉的、拥有统一知识标准的学科体系。

二、科学文化的兴起

　　古希腊文化对后世文化——古罗马文化、伊斯兰文化、基督教文化——均产生了深远的影响，但只有日耳曼诸民族通过大翻译、大航海，通过文艺复兴、宗教改革和科学革命这三大运动，率先开启了由传统社会到现代社会的社会转型，构建了现代意义上的科学和以科学精神为底蕴的现代人文知识体系。

　　17 世纪以来，在我们这个星球上，的确兴起了一种覆盖全球、跨文明、跨宗教、跨人种的文化，一种真正具有普遍意义的文化，这就是欧洲科学革命运动中开始兴起并在后来的历史进程稳步发展的科学文化。科学史家萨顿坚信，科学史是人类唯一进步的历史，是科学进步促成了人类社会进步；另一位历史学家巴特菲尔德，则将科学革命以及由此产生的科学文化视为现代文化诞生的主因，称科学以及科学文化拥有一种"融化旧传统、创造新文化"的力量，在欧洲是如此，在东方的日本亦然。

　　科学进步与人类道德进步彼此之间究竟存在着怎样的关联？启蒙哲人卢梭给出了负面的结论——他认为，科学技术的发展并不能敦风化俗，而只会加深人与人之间的不平等。历史学家汤因比也认定，人类在科学技术领域哪怕走出 1000 英里，其重要意义还远不如在道德领域走出 1 英尺①。后现代取向的学者更是将现代社会的诸多负面现象完全归诸现代科学和科学文化，他们指责培根和牛顿倡导和实践的是一种无视人类道德追求的"求力的科学"。殊不知，培根在其未公开发表的文稿中述说的"知识就是力量"只是实现苏格拉底"知识即美德"意境的一个前奏或间奏——他的完整主张是，道德问题的解决须以自然哲学的发展为基础；而牛顿则明确期望，随着自然哲学臻于完善，人类道德哲学亦将被发扬光大。

科学文化绝不是没有价值追求的空心文化。凡可称"文化"者，必有其核心价值。科学文化以"追求真理、追求至善"为最高价值；科学文化不是一味排斥人类情感和自由意志的排他性文化，科学探索本身饱含创造激情和不畏挫折的意志，它只是强调理性精神恰恰是科学探索能够取得成功的保障，正是通过合理的怀疑、踏实的实验探索以及最大限度地发挥人类的理性能力，科学连同建基于其上的科学文化才能不断取得成功；科学文化是富于创造和创新精神的文化，但它也强调科学传统的确立、维护和发展，没有强大的科学传统，科学创新就将成为无源之水、无本之木。

三、科学文化是构建人类命运共同体的价值基础

构建人类命运共同体，科学人别有一番特殊的使命。科学人是人类理性的重要守护者。如果知识即美德能够成立，那么，守护理性本身，即守护美德。哲学家罗素曾言，非理性的每一次泛滥，都只能告诉人们，理性是人类唯一忠实的朋友。

人类命运共同体的构建，须以人类价值理性的构建或重构为基础。的确，西方社会曾构建出一套以"（个人）自由、民主和理性"为核心的"普世价值"；但是，这一套"普世价值"却是在西方社会通过率先实现现代化的文明优势对世界上其他文明实行征服、殖民与控制的进程中发展出来的。

改革开放 40 多年来的中国道路却向世界展现了另一种社会文化发展经验或现代化经验。这种经验也体现出了 3 条价值：整合全民族力量、坚持和平发展与共同发展、崇尚科学与创新。这就是由中国经验昭示出的"共同价值"。

科学共同体是已然存在于当今世界的、为数不多的最重要的人类命运共同体之一。尽管大大小小的科学共同体无不运作于各自特定的社会文化之中，无不被打上了特定社会文化语境的标记，但 17 世纪以来，科学共同体作为一个

---

① 1 英尺=0.3048 米。

大写的人类群体，的确发展并维护了一种以发展自然知识和社会知识并最终"造福于人类之安逸"为目标的、真正富于国际主义精神的文化。科学文化的价值追求在于追求真理、追求至善，这种追求是全世界、全人类共同认同的基本价值，它超越人种、宗教、文明之分。科学文化不只是某种达成社会发展目标的工具，发展科学文化、沟通世界文明本身应该成为科学人追求的目标。

　　一言以蔽之，如果说"人类命运共同体"理念是中华民族统一信念与国际主义精神相融合的结晶，是对中国改革开放40多年来所走过的和平发展道路的经验总结与理论概括，是当代中国在当今世界发展格局下为寻求人类价值理性而发出的时代强音，那么，科学文化和理性文化的全球发展必将成为沟通各主要文明的重要桥梁。科学人在驳斥后现代论者对科学文化的妖魔化理解，恢复科学理性在价值理性论中的基本地位，肯定当代中国现代化经验的价值和意义，沟通中国文化与世界文化方面，应有所作为且应大有作为。